우리 아이는 조금 다를 뿐입니다

Differently Wired

우리 아이는 조금 다를 뿐입니다

ADHD, 아스퍼거 등 신경다양성을 가진 아이를 위한 부모 가이드

데보라 레버 지음 | 이로미 옮김

수오서재

"기차역 이름은 백 개도 외우면서 아이들과 어울리는 것은 힘들어하는 우리 아이, 자폐일수도 있을까?"

우리 주변에는 흔히 '아스퍼거'로 불리는 자폐 스펙트럼 장애를 진단받거나 해당 장애를 가졌을 것으로 추정되는 아이들이 있다. 최근엔 이들의 삶에 대한 묘사를 미디어에서 종종 만날 수 있다. 예를 들어 '아스퍼거' 하면 드라마 〈굿 닥터〉의 주인공 의사처럼 똑똑하지만 사회성은 없어서 오히려 순수하고 매력적인 사람을 떠올리는 사람들도 있는 것 같다. 하지만 미디어 속 모습은 '자폐 스펙트럼 장애'라는 넓은 범위에서 예상되는 다양한 모습 중 하나에 불과하며 오히려 '환상'에 가까울 수 있다. 실제 자폐 스펙트럼 장애의 모습을 보이는 아이들의 삶엔 훨씬 다양한 문제가 있으며 아이들은 성장하면서 많은 어려움을 겪는다. 부모들은 걱정이 클

수밖에 없다.

그리고 부모들이 이런 걱정을 한다고 해도 그건 비밀에 가깝다. 부모가 나서서 검사를 의뢰하거나 진단을 받으려 노력하는 일은 상당히 적고, 혹여 진단을 받았다고 해도 같은 반 아이들이나 교사, 이웃들에게 진단명을 알리는 일은 더욱 드문 것 같다. 그러나 이와 비슷한 걱정을 가지고 힘들어하는 부모들이 의외로 많다.

최근 많은 아이들이 ADHD, 자폐 스펙트럼 장애, 학습장애 등 다양한 진단을 받고 있다. 과거보다 더 많은 아이들에게 문제가 생긴 것일까 아니면 더 많이 문제화하고 있는 것일까?

이 책은 전체 아동·청소년 중 상당히 많은 숫자가 비전형적인 발달단계를 보이고 있다는 사실에 주목한다. 기존 양육과 발달 단계의 담론 속에서 비전형적인 아이들은 소수자가 된다. 아동·청소년의 대표적인 삶의 공간인 '학교'를 비롯한 거의 모든 삶의 공간이 이들의 발달 단계와 수준, 특이성을 반영하지 않기 때문이다.

아이의 출산을 앞둔 부모들은 앞으로 태어날 아이에 대해서 궁금해하며 다양한 배움을 통해 아이의 탄생을 준비한다. 그러나 태어난 아이가 시간이 지남에 따라 양육서에 써 있는 것과 다른 발달 과정을 보일 때, 부모들은 당혹감과 함께 어려움을 겪게 된다. "아이가 몇 살이 되면 이래야 한다는데 우리 아이는 그렇지 않네. 그럼 어떻게 하지?" 주변 부모들과의 대화도 점점 줄어든다. 이런 과정을 겪으며 부모들도 아이를 통해 소수자가 된다.

'장애'라고 하기엔 티가 덜 나서 다행인걸까? 하지만 많은 아동들과 부모들은 '이상한 아이', '문제 있는 아이'라는 오해 속에서 힘겨운 시간을 보내고 있다. 우리가 꿈꾸어야 할 지속가능한 사회는 비전형적인 아이들이 가진 다양성을 인정하고 차별과 배제 없이 이들이 자신의 가능성을 마음껏 펼쳐 보일 수 있는 사회일 것이다. 그렇다면 양육 상황의 다양성을 학교와 지역 사회에 통합하는 가운데 부모의 역량을 강화하는 교육과 학습이 필요할 것이다.

이 책은 '두뇌회로가 다른' 자녀를 키우고 있는 부모들이 어디에서도 들을 수 없었던 이야기를 들려준다. 저자 데보라 레버는 남들이 선망하는 영재성과 함께 ADHD, 자폐 스펙트럼 장애 진단을 동시에 받은 아들을 키우고 있다. 저자는 초등학교에 적응하지 못하는 아들을 위해 직접 홈스쿨링으로 교육을 시켰다. 동시에 많은 책을 읽고, 다양한 전문가들을 만나며, 아이의 상태에 대해 기록하고, 같은 고민을 가진 부모와 대화하면서 두뇌회로가 다른 아이들을 키우는 법을 써내려갔다. 저자는 의학계의 새로운 움직임인 신경다양성 연구들을 주목하고, 신경다양성을 가진 아이의 양육 방법에 대해서 터놓고 이야기한다. 따라서 이 책은 두뇌회로가 다른 아이들과 매일의 삶을 보내는, 부모의 눈으로 바라본, 부모를 위한 해설판이자 양육 실천의 가이드북이다.

이 책은 많은 부모들의 참여가 없었으면 나오지 못했을 책이기도 하다. 저자는 '틸트 페어런팅'이라는 커뮤니티와 팟캐스트 방송을 통해 매주 이 분야의 전문가를 만나서 부모가 할 수 있는 모든 질문을 해왔고 지금도 세계 각국의 부모들과 함께 해답을 찾고 있다.

'틸트'는 '어느 한쪽으로 기울이는 모습'을 나타낸다. 그래서 '틸트 페어런팅'이라는 뜻은 '내 아이에게로 각도를 기울인 교육' 즉, 두뇌회로가 다른 아이들에게 맞는 교육을 추구하고 아이들을 최선을 다해 지지하는 부모들의 학습공동체를 의미한다. 남들과 다른 두뇌회로를 가진 자녀의 특성에 대해 진단명을 붙들고 고민하기보다는 아이들이 타고난 대로 인정받으며 행복하게 살 수 있기 위한 방법을 찾고자 하는 부모들은 언제든지 이들과 함께할 수 있다.

글을 시작할 때 던진 질문은 바로 내 아이의 양육 과정에서 가진 질문이었다. 아이가 커가면서 또래와 다른 모습을 보였는데 본인에게 진단명은 의미가 없으니 진단을 받지 않겠다고 했기 때문에 성인이 된 지금도 남들과 다른 두뇌회로를 가진 것으로 '추정'할 뿐이다. 아니, 어쩌면 답을 찾지 못했다기보다는 질문이 잘못되었거나 의미가 없을 수도 있다. 저자의 말처럼 진단명이 중요한 것이 아니라 "그래서 어떻게 해야 할까?"를 묻는 것이 좋겠다고 생각한다. 그 결론에 이르기까지, 한국과 캐나다라는 두 나라의 서로 다른 교육 시스템을 접하며 혼자서 많은 고민을 했었다. 전공과 하는 일이 '교육'이면서도 아이가 보여온 남다른 요구와 필요에 제대로 대처하지 못하고 무수히 많은 말들과 추론 속에서 허둥댔던 나의 경험을 돌아보면서, 틸트 페어런팅 같은 공동체와 그들의 의견을 한국에도 꼭 소개하고 싶었다.

아이는 나름 훌륭한 성인이 되었다. 이 책을 일찍 만났더라면 좀 더 자신감을 가지고 아이를 지지하는 부모가 되었을 것 같다. 부모의 학습이 자녀에 대한 사려 깊은 지지의 원천이 될 수 있다는 점에서 이 책이 자녀의 신경다양성에 대해 관심을 가진 부모들에게 하나의 좋은 방법론이 되기를 희망한다. 또한 이 책은 두뇌회로가 다르지 않은 자녀를 둔 부모에게도 필요할 수 있다. 자녀를 키우는 모든 부모에게 내 아이는 유별나지 않은가? 아이의 크고 작은 '다름'과 '다양성'을 어떻게 대해야 할까 고민하는 부모라면 이 책에서 도움을 받을 수 있을 것이다.

들어가는 말

○○○

"정상성이란 잘 포장한 도로와 같다. 걷기엔 편해도 그 길엔 어떤 꽃도 피지 않는다."

_ 빈센트 반 고흐

열두 살 된 아들 애셔가 요즘 컴퓨터에 정신이 팔려 있어 식탁으로 불러 앉히는 데 무척 애를 먹고 있다. 최근 인기 있는 해양 생존 게임 '서브노티카'와 우주비행 시뮬레이션 게임 '커벌 스페이스 프로그램'에 푹 빠져 있어, 거듭되는 내 재촉에 간신히 노트북을 덮고 헤드폰을 벗은 뒤 긴 한숨을 내쉬며 나왔다. 아이는 고개를 푹 숙인 채 기어들어가는 목소리로 "죄송해요, 엄마"라며 조용히 식탁 의자를 당겨 앉았다.

"괜찮아, 아들."

아이가 밥을 먹기 시작하는 것을 보고 다시 말을 걸었다.

"잘못한 것도 없는데 뭘. 엄마가 부르는 소리가 왜 들리지 않았는지 한번 생각해보자. 그러면서 배우는 거야, 그렇지?"

이야기를 시작하기 전에 애셔는 '이중으로 예외적인twice exceptional' 범주에 속하는 아이라고 미리 말해두고 싶다. 공교롭게도 ADHD, 아스퍼거 증후군 그리고 높은 지능이라는 세 가지 진단을 한꺼번에 받았다. 이 아이의 문제는 뭐든 꽂히는 게 있으면 너무 깊이 빠져든다는 것이다. 한번 빠지면 다른 소리는 전혀 듣지 못한다. 한 가지 일에서 다른 일로 넘어가는 것도 어렵다. 또 어떤 일을 늦추거나 빨리 할 줄 모르며 무엇 하나를 꾸준히 진행할 줄도, 마무리할 줄도 모르는 등 다양한 어려움을 겪고 있다.

아이는 "죄송해요"라고 다시 한번 미안해하며 꾸역꾸역 스파게티를 먹고 있다.

나도 다시 말한다.

"애셔야, 괜찮아. 네가 사과할 일이 아니야. 정말로 괜찮아."

컵에 물을 따라 주는데 아이가 불쑥 말을 꺼냈다.

"어쩐지 저는 '미안하다', '죄송하다'는 말이 입에 붙은 것 같아요. 학교에서 매일 버릇처럼 해서 그런가 봐요."

아들의 말에 신경이 곤두서며 가슴이 철렁했다.

"이런, 학교에서 매일 '죄송하다'는 말을 달고 살았다고? 그게 무슨 말이니?"

애셔는 지금 홈스쿨링 중이지만 유치원 때부터 초등학교 2학년까지는 공립학교와 사립학교를 오가며 학교생활을 했다.

"네, ADHD 때문에 뭔가 잘못하면 항상 미안하다고 했고, 제가 손가락을 떨거나, 손을 들고 차례를 기다린 후 말해야 한다는 걸 잊어버리거나, 아니면 다른 사람의 말을 가로막았을 때도 그렇고, 또 제가 화가 났을 때도요."

나는 새롭게 알게 된 사실을 침착히 받아들이려 애쓰며 물었다.

"얼마나 자주 그랬던 거니?"

"매번 그랬어요."

식사를 마친 아이는 그게 뭐 대수냐는 듯 전자책 킨들을 집어 들고 자기가 좋아하는 책을 읽으려는 자세를 취한다. 대화가 끝났음을 알리는 아이만의 방식이다.

남편은 출장 중이라 내가 이 엄청난 사실을 마주한 순간을 함께 하지 못했다. 마치 양파의 얇은 껍질이 하나씩 벗겨지듯 하나하나 밝혀지는 진실. 우리 아이가 어떻게 지금의 행동을 하게 되었는지를 명확하게 보여주는 사실과 맞닥뜨리는 순간이었다.

물론 애셔가 학교에 다니면서 힘들어한 것은 잘 알고 있었다. 아이는 교실에서 늘 얼굴을 찡그렸고 정상적인 성장을 하는 것과는 거리가 멀었다. 이것이 홈스쿨링을 결정한 이유였다.

그런데 애셔가 무심히 툭 던진 한마디에 내 가슴은 찢어지는 것 같았다. 내가 아는 '사과'는 무언가 잘못했음을 인지하고 책임지기 위해 하는 말이기 때문이다. '좀 더 생각해봤다면', '좀 더 잘했다면 그러지 않았을 텐데' 하면서 어떤 일을 후회할 때 하는 말이 아닌가.

애셔가 예닐곱 살 적에는 갈색 눈을 덮을 만큼 머리가 길고 마른 편이었다. 그 어리고 여린 아이가 도서관에서 빌린 책을 상어가 그려진 책가방에 한가득 담고 낑낑거리며 학교에 다녔다. 학교에서 친구들과 어울려 놀고 배우면서 성장해야 마땅한데 아들은 자신의 행동 때문에 반복적으로 사과하며 지내야 했던 것이다. 얼마 되지도 않는 짧은 인생 동안 아이는 '네가 잘못했다', '예의가 없어', 심지어 '정말 못됐구나' 하는 비난의 메시지를 얼마나 많이 받은 걸까?

어떤 이유로도 이 일은 쉽게 지나칠 수 있는 문제가 아니다. 이것은 학교, 가정, 동네를 비롯해 세상 어느 곳에서나 일어나고 있는 엄청난 비극이다. 우리는 신경학적으로 일반적이지 않거나 '두뇌회로가 다른differently wired 아이들'과 함께 살고 있다. 세상에는 ADHD, 자폐 스펙트럼 장애, 학습장애, 불안장애, 여기에다 영재성까지 포함한 신경적 차이가 있는 수백만의 아이들뿐 아니라 공식 진단을 받지는 않았으나 독특한 방법으로 세상을 움직이는 많은 아이들이 있다. 이 아이들이 거의 매일 "너는 어딘가가 근본적으로 잘못되었다"는 말을 들으며 살아가는 것이다.

이 '일반적이지 않은' 아이들을 '일반적인' 세상에서 양육하는 것은 힘들고 외로운 일이다. 더구나 현재의 패러다임에서 이 아이들과 가족들은 수많은 비난, 잘못된 정보, 도움을 받지 못하는 상황에 익숙해지고 있다. 그래서 나는 애셔와 비슷한 아이들과 그 부모들이 일상에서 경험하는 일들을 함께 나누고, 신경다양성

neurodiversity을 둘러싼 이야기를 널리 나누고 싶었다. 무엇보다 이 아이들을 키우는 부모가 여유, 자신감, 기쁨을 얻길 바라는 마음으로 2016년 틸트 페어런팅TiLT Parenting을 시작했다.

처음에 틸트 페어런팅은 전문가와 부모가 대화하는 팟캐스트 방송을 매주 진행하는 정도였으나 어느새 우리 아이들을 있는 그대로 받아주고 지원하는 글로벌 커뮤니티로 성장했다. 이 일의 정확한 목적은 나와 같은 길을 가는 부모들이 고립되어 외롭게 아이를 키우지 않도록 하는 것이다. 좋은 정보를 알리고 필요한 것을 서로 나누면서 아이들이 잘 자라나도록 돕는 커뮤니티이다.

이 책은 당신 딸아이의 오래된 퇴행을 '스텝 바이 스텝'으로 고쳐주는 방식을 제시하지 않는다. 당신 아들이 겪는 학교생활의 어려움을 해결해주지도 않는다. 아이들이 힘들어하는 부분을 일순간에 없애주는 무슨 마법을 알려주는 것도 아니다. 컴퓨터나 휴대전화 사용 시간을 두고 아이와 벌이는 전쟁을 끝낼 비법을 말하려는 것도 아니다.

또한 이 책은 어떤 한 진단명, 한 병명에 해당하는 아이들에게만 특별히 맞춘 것도 아니다. 이런저런 발달장애와 관련된 좋은 책들은 이미 많이 나와 있다. 내 책장에도 수두룩하게 꽂혀 있다. 그런 책들은 특정 어려움에 대응하는 전략을 알려줄 것이다.

아마도 여러분 가운데 상당수의 자녀는 아직 어떠한 공식적인 장애 진단도 받지 않았을 수 있다. 진단은 우리를 두 부류로 나눈다. 진단명은 특별한 문제를 해결하기 위해 특정 도구를 찾을 때는 도움을 주지만 결국 우리를 갈라놓고 격리하는 부작용도 있다. 내 관점에서는 '다른 것을 다르다'고 하는 것이 바로 '다름'이다. 우리 아이들의 경우 행동은 서로 다를지라도 부모로서 우리가 겪는 어려움의 대부분은 사실 같으며 우리는 함께할 때 더욱 힘이 생긴다.

우리는 이 엄청난 문제를 다루려면 모두 힘을 합쳐야 한다. 특히 획기적이길 바란다. 이 책의 최고 목적은 세상에서 인식하는 '신경다양성'을 재정의하고 우리의 경험을 바탕으로 양육에 '패러다임 변화'를 일으키는 데 있다.

이 책은 'No'라고 말하는 방법을 터득하는 것이 핵심이다. '네모난' 아이들을 '둥근' 구멍에 끼워 맞추는 일에, 이들의 성장 방식을 존중하지 않는 학교와 사회에, 그동안의 좌절과 외로움에, 이제 그만 'No'라고 말해야 한다. 그리고 이 아이들에게 주어진 모든 것을 그대로 받아들이는 방식에 'Yes'라고 말해야 한다.

이 책은 우리로부터 출발한 비전을 제시한다. 우리의 사고와 행동이 완전히 달라지면 가족 사이에 역동적인 변화가 일어나고 아이들은 자신의 능력을 최대한 발휘할 수 있을 것이다. 현재 무엇이 잘못되었는지 밝혀내고 아이들에게 도움을 주는 새로운 패러다임을 요구할 수 있다. 이는 누구든 제대로 이해받고 존중받는 세상에 좀 더 가까이 다가간다는 것을 의미한다.

이제 비전형적인 아이들과 그 부모들의 상황은 달라져야 한다. 당신이 이 책을 읽고 있어 기쁘다. 더불어 모두가 의미 있는 변화를 추구하는 이 책의 비전에 공감해주기를 바란다. 아이들이 지닌 독특한 재능이 빛을 보는 날 아이들이 할 수 있는 일에 한계란 없어진다. 여러분 모두가 함께하기를 바란다.

차례

옮긴이의 말 4

들어가는 말 9

Part 1
두뇌회로가 다른 아이들의 세계

Chapter 1 안내판이 없는 길 20

Chapter 2 뉴 노멀 44

Chapter 3 둥근 구멍의 네모난 못 77

Chapter 4 우리를 꼼짝 못 하게 하는 것들 100

Chapter 5 무엇인가 달라져야 할 때다 129

Part 2
어떻게 변화할 수 있을까

Tilt 1 당신이 안다고 생각하는 양육의 모든 것에 의문을 제기하자 134

Tilt 2 고립에서 벗어나 필요한 사람을 만나자 146

Tilt 3 다른 사람들이 무슨 생각을 하든 그냥 놔두자 160

Tilt 4 아이의 현실을 거부하지 말고 받아들이자 174

Tilt 5 두려워하지 말고 아이의 가능성을 바라보는 부모가 되자 190

Tilt 6 아이 맞춤형 시간을 가동하자 205

Tilt 7 자녀의 언어에 유창해지자 221

Tilt 8 안전이 보장된 세상을 만들자 236

Tilt 9 큰 소리로 당당하게 현실을 외치자 250

Tilt 10 자기돌봄을 끈질기게 실천해보자 262

Tilt 11 부모로서 '~해야 한다'는 불가능한 기대를 내려놓자 275

Tilt 12 필요하다면 소동을 벌이자 290

Tilt 13 배우자와 상의하자 303

Tilt 14 우리 편을 찾자 319

Tilt 15 부모의 에너지가 자녀에게 미치는 영향을 알자 335

Tilt 16 현재를 드러내고 살아가자 351

Tilt 17 자녀들이 자아발견을 할 수 있도록 도와주자 364

Tilt 18 없으면 만들자 380

Part 1

두뇌회로가 다른 아이들의 세계

Chapter
1
안내판이 없는 길

당신의 아이가 다른 아이들과 다르다는 것을 처음 느낀 때는 언제인가? 만약 당신이 전형적인 모습과 거리가 먼 아이를 양육하는 부모라면 “아, 다르구나!” 하고 확실하게 단정하고 곧바로 분명한 해결책을 찾아낸 순간은 없었을 것이다. 그 순간은 순탄치 않은 과정을 거치며 천천히 다가온다. 머리 꼭대기부터 발끝까지 붙어 있는 반창고를 천천히 하나씩 뜯어내는 것처럼 그 증세는 아주 오랜 세월에 걸쳐 쓰라리고 고통스럽게 드러난다. 그 이유는 아이가 뚜렷한 진단 없이 자라거나 다른 아이들과 큰 차이가 없어서 대부분 ‘레이더’에 잡히지 않기 때문이다.

아이에 따라 신생아 배앓이를 심하게 할 수도 있고, 까무러치듯 발작적으로 울어댈 수도 있고, 다른 아기에 비해 더 까탈스럽고 심지어 품에 안아주는 것조차 싫어할 수도 있다. 물론 덜 보채는 아기도 있겠지만 보채고 우는 성향은 신생아가 흔히 보이는 증상이다. 뭐, 다른 아기들도 그 나름대로 키우기 힘들겠지? 부모들은 대부분 제대로 잘 수 없겠지? 다들 시간이 지나면서 점차 적응하는 거겠지?

남편 데린과 나도 이와 비슷한 일을 겪었다. 애셔는 태어난 첫날부터 무엇이 못마땅한지 마냥 울어댔다. 무엇으로 달래도 울음을 그치지 않았다. 잠투정은 지긋지긋한 생지옥 같았고 아이는 뭐라 말할 수 없이 몸부림치며 울고 보챘다. 마치 우리 아이는 애늙은이처럼 이미 나이든 영혼이 작은 몸 안에 들어가 "난 인생을 즐기고 싶은데, 나한테 뭐하는 짓이야. 얼마나 더 기다리란 말이야"라고 짜증내며 불평하는 듯 보였다. 초조하고 불안했던 우리는 어찌할 바를 몰라 육아 책을 읽어댔고 젖 먹이는 시간과 기저귀 가는 시간을 엑셀 시트에 일일이 기록하기까지 했다. 또 아이를 키워본 선배 부모들에게 열심히 조언을 구했다. 도대체 어떻게 해야 아이가 밤잠을 잘까? 다른 부모들도 우리와 그리 다르지 않을 것이라고 믿었다. 대부분 비슷하겠지!

애셔가 태어나자마자 우리는 시애틀 시에서 초보 부모들을 서로 연결해주고 지원하는 초보 부모 지원 프로그램Program for Early Parent Support, PEPS에 가입했다. 그 도시로 간 지 얼마 되지 않은 우리는 비슷한 경험을 하는 사람들을 만나 지혜로운 자녀 양육과 관련해 전반적인 정보를 나누길 기대했다.

첫 모임에 나갔던 날이 아직도 생생하다. 그날 여섯 쌍의 부부가 차가운 가을 날씨 때문에 옷으로 두껍게 감싼 아기들을 안고 조금은 들뜨고 조마조마한 마음으로 아이의 출생 이야기를 나누었다. 그땐 모두가 비슷한 상황이었다. 아기들은 모두 순수한 백지 같았고 그저 수면 시간이나 모유 수유를 하는 엄마가 저녁식사로 카레같이 자극적인 음식을 먹었을 때 보이는 반응에 차이가 있을 뿐이었다. 그곳에 모인 가족은 이를테면 당시 진행한 대단히 어렵고 위험한 프로젝트인 '독특한 아이 양육하기'의 첫 번째 실험 통제집단이었다.

부모가 된 우리는 첫해를 그럭저럭 잘 버텼다. 애셔가 신생아 배앓이로 자지러지게 울고 보채는 일이 점차 줄어들면서 이제는 모든 것이 수월해지겠지 하는 마음뿐이었다. 하지만 새롭거나 방식이 좀 다를 뿐 어려움은 그대로 남아 있었다. 초보 부모 모임에서 우리는 아이가 무력하고 조그만 생명체에서 남다르게 뚜렷한 성격, 기질, 유머를 갖춘 작은 아이로 변화하는 것을 지켜보았다. 그 모임의 아이들 가운데 마크는 운동에, 캠벨은 예술 계통에, 엘라는 춤에 재능을 보였다. 그렇다면 우리 아들 애셔는? 제법 조숙했고 여간내기가 아닌데다 고집이 셌다. 또 시끄러운 소리에 예민하고 사고뭉치인 한편 대단히 사랑스럽고 말이 아주 많았다.

두 돌이 되었을 때, 애셔는 자기랑 놀아주는 어른들에게 현란한 언어를 구사하며 대화를 나눠 혀를 내두르게 했다. 책도 한두 번만 읽어주면 글자 하나 틀리지 않고 줄줄 암송했다. 퍼즐조각을 맞추는 집중력도 남달랐다. 아무리 봐도 애셔의 지능은 다른 아이들과 비슷한 수준이 아니었다. 데린과 나는 애셔가 무슨 말을 하거나 어떤 행동을 할 때 믿어지지 않는 동시에 자랑스럽기도 한 경험을 자주 맛보았다.

애셔에게 주목할 만한 또 다른 것이 있다면? 애셔는 가히 '세기말적 깽판치기 대장'이었다. 이 아이에게는 강철 같은 의지도, 큰 소리를 지를 수 있는 건강한 폐도 있었다. 두 살짜리 아이는 몸을 활처럼 뒤로 젖히거나 퍼질러 누워 얼굴이 새빨개지도록 소리를 지르면서 생떼를 쓴다. 애셔는 그 정도가 아니었다. 애셔가 떼쓰는 것을 본 다른 부모들의 눈에서 나는 충격과 놀라움을 충분히 읽을 수 있었다. 상심한 나를 위로하려고 그랬는지 그들은 자기 아이들도 기르기 힘들고 이 모든 일은 양육에서 거쳐가는 정상적인 과정일 거라고 애써 말해주었다.

애셔가 떼쓰는 것이 정상적인 수준이라면 왜 그들에게는 아이가 식당이 떠나가라 소리를 지르는 바람에 저녁을 먹다 말고 나와야 했던 경험이 없을까? 왜 그들은 아이가 길에서 큰 소리를 지르는 걸 보며 동네 주민이 아이가 학대당하고 있거나 아이를 유괴하려는 상황으로 의심하면서 "도대체 무슨 일이지요?"라며 위아래로 훑어보는 일을 당하지 않는 걸까? 한번은 숙련되고 성품이 온유한 친정어머니 댁 도우미 아주머니가 애셔를 돌봐주다가 일이 벌어졌다. 아이가 얼마나 히스테릭하고 고집불통인지 그녀는 위층에서 아이를 간신히 끌고 내려오더니 감자 한 자루를 퍽 하고 안기듯 내게 넘겨주고는 일을 그만두겠다고 했다.

"더 이상 못 하겠어요."

그녀는 미안하지만 도저히 버틸 수가 없다며 주섬주섬 짐을 챙겨 문을 쾅 닫고 나가버렸다. 그날은 아주머니가 애셔를 돌본 지 나흘째 되는 날이었다.

나는 멍하니 계단에 서서 영화감독 저드 애퍼타우 영화 속의 어느 불행한 엄마처럼 방금 일어난 일을 수습해보려고 애썼다. 생각할 수 있는 것이라고는 고작 이것뿐이었다.

'젠장! 우리가 그런 집이구나. 아이가 막강 진상이라 좋은 도우미 아주머니마저 포기해버리는 그런 집!'

애셔가 두 살 때 남편과 나는 우리가 겪는 일이 보편적인 양육 상황과 많이 다르다는 것을 인지했다. 애셔는 다루기 어려운, 좋게 말하면 혈기왕성하고 자유분방한 아이였다. 더구나 아이는 엽기적일 정도로 똑똑했다. 많은 부모가 의존하는 육아서 방식대로 반응을 보이는 아이도 아니었다(예를 들면 《우당탕탕, 작은 원시인이 나타났어요》, 《긍정의 훈육》, 《어떤 아이라도 부모의 말 한마디로 훌륭하게 키울 수 있다》 등).

우리는 어찌할 바를 몰랐다. 일반적으로 말하는 미운 두 살과 우리 집 두 살배기 아이가 하는 짓에 어떤 차이가 있는지도 알 수 없었다. 우리가 비교해볼 만한 것은 동네 아이들이나 애셔의 놀이방 혹은 TV에서 볼 수 있는 사례가 전부였다.

한번은 슈퍼마켓에서 어떤 아이가 아예 한쪽 통로를 막고 벌러덩 누워 울고불고 난리법석인 모습을 보면서 때마침 쇼핑카트에

얌전히 앉아 책장을 넘기고 있는 애셔를 보며 살짝 마음의 여유가 생겼던 적도 있다.

'봐, 우리 아이는 멀쩡하지?'

그러다 바로 다음 날 아이를 데리고 어디를 가야 하는데 차에 타지 않겠다고 고집을 부리는 통에 한 시간 넘도록 실랑이하며 또다시 막막해지기도 했다. 이런 일이 반복해서 벌어지고 빈번해지자 반창고가 서서히 떨어지면서 빨갛게 부어오른 살점이 드러나는 느낌이었다. 뭔가 아이에게 심각한 문제가 있다는 생각이 들다가도 다른 한편으로 저명한 소아과 의사에게 큰 문제가 아니라는 설명을 듣거나 인터넷, TV, 기사에 조금이라도 긍정적인 말이 나오면 별문제 아닌 듯 스스로 마음을 다독였다.

하지만 우리에게 정말 좋지 않은 일들이 일어나고 있었다. 남편과 나는 우리가 이제껏 겪은 것조차 믿을 수 없었다. 우리 아들 애셔에게 무슨 일이 일어나고 있는 건가? 우리가 말도 안 되게 행동기준이 엄격한 부모란 말인가, 아니면 아이에게 무슨 일이 일어나고 있고 모두가 그걸 알고 있는데 우리만 모르고 있는 것인가? 친구들이 종종 애셔의 행동을 보고도 문제없다며 안심시킬 때는 더욱 혼란스러웠다. 친구들은 단지 불안해하는 우리 부부를 안심시키려고 그랬겠지만 그런 위로는 안심은커녕 오히려 나를 더 비참하게 만들었다.

애셔가 네 살이 되어서야 남편과 나는 우리 아이가 남과 다르다는 것을 인정했다. 그렇지만 여전히 우리는 남과 다르다는 것이 무엇을 의미하는지, 무엇을 어떻게 해야 하는지 알 수 없었다. 고립감이 엄습했다. 가장 친한 친구 몇 명과 내 동생, 부모님 외에는 우리가 얼마나 힘든지 아무도 몰랐다. 누군가가 애셔가 보이는 행동의 문제점을 차곡차곡 정리해 설명하고 고칠 방법을 알려주면 시키는 대로 할 텐데 하는 생각을 했다.

나는 내가 천성적으로 상황 대처 능력도 좋고 문제점도 잘 찾아내는 편이라고 생각했는데, 이번만큼은 그저 당황하고 허둥댈 뿐이었다. 우리와 비슷한 일을 겪는 가족은 세상 어디에 있는 것일까? 구체적인 전략은 무엇이고 해결 방법은 무엇인가? 그런 것이 있기는 할까? 왜 나와 남편은 세상에서 이런 문제로 씨름하는 부모가 오로지 우리뿐인 것 같다고 느낄까?

이제 어린이집 문제까지 생겼다. 어린이집 교사는 수업 시간이나 놀이터에서 생긴 문제, 다른 아이들과의 문제, 심지어 교사에게 대드는 문제를 기록한 알림장을 보내왔고 이것은 곧 일상이 되었다. 아이들과 소통하는 다양한 방법을 알고 있는 숙련된 교사들도 우리 아이 앞에서는 속수무책이었다. 나는 마치 〈지킬 앤 하이드〉를 연기하는 메소드 연기자가 된 것 같은 기분이었다.

어린이집에 다닌 일 년 동안 아이가 보인 주된 정서는 바로 분노였다. 어린이집에서 계속 전화가 오고, 이메일과 알림장이 날아오고, 걱정스러운 마음으로 대응하자마자 또 새로운 사건이 터지는 악몽 같은 몇 주를 보낸 뒤 나는 친구에게 물었다.

"이러다가 우리 아들, 어린이집에서 쫓겨날 수도 있는 거야?"

남편과 나는 아이가 보이는 분노의 원인을 찾으려 애썼지만 도무지 알 수 없었고 예측도 불가능해 불안했다. 차 뒷자리에 앉아 있던 아이가 갑자기 신발을 벗어 앞 유리 쪽으로 홱 던져 운전하다가 깜짝 놀란 적도 한두 번이 아니었다. 이런 위험한 상황은 어린이집에서도 가끔 있었던 것 같다. 나는 아이가 어린이집 놀이터에서 막대기를 휘두르거나 돌멩이를 던지는 것처럼 위험한 일을 저질렀다는 전화를 자주 받았다. 어린이집 친구들에게 보내는 사과편지를 내가 불러주고 애셔가 받아 적는 일이 수없이 많았다. 어린이집에서는 지치지 않고 애셔를 도와주기 위해 우리와 함께 최선을 다했지만 나아지는 것은 아무것도 없었다. '실패한 부모'라는 생각이 들지 않으면 오히려 이상할 지경이었다.

반년 가까이 흘렀을 무렵 어느 친구에게 '감각처리장애Sensory Processing Disorder, SPD'라는 말을 들은 순간 직감적으로 느껴지는 것이 있었다. 그 친구는 꼭 읽어야 할 책이라며 《감각처리장애 아동The Out-of-Sync Child》이라는 책 제목을 적어주었다(국내 번역본 《우리 아이 왜 이럴까?》-옮긴이). 그 쪽지를 들고 친구 집을 나서며 순간 알 수 없는 안도감이 들었다.

'그래, 이것일지도 몰라. 뭔가 어긋난 상태Out of sync! 마침내 문제의 답을 찾았구나!'

일주일 만에 나는 감각처리장애가 있는 아이들을 위한 작업 치료 클리닉을 수소문해 대기자 명단에 애셔의 이름을 올렸다. 그리고 한두 달 뒤 크리스라는 놀라울 만큼 훌륭한 치료사를 만나 이

후 4년을 함께했다. 마침내 길이 열렸다. 애셔한테 필요한 조치를 찾았다. 이제껏 보여온 강렬하고 파괴적이던 행동은 금방 사라질 것이다! 모든 일이 완벽해질 거야. 어느 날 짠….

하지만 애셔가 어린이집 2년 차에 접어들면서 상황은 더 나빠졌다. 타고 가던 배가 난파당한 기분이었다. 모든 일을 제대로 해결해야 한다는 압박 속에서 날이면 날마다 당황하고 안타까워하며 화를 내거나 정신없이 살면서 나는 망가지기 시작했다.

그해 봄, 또 다른 친구가 권하는 대로 우리는 애셔와 함께 보다 자세한 검사를 받았다. 그 결과는 약한 자폐성장애에 해당하는 잠정적인 비전형성 전반적 발달장애PDD-NOS였는데 추가로 ADHD까지 있는 것으로 나왔다. 진단명에 '잠정적'이 들어간 이유는 아이가 아직 다섯 살이라 지금 문제가 되는 행동 중 일부는 성장하면서 나아질 수도 있었기 때문이다.

그러나 나는 그 모든 것에 회의적이었다. 검사 절차가 모두 지나치게 주관적이며 애셔가 받은 진단, 즉 영재성, 감각 관련 문제, ADHD, 전반적 발달장애는 거의 다 동일한 '증상'에 기초해 내린 진단이었다. 그래서 정확히 어떻다는 말인가? 대체 '해야 할 일'은 무엇인가?

이제 유치원에 갈 계획을 세워야 할 때였다. 남편과 나는 막연히 동네에 있는 공립 유치원에 보낼 생각이었는데 애셔를 아는 사람들은 학급당 원생 수가 적고 교육 과정이 좀 더 개인 맞춤형인 곳이 좋을 거라고 했다. 결국 우리는 주저하면서도 사립 유치원을 알아보았다.

모든 일이 순조롭기를 간절히 원했는데 놀랍게도 애셔는 유치원에서 첫 일 년을 잘 넘겼다. 그때 애셔가 기계나 고양이에 보이는 관심을 인정해주고 북돋워준 노련하고 배려심 많은 교사가 한 분 있어서 가능했던 일이다. 그 첫해는 아무 걱정 없이 보냈고 심지어 우리 아이가 드디어 적응해서 편하게 지낼 곳을 찾은 건 아닌가 하는 생각이 조심스럽게 들기도 했다.

이듬해 가을 애셔는 영재아동을 위한 사립학교에 입학했다. 그리고 초등학교 1학년이 된 지 두 달 만에 우리의 기대는 와르르 무너졌다. 이때 나는 애셔의 같은 반 친구들은 물론 담임교사까지 애셔가 하는 행동(그들에게 이상하고 잘못된 것으로 보이는)이 무엇이든 다 틀렸다고 단정한다는 것을 알고 상심했다. 아이는 자존감에 큰 상처를 입었다.

방과 후 회의가 소집된 어느 날, 애셔를 가르치는 교사들이 모두 모이자 교감이 애셔를 가리켜 이렇게 고집이 세고 막무가내인 아이는 30여 년 교직생활 동안 처음 본다고 했다. 조금 예민해진 나는 표현이 지나치다고 지적했다.

"선생님이 여태껏 본 아이 중 우리 아이가 가장 심하다니 말씀이 지나치시네요."

교감은 조금도 주저하지 않고 퉁명스럽게 말했다.

"어머님, 과장이 아닙니다."

이것은 시작에 불과했다. 그 후 이어진 30분 동안 교사들은 날마다 벌어진 사건을 연달아 쏟아냈고 나는 꼼짝없이 앉아 그것을 듣고 있을 수밖에 없었다. 메모지와 펜을 들고 회의에 참석한 나는 교사들의 말을 잘 듣고 기록했다가 아이를 위한 계획에 새로 반영할 작정이었는데 전혀 그럴 필요가 없었다. 애셔가 가장 좋아한 미술교사가 말하기 시작했을 때 나는 일말의 기대감을 가졌는데, 그 교사마저 아이의 공격적인 행동이 자신을 얼마나 힘들게 하는지 줄줄이 열거하는 순간 거의 뒤로 쓰러질 뻔했다. 그 회의는 애셔에게 필요한 도움을 논의하려는 자리가 아니었다. 차라리 매복해 있다가 덤비는 기습적인 공격에 가까웠다.

나는 불빛도 희미한 교실에서 여섯 살짜리 아이들이 앉는 의자에 불편하게 몸을 기댄 채 견디고 있었다. 상담교사에게 다른 아이들이 애셔를 무서워하고 가늠할 수 없는 충동적인 행동 때문에 아무도 애셔와 짝이 되려고 하지 않는다는 말을 들을 때는 얼굴이 후끈거렸고 더는 버틸 힘이 없었다. 나는 어떤 대책이나 실질적인 문제를 떠나 모든 것을 부정하고 싶은 마음에 우리 아이에게 문제가 없는 것처럼 변명했다.

미팅을 끝내고 교실 문을 나설 때 교사들이 들려준 마지막 말에 내 마음은 갈피를 잡지 못하고 흔들렸다.

"어쩌면 이 학교는 댁의 아드님에게 맞는 곳이 아닐지도 모릅니다. 아이를 계속 학교에 보내고 싶으면 반드시 눈에 띄는 변화를 보여줘야 합니다. 그렇지 않으면 힘들 겁니다."

그 뒤로 나는 2주 동안 전문가를 만나 의논하며 다양한 '영역

도표'와 문서를 비롯해 애셔의 조절장애에 대처해야 하는 '교사를 위한 대응법'도 파일로 만들었다. 그러나 애셔를 대했던 교사들의 태도를 바꿀 생각을 하면 아찔했다. 매일 아침 아이를 학교에 데려다줄 때마다 상어 입속에 아이를 던져 넣는 기분이었다.

이를 악물고 주차장으로 돌아올 때면 아무도 마주치지 않기를 바랐다. 간신히 누구와도 마주치지 않고 차 안으로 숨어들면 나는 시트를 뒤로 젖히고 좌절의 눈물을 쏟으며 남편이나 여동생, 엄마에게 전화해 위로를 구했다. 나는 조금씩 부서지고 있었다. 내 사랑하는 아들의 아름다운 영혼이 영원히 망가질 수도 있다는 생각에 가슴이 찢어지듯 아리고 무너져 내렸다. 그리고 이 모든 상황에 분노가 솟구쳤다.

겨울방학 전날 우리는 학교의 무거운 교문을 열고 나왔고 다시는 그곳으로 돌아가지 않았다.

초등학교 작전 제2막.

1월, 우리는 새로운 마음으로 애셔를 다른 사립학교로 전학시켰다. 그 학교는 정서 발달, 비판적 사고, 사회정의를 핵심 교육 과정으로 삼고 있었다. 내가 애셔를 새 학교에 데려다주고 데려오는 일에 적응해가는 동안 애셔는 늘 하던 대로 이 학교에서도 예전처럼 지내기 시작했다. 수업 시간에 시도 때도 없이 불쑥불쑥 자기 의견을 말하고, 무엇이든 뜻대로 되지 않으면 심하게 좌절하고, 학교에서 내주는 모든 과제는 어떻게든 자신이 관심을 두고 있는 것과 연결해 엉뚱하게 둔갑시켜 제출하곤 했다.

이번에는 색종이 접기가 문제였다. 6주 동안 애셔는 종이 개구리 접기 올림픽을 주도했는데, 이것은 말 그대로 반 친구들에게 계속 종이 개구리를 접게 하는 일이었다(애셔의 이 기발한 생각이 다른 아이들에게 퍼져가지 않았다면 아무 문제가 없었을 테지만 이 일은 대유행으로 번졌다).

달콤하고 짧은 평화는 곧 지나갔고 상황은 나빠지기 시작했다. 한 학기가 끝나기도 전에 남편과 나는 교장실로 불려갔다. 애셔의 인지적 요구를 학교가 더는 받아주기 어려울뿐더러 교사들이 애셔의 종잡을 수 없는 말썽을 상대하느라 다른 아이들에게 신경을 쓸 수 없다는 것이었다. 다음 학기에도 아이를 계속 보낼 생각이라면 시간제 보조교사를 고용하되 그 비용은 부모가 부담하라는 최후통첩을 받았다.

"우리 일이 아니에요. 부모인 당신들의 일입니다."

또 한 번의 작별이자 또 다른 상실이고 시련이었다.

초등학교 작전 제3막.

이번에는 개별화 교육 프로그램Individualized Education Plan, IEP이 포함되어 있는 공립 초등학교 영재반을 선택했다. 초등학교를 이리저리 전전하는 우리의 시련을 안타깝게 여기는 친구들에게 "적어도 여기서는 쫓겨나지 않겠지!"라는 농담까지 했다.

세 번째로 옮긴 학교에서는 애셔의 교사들에게 아이가 돌발적인 행동을 할 때 어떻게 해결해야 하는지 미리 알려주고 말썽이 생길 때마다 아이 편을 들며 열심히 변호했다. 애셔는 좀처럼 아이들과 어울리지 못했고 학교에 흥미도 없었다. 학교에서 하는 일이라고는 수업 시간에 전자책 킨들로 몰래 책을 읽거나 색종이로 솜씨 있게 접은 피카츄를 아이들에게 돈을 받고 파는 사업 수완뿐이었다(애셔는 종이 피카츄를 하나당 10센트에 팔았는데 사실 종이 값도 안 되긴 했다). 애셔가 걸핏하면 교장실로 불려가면서 교장선생님과 친해진 것은 그나마 긍정적인 측면으로 볼 수 있었지만 애셔가 받아야 할 개별 교육은 부족했다. 학교라는 체계에서 사고방식이 특이하거나 평범하지 않은 아이들이 욕구를 충족하기란 불가능한 곳임을 새삼 깨달았다.

애셔가 진단을 받은 3년 뒤에 남편과 나는 다시 검사 대기자 명단에 이름을 올렸고 5개월이 지나서 마침내 워싱턴대학교 자폐센터로부터 검사통지를 받았다. 검사는 통제된 상황에서 이뤄지는 관찰과 교사 평가, 필기 검사, 부모 인터뷰를 포함해 2주 동안 진행됐다.

검사 방법은 새로웠지만 그만큼 고통스럽기도 했다. 구체적인 해답을 기대하며 재검사를 받은 것인데 자폐 스펙트럼 장애나 ADHD, 행동장애 같은 진단명을 재확인하는 것으로 그쳤기 때문이다. 남편과 나는 결과 보고서를 정독하면서 다시 한번 감당하기 힘들었고, 그 결과가 장기적으로 무엇을 의미하는지 알 길이 없었다. 결국 진단 결과는 또 하나의 퍼즐 조각이었다. 조각들을 맞추다 보면 그림의 모습이 나타나듯 우리는 애셔의 진단 조각이 늘어나면서 아이가 얼마나 독특한 존재인지 더 많이 알게 되었을 뿐이다.

2학년이 끝나갈 즈음 우리는 애셔가 학교에서 배우는 게 전혀 없다는 것을 알았다. 무엇보다 내가 지쳐서 너덜너덜해질 지경이었다. 매주 네 곳의 다른 장소에서 네 가지 치료를 받아야 하는 미칠 듯한 스케줄도 힘겹고 주변의 시선을 견뎌내는 일도 나를 지치게 했다. 아이는 아이대로 신경이 곤두서서 손톱을 얼마나 물어뜯었는지 늘 엉망이었다.

집에서도 항상 전쟁이었다. 아이의 격렬함은 폭탄 터지듯 엄청났고 예측할 수도 없었다. 우리는 애셔에게 자기와 맞지 않아 괴로워하는 시스템보다 더 나은 환경을 만들어주어야 한다는 필요성을 느꼈다. 하지만 이 길을 계속 가는 것이 맞는지, 우리의 행동(어쩌면 무방비나 무대책) 때문에 오히려 더 심한 조절장애·불안·위험·놀림·따돌림·역경이 우리 가족에게 닥치는 것은 아닌지 두려웠다. 아무튼 변화가 필요했다.

해결책이 갈급했기에 남편과 나는 몸부림치며 보다 근원적인 변화를 찾아 헤맸다. 우리의 외침을 세상이 들은 걸까, 남편이 네덜란드의 암스테르담으로 발령이 났다. 모든 것을 뒤로하고 관광조차 가본 적 없는 낯선 네덜란드에서 새로운 삶을 시작한다는 것이 여간 겁나지 않았지만 그즈음 우리는 잃을 것이 거의 없었다(한편으로는 '이렇게 계속 힘들 거라면 차라리 유럽에서 힘든 게 낫겠다'는 생각도 들었다). 학기가 끝나자마자 반려견을 암으로 잃고, 아이에게 맞춰 홈스쿨링을 준비하던 시애틀의 집을 팔았다. 상의도 없이 해외 이주를 결심한 부모에게 격분한 여덟 살짜리 아들을 달래주려 최선을 다하며 그곳의 삶에서 벗어났다.

그 뒤 일 년은 그야말로 치열한 적응 기간이었다. 기반을 잡기까지는 시간이 걸렸고 여태껏 내가 겪어본 변화 중 가장 힘든 변화였다. 그래도 시간이 지나면서 모든 것이 차츰 자리를 잡기 시작했다. 홈스쿨링을 놓고 많이 번민했지만 나만의 방법을 찾으면서 내가 생각보다 그 일에 훨씬 더 준비되어 있음을 알게 되었다. 남과 다른 교육의 길을 걷는 것이 아이에게 어떤 미래를 안겨줄지 모르는 상황에서 나는 불안감과 싸우며 애셔와 함께 새로운 관계를 만들어갔다.

오해하지 마시라. 비록 상황은 많이 나아졌지만 힘겨운 싸움은 여전했다. 무엇보다 '평범한 아이'를 키우는 친구들을 향한 질투를 넘어서야 했고 우리 아이에게 다가올 미래에 대한 공포도 이겨내야 했다. 또한 또래와 다른 유년기를 보내는 것이 아이를 망가뜨리는 일은 아닌지 불안했다. 그럼에도 불구하고 나는 모든 것에 의문을 제기하며 아이에게 맞는 길이 무엇인지 접근하는 과정이 효과적이라고 확신했다.

그 증거는 애셔였다. 아이는 행복하게 잘 자라고 있었다. 아이는 즐거워했고 희망이 보였다. 홈스쿨링에 만족하고 더 이상 불안해하지 않았으며 늘 물어뜯어 남아나지 않던 손톱을 깎아줄 수 있게 되었다.

그해에 내가 알게 된 제일 중요한 것은 애셔를 키우면서 생기는 문제의 근원이 나와 아이의 관계였다는 점이다. 좀 더 정확히 말하면 엄마의 삶은 이러저러해야 한다는 고정관념이 문제였다. 이 사실을 깨달은 것은 큰 수확이었다. 일단 깨닫고 나자 엄마로서의 내 삶이 어땠는지 인정할 수 있었기 때문이다. 우리 아들이 어떤 상태였는지, 아이의 삶이 어떤 모습이었는지도 알 수 있었다. 이 일은 '내려놓기'같이 힘든 행동을 시작한 뒤에야 일어났고 비로소 에너지가 돌기 시작했다. 더 놀라운 사실은 애셔 또한 그랬다는 점이다.

애셔가 애셔답게 사는 데 집중하자는 우리의 선택은 우리 가족이 재활하는 도화선이 되었다. 그로부터 5년이 지난 오늘도 우리는 그 새롭고 완벽한 '평범'을 계속 창조하고 있다. 서로 다투기보다 흐르는 대로 두는 삶으로 말이다.

이제 애셔는 초조와 불안에서 벗어났고 떼를 쓰는 일이 거의 없다. 날이 갈수록 아이는 몸과 마음이 함께 현존했고 그 존재감으로 더 많은 관계를 만들었다. 더는 투쟁하거나 회피할 필요가 없게 된 아이는 나쁜 아이, 망치는 아이, 잘못하는 아이라는 말을 듣지 않고 당당하게 살고 있다. 그러자 아이의 아름다운 마음씨와 부당한 것에 맞서는 완강한 신념 같은 좋은 성품이 드러났다. 아이는 안정을 찾았고 자신감도 얻었다. 나는 그런 모습을 보게 되었다는 사실에 무척 놀랐다.

누군가가 어떻게 우리 가족이 이토록 좋은 상황에 이르렀느냐고 물으면 나는 이렇게 말한다. "우리는 애셔를 있는 그대로 받아들이는 동시에 우리가 가족으로서 잘 살아갈 수 있는 대안적 방법을 찾아 나섰다"라고. 무엇보다 우리는 모든 것을 내려놓았다. 모든 것을 통제하려는 생각도, 다른 사람이 애셔를 어떻게 바라볼까, 우리의 양육 방법을 어떻게 바라볼까 두려워하는 마음도 내려놓았다. 미래엔 반드시 '어떠해야 한다'는 생각도 더 이상 하지 않는다. 우리는 진정 현재의 삶을 진실하게 살고 오늘 내게 주어진 선물에 감사하며 살기 시작했다.

…

나는 많은 부모를 만나 이야기를 나누면서 우리 가족 이야기가 결코 특이하지 않음을 알게 되었다. 우리와 비슷한 경험을 하고 있는 부모가 세상 도처에 있지만 그들은 안내판도 없는 막연한 길을 그들만의 방식으로 살아가고 있었다. 그들은 내 아이는 평범하다고 믿었던 길에서 예상치 못한 걸림돌을 만났고, 멀리 돌아가야 하는 길을 헤쳐가며 살고 있다.

애틀랜타에 있는 공립 대안학교의 부속 유치원에 근무하는 에이미의 이야기를 들어보자. 그녀는 자신이 근무하는 유치원이 아이의 감각 욕구를 충족해줄 수 없음을 알기 전까지 아들을 그곳에 보낼 생각이었다.

"우리 아이와 같이 놀던 아이들은 내가 근무하는 유치원에 들어가는데 우리 애는 보낼 수 없어서 마음이 아팠어요. 하지만 그 유치원은 우리 아들에게 적합한 곳이 아니었어요."

그녀의 가족은 방방곡곡으로 이사를 다니며 아들은 몇 차례에 걸쳐 진단을 받고 학교를 여러 번 옮겨 다녔다. 하지만 가장 최근에 다니던 오리건주 포틀랜드의 학교마저도 더는 다닐 수 없었다. 에이미는 다음에는 또 무슨 일이 일어날까 걱정하며 다시 한번 기로에 처했음을 느꼈다. 그래도 그녀는 지치지 않고 아들의 독특한 요구를 이해하고 있는 그대로 받아들여 아이가 자기 자신으로 살아갈 수 있는 좋은 환경을 찾아주려고 애썼다. 평범하지 않은 아이를 양육하는 부모와 관련된 인터뷰에서 그녀는 말했다.

"이건 마땅히 해야 하는 일이죠."

언어치료사 줄은 장애 청소년의 감각처리장애에 관한 전문 발달수업을 듣기 전까지 정작 자신의 아들이 어떤 상황인지 알아채지 못했다. 감각처리에 어려움을 겪는 아동들의 특징을 강사가 열거할 때 그녀는 마치 자신의 네 살짜리 아들의 행동을 그대로 보고 있는 것처럼 느꼈다.

"내가 배우는 것과 아들의 행동을 연결시키려는 생각을 미처 하지 못했어요. 그러던 어느 순간 거친 파도에 휩쓸리는 듯한 느낌이 들었죠. 뭔가 싸늘한 느낌이 온몸에 퍼지더니 그냥 눈물이 펑펑 쏟아졌어요."

심리학자 배리는 두 자녀가 영재 판정과 함께 ADHD, 소리처리장애, 실행기능장애 진단을 받았을 때 전혀 다른 세상에 버려진 느낌이었다. 하지만 그녀는 자녀를 더 알려고 노력했고 자신의 역량을 활용해 아이들을 적극 지원했다. 몇 년 후 배리의 가족은 교외로 이사 갔고 사립학교에 다니던 아이들을 공립학교로 보냈다.

이후 모든 일이 그럭저럭 풀렸으나 그 선택이 과연 옳은지 끊임없이 질문을 던졌다. 부부는 아이들이 잘 지낼 수 있는 다양한 방법을 찾는 한편 학교가 아이들을 도와주도록 협력하는 일에도 열중했다. 그녀는 이렇게 설명했다.

"내 머릿속은 온통 멋진 생각으로 꽉 차 있어요. 아이들의 가족과 교육 환경을 변화시키고 아이들을 향한 인식과 이해가 새로워질 필요가 있다는 것이 제 주장이었지요. 새로이 변화하고 인식한다면 우리 아이뿐 아니라 모든 아이들에게도 유익할 거라고 생각합니다."

특별한 아이를 키우는 많은 부모와 이야기를 나누면서 같은 종류의 어려움을 들었다. 아이의 신경다양성이 어떤 미래를 낳을까 하는 불안감, 학교생활에 적응하는 능력 결여, 다루기 힘든 행동, 필요한 정보를 찾는 데 따르는 제한적 상황 그리고 이 모든 것을 이해하지 못하는 가족, 친구, 교사 등 모두 비슷비슷한 어려움이다. 서로 다른 하나하나의 아이들이었지만 그들은 똑같은 좌절과 혼란, 슬픔, 견딜 수 없는 압박감을 견뎌내야 했다.

두뇌회로가 다른 아이들은 종종 이해받지 못한 채 전형적인 아이들처럼 취급받는다. 부모, 교사, 심지어 가족조차도 아이의 차이를 인지하거나 그에 따른 어려움을 이해하지 못한다. 이 아이들에게는 확고부동한 의지가 있다. 바로 그것이 어려운 점이다. 일반적인 양육 방법은 쓸모가 없다. 두뇌회로가 다른 아이들을 위해 무언가를 결정할 때는 다른 부모보다 더 고민해야 하고, 더 걱정해야 한다. 절대 쉬운 일이 아니다. 방향도 모른 채 무딘 칼로 덩굴을 베어내며 길을 찾기 위해 여기저기 부딪쳐본다. 대단히 어렵고 외로운 일이다. 생계를 위해 나가 일해야 하거나, 수입이 적거나, 아이의 요구에 맞춰주기 위해 함께 많은 시간을 보낼 수 없는 가족에게 이런 상황은 더욱 절망적이다.

신경학적 차이에 따른 낙인은 대개 어둠 속으로 숨어들어가 조용히 신음하게 한다. 우리는 무슨 일이 일어나고 있는지 누군가가 알게 될까 두려워하면서 감춘다. 똑같이 비슷해야 하고 복종할 것을 추구하는 양육 문화 안에서 독특한 아이를 키우는 경험은 남들과 나누기 쉽지 않다.

대신 우리 아이 때문에 힘들다는 교사의 이메일과 씨름하고, 공공장소에서 난리를 치는 아이를 향한 남들의 따갑고 불편한 시선을 대범하게 견뎌내며, 부모들끼리 결정하는 자녀의 놀이 약속에 우리 애만 쏙 빼놓아도 상처받지 않은 척 계속 노력한다. 우리는 아이가 어디에서든 어떤 방법으로든 적응하길 간절히 원하며 모든 것이 너무 힘든 건 아니라고 느끼길 바란다. 우리 아이에게도 다른 아이들과 똑같이 성공적인 인생을 살아갈 기회가 주어지길 간절하게 소망한다.

이것은 단지 몇몇 아이에 관한 이야기가 아니다. 최근 통계에 따르면 학령기 아동 다섯 명 중 한 명은 신경생리학적 다양성을 보인다고 한다. 이는 그들의 두뇌가 소위 '정상적'이라고 간주하는 전형성에서 벗어나 있다는 뜻이다. 이 통계와 관련해 작가 존 엘더 로비슨은 심리학 저널 〈사이콜로지 투데이Psychology Today〉에 '아스퍼거와 함께한 내 인생'이라는 제목으로 글을 올렸다. 내용 중에는 "신경다양성의 문제는 키가 180센티미터 정도로 크거나 머리카락 색이 빨간 것보다 더 흔한 일이다"라는 말이 있다.

두뇌회로가 다른 것은 왼손잡이가 별나지 않은 것과 같은 맥락으로 취급해야 하지만, 어쨌든 지금 우리는 위기를 겪고 있다. 오늘날 어린이의 약 20퍼센트는 그들이 생각하고 받아들이고 표현하는 방식이 불편하거나 현실에 도전적이라는 이유로 학교와 사회에 적응하지 못한 채 몸살을 앓고 있다. 이들의 신경생리학적 '다름'은 사회에서 창의적이고 복잡하며 중요한 무언가가 될 수 있다는 지지를 받기는커녕 '결핍'으로 평가받는다.

전형적이거나 정상적인 길은 단 하나가 아니다(그 정상적이라는 건 대체 누가 정의한 것인가? 언제부터 '정상'이라는 것이 우리가 추구해야 할 가치가 된 것인가?). 왜 비전형적인 아이들의 창의적 재능이 세상을 긍정적으로 바꿔놓을 수 있음을 제대로 알아보기도 전에 많은 아이들이 '장애'라는 진단부터 받아야 하는가? 오히려 두뇌회로가 특이한 아이들은 풍부한 감수성과 재능을 지닌 뉴 노멀New Normal, 즉 새로운 정상이다.

이제는 사회가 비전형적인 아이들의 신경학적 다름 혹은 차이를 더 이상 '고쳐야 하는 것'으로 다루지 말고, 점점 더 늘어나는 이들을 새로운 진화 형태로 받아들여야 한다. 즉, 우리 아이들은 있는 그대로 자신을 드러내고 인정받아야 한다. 또한 이 아이들의 가족도 행복하게 살아야 한다.

아이들과 우리 자신을 위해 이러한 변화를 이루려면 무엇보다 양육 패러다임을 바꿔야 한다. 현재의 양육 패러다임은 더 이상 실용적이지 않고 좋은 면보다 나쁜 면이 더 많다. 따라서 새로운 패러다임을 만드는 쪽으로 나아가야 한다. 아이들의 다름과 독특함을 포용하고, 두려움과 죄책감을 기본으로 하는 메시지를 차단하고, 비전형적인 아동을 위한 교육을 지원하고, 그 가족이 겪는 현실을 제대로 반영해 이상적인 교육을 설계하고 이용할 수 있는 선택의 폭이 넓어져야 한다.

물론 이것은 쉬운 일이 아니다. 때론 마법의 지팡이를 흔들어 내 아이를 전형적인 아이로 바꾸고, 순조롭고 고분고분한 아이로 만들고 싶다는 바람이 생길 수도 있다. 교사와 전형적인 아이들의 부모를 비롯해 많은 사람들은 기존에 누리던 기반이 흔들릴까 봐 '정상' 범위를 새롭게 정의하고 싶지 않을지도 모른다. 관습과 두려움에 맞서며 일을 소신껏 처리하는 것은 몹시 힘들다.

그래도 우리는 분명 해낼 수 있다. 당신과 나 그리고 두뇌회로가 다른 아이를 키우는 부모들은 현재의 양육 패러다임을 구석구석 바꿀 능력과 이유가 충분하다. 나아가 그런 일을 할 수 있는 사람은 바로 우리이다. 우리가 처한 현실을 소리 내어 말하고, 세상에 알리고, 간절하면서도 단호하게 우리의 요구를 청할 때 지난 수십 년 동안 만연해온 구시대적이고 비효율적이며 편협한 양육 패러다임은 무너질 것이다. 당신이 함께하기를 바란다.

Chapter
2

뉴노멀

몇 달 전 나는《뉴로트라이브》라는 책을 주문했다. 이 책의 저자 스티브 실버만이 공중파 라디오 프로그램에 나와서 자폐성장애와 신경다양성을 어떻게 받아들이고 이해해야 하는가에 초점을 맞춰야 한다는 내용을 듣고 감동했기 때문이다. 주문한 책이 도착했을 때 나는 마침 아이의 점심식사를 준비하던 중이었다. 책을 받아 식탁 위에 놓고 샌드위치와 캐슈너트, 배를 깎아 애셔에게 주려고 돌아서는데 아이는 벌써 이 책에 푹 빠져 있었다.

애셔는 나보다 책을 훨씬 빨리 읽으니 먼저 읽고 어떻게 받아들이는지 보는 것도 좋겠다는 생각이 들었다. 무엇보다 이 책에서 가장 중요하게 다루는 핵심 대상에 애셔도 속했다. 나는 애셔가 자기와 비슷한 사람들에게 관심을 보이며 알고 싶어 하는 모습이 반가웠다. 최근 몇 년간 아이는 자기 정체성을 찾는 일에 적극 관심을 보였는데 이것도 같은 맥락이려니 싶었다. 애셔는 이틀 동안 책을 열심히 읽었고 가끔 인상적인 내용이 나오면 나와 함께 이야기를 나누었다. 또 마음에 와 닿는 구절을 이메일로 내게 보내주었다.

늘 하던 대로 아이의 침대에서 잘 자라는 인사를 해주던 어느 날, 아이가 느닷없이 무섭다고 했다. 일단 아이를 포근하게 안아주자 그날 오전에 읽은《뉴로트라이브》의 한 부분을 떠올리며 말을 시작했다. 자신처럼 자폐성장애나 신경학적으로 장애가 있는 아이들이 국가에 짐이 된다는 이유로 나치가 쥐도 새도 모르게 살해한 것을 묘사한 내용이 너무 무섭다고 했다. 그해 애셔는 제2차 세계대전을 공부하는 중이었고 유대인 학살이나 당시의 공포와 관련된 글을 많이 읽고 있었다.

예고 없이 맞닥뜨린 그 작은 정보 하나가 아이에게 커다란 충격을 준 것이었다. 이는 당연했고 두려움을 남길 만했다. 나는 아이와 함께 침대에 누워 무지와 증오, 오해에 관한 긴 대화를 나눴다. 마음이 여리고 따뜻한 애셔도 당시 그 장소에 있었다면 같은 운명에 처했을지도 모른다는 생각에 가슴이 찢어지는 듯했다.

우리는 잠시 말없이 누워 있었다. 천장을 뚫어져라 쳐다보고 있는 내 곁에서 아이는 베개에 얼굴을 파묻고 있다가 난데없이 활기를 띠더니 들뜬 듯 말했다.

"이 책에서 '만일 상황이 완전히 뒤집혀 자폐성장애가 있는 우리가 정상이고 다른 모든 사람이 잘못된 것이라면 어떻게 되었을까'라는 놀라운 생각을 읽었어요."

"아, 그래? 자세히 말해봐."

나는 아이가 뭔가 흥미롭거나 한번 자극을 받은 내용은 잊지 않고 기억하듯 그 이야기도 이미 줄줄 외웠을 거라고 생각했다.

"책에 쓰여 있었어요. 신경전형인 증후군Neurotypical syndrome은 사회적 관심사에 집착하고 자신이 우월하다는 망상이 있으며 규칙을 지키려는 집착이 강한 신경생리학적 장애 혹은 이상이다."

이 말을 한 애셔는 마지막 대사를 극적으로 전달하려 하는 TV 앵커처럼 잠시 시간을 끈 뒤 과장된 목소리로 나머지 한 줄을 말했다.

"아직까지 알려진 치료 방법은 아무것도 없습니다."

"응, 맞는 말이네!"

나는 웃었다. 자신이 보통 아이들과 다르다는 것을 애셔가 받아들이고 있다는 사실이 고마웠다. 나는 잠이 들락 말락 하는 아이를 다시 한번 안아주고는 오디오북 플레이 버튼을 눌러놓고 조용히 방을 나왔다. 신경다양성을 가진 애셔 같은 아이는 어떻게 해야 '사회의 문젯거리'라는 인식에서 자유로워질 수 있을까 하는 생각이 내내 떠나지 않았다.

✧우리 VS 저들

사람이 세상에 존재하는 한 사회는 사람들 사이에 선을 긋고 '정상적'인 사람과 '그렇지 않은 사람'으로 편을 갈라놓는다. 여기서 그렇지 않은 사람이란 신체, 정신, 신경학 측면에서 다른 이들과 차이가 있는 사람을 말한다. 물론 정상 부류에 속해도 인종, 민족, 종교, 성별 차이나 성 정체성 혹은 지향에 따라 어려움과 차별을 겪기도 한다.

그리고 사람들은 대부분 가장 완벽한 황금 기준에 따른 정상 범주에 속하고 싶어 한다. 정상 범주에 있으면 '전형적인' 삶을 살아가는 데 필요한 것, 예를 들어 좋은 교육을 받고, 진로를 선택하고, 삶에 필요한 급여를 받고, 운전면허를 취득하고, 독립적으로 생활할 기회가 주어지기 때문이다.

반면 정상에서 벗어난 이들은 사회에서 받아들여지지 않거나 지원받지 못하고 '다른' 편으로 밀려난다. 즉, 정상 범주에 속하는 사람들과 같은 방식으로 사회에 제대로 참여하는 것이 불가능하다. 어떤 의도였든 일종의 '우리 VS 저들'이라는 구도가 만들어졌다. 그것은 옳은 것과 그른 것, 완전한 것과 망가진 것의 구도다.

그러나 우리에겐 더 이상 그런 생각을 하고 있을 여유가 없다. 다른 방식으로 살아가는 것도 대다수가 생각하는 것보다 훨씬 더 평범하다는 사실이 점점 더 분명해지고 있다. 교육자이자 양육 코치인 앨리슨 바워는 이렇게 말했다.

"더 많은 아이와 부모를 만날수록 세상에 '전형적'으로 보이는 아이가 그리 많지 않다는 것을 더 많이 알게 됩니다. '우리 아이는 전형적이다'라고 생각하는 사람은 손을 들어보라고 하면 손을 들 사람이 그리 많지 않을 것입니다."

오늘날 수백만 명의 아이가 두뇌회로가 달라서 또래와 많이 다른 모습으로 살아가고 있다. 이들은 우리의 전통 세상에서 아웃사이더 취급을 받는다. 그 이유 중 하나는 사회가 신경학적 차이를 별개의 범주로 나눠놓았기 때문이다. 이 범주에 속하는 아이는 얼마나 다른 이를 힘겹게 하는지, 바람직한지 그렇지 않은지, 나아질 가능성이 있는지에 따라 구분된다. 또 이들의 특수한 요구를 지원하는 일이 정상의 범주에 피해를 주지 않을 정도나 비용에 근거해 구별된다.

두뇌회로가 다른 아이는 학습장애아동, 영재아동, ADHD 아동, 자폐아동같이 서로 다른 이름으로 구별한다. 그 탓에 교육자와 사회는 이들을 쉽게 대한다. 이를테면 "너는 이런 면에서 우리와 다르다. 그래서 너는 저기 있어야 한다(더 정확히 말하면 너는 '우리'에게 속하지 않는다)"는 식이다. 진단과 차이에 따라 나누면 아이들은 더 쉽게 밀려나고 보통 아이들과 완전히 '다른 아이'라는 딱지가 붙는다. 간단한 예로 나는 애셔와 함께 여름캠프에 참가한 어떤 아이가 자기가 진단받은 주의력 결핍장애ADD는 애셔의 주의력 결핍 과잉행동장애ADHD만큼 나쁜 것이 아니라고 다른 아이들에게 애써 주장하는 것을 본 적이 있다.

이 신경학적 다양성을 한 집단으로 보면 그 숫자는 결코 무시할 수 없다. 거의 20퍼센트에 육박하기 때문이다. 그야말로 다섯 명 중 한 명꼴이다. 아이들이 속한 학급에서는 평균 서너 명에 이르는 숫자다. 결코 적은 숫자가 아니다.

과연 이렇게 '다른' 아이가 얼마나 더 늘어나야 이들을 인정하고 받아들일 수 있을까? 이들이 사회에서 소외당하지 않고 활발하게 참여할 수 있는 결정적인 마법의 수는 몇 명일까? 25퍼센트? 30퍼센트? 다른 사람은 어떻게 생각할지 모르지만 나는 맥없이 앉아 이 숫자가 늘어나 임의의 더 큰 숫자에 다다를 때까지 기다릴 수 없다. 또 하나 분명한 것은 우리 아이들에게 한없이 기다릴 시간이 없다는 사실이다.

'O '다른 것'은 '다른 것'이다

몇 년 전 어느 따뜻했던 봄날, 남편과 나는 애셔와 함께 집에서 멀지 않은 폰델 공원으로 점심 피크닉을 갔다. 우리는 집에서 준비해온 참치 샌드위치와 감자칩을 먹으며 그날 아침 읽은 자폐성장애 발병률에 관한 새로운 연구 기사 이야기를 나눴다. 그때까지 전자책 킨들에 내내 머리를 박고 읽던 애셔가 '자폐성장애'라는 말을 듣자 갑자기 고개를 들고 관심을 보였다.

"무슨 이야기예요?"

"응, 오늘 아침 엄마가 읽은 신문기사 내용을 아빠에게 말하던 중이야. 한 연구에 따르면 자폐아를 낳을 위험률이…"

애셔는 내 말을 끊었다.

"위험률? 그걸 위험이라고 해요? 엄마는 그걸 어떻게… 무슨 병이라고 생각하나 봐요?"

뜨끔! 그러네. 우리는 그 단어를 '확률'로 쓰는 게 맞는다고 보고 다시 대화를 이어갔다. 애셔는 여태껏 이런 말을 수없이 들으며 얼마나 마음속 깊이 상처를 받았을까. 불행히도 '다름'이란 말은 대체로 부정적 뉘앙스를 풍긴다. 어떤 경우에는 많이 순화시켜 희미하게 보이지만 그런 순간조차 미묘한 방식으로 부정적 색채를 띤다.

내가 처음 팟캐스트와 인터넷 커뮤니티 틸트 페어런팅을 만들어 혁신을 꿈꿀 때, 우리 모임의 미션과 강령으로 반복해서 내세운 표현은 '두뇌회로가 다른'이었다. 피크닉에서 애셔가 나를 일깨워주었듯 용어는 중요하다. '두뇌회로가 다른'이라는 표현은 신경다양성을 가진 모든 사람을 정의하는 데 적확할 뿐 아니라 '장애' 같은 단어처럼 낙인이 될 만한 위험도 없다. 이제 신경다양성을 세분화하는 것을 없애고 이 아이들과 부모가 더 이상 고립되었다고 느끼거나 비정상이라고 생각하는 것을 멈춰야 한다. 대신 아이들이 스스로 창의적이며 독특한 생각을 하는 뛰어난 부류의 일원이라고 느끼도록 해야 한다.

이 같은 비전형적인 사람들을 하나의 전체 집단으로 보면 이들의 신경다양성을 나누는 경계선은 그리 뚜렷하지 않다. 아이들의 생활 상태를 진단하는 사람들에게 물어봐도 이것은 상당히 복잡하고 어려운 일이다. 수많은 부분이 겹치거나 분명히 밝혀지지 않은 것이 너무 많기 때문이다. '다른 것은 다른 것'이다. 어쨌든 다르다는 말이다. 두뇌회로가 다른 아이들을 인식하고 받아들이는 방식을 우리가 바꿀 수 있다.

◇ 우리 아이의 두뇌회로가 다른가요?

'두뇌회로가 다른'은 진단명도 아니고 과학 용어도 아니다. 두뇌회로가 다른지 아닌지 판단하는 뚜렷한 기준도 없다. 그러면 아이의 두뇌회로가 다른 것을 어떻게 알 수 있을까? 바로 이것이 이 책의 목적이다. 이 표현을 틸트 페어런팅에서 정의한 바에 따라 생각해볼 것을 추천한다.

"만일 아이의 두뇌회로가 다르다고 느낀다면 진짜 그럴 확률이 높다."

정말이다. 우리는 결국 스스로 선택한 집단이다. 자녀가 특별한 진단을 받았거나 그렇지 않았을 수도 있다. 하나 혹은 여러 개 진단명을 받았을 수도 있다. 또래에 비해 더 고집이 세든 더 감정적이든 더 똑똑하든 아무튼 우리는 아이가 어떤 측면에서 '더 심하다'라고 인정한다.

또한 우리가 아는 아이의 능력과 학교 성적 간에 괴리가 크다는 것을 발견하기도 한다. 다른 아이들은 순풍에 돛단 듯 자신 있게 해내는 일을 우리 아이만 힘겨워하는 것을 지켜볼 수도 있다. 비록 모두가 그러지 않더라도 "아이가 잘 자라고 있다"라고 말하기 어렵다. 이 아이들은 어른이 되기까지 예상 가능하거나 있을 법한 정도의 우여곡절을 넘어 훨씬 더 힘든 시간을 겪어내야 한다.

나는 가끔 주변에서 궁지에 몰린 듯한 아이들을 보는데, 이들이 보이는 두려움은 겉으로 드러나지 않는 '보이지 않는 다름'을 지니고 살아가기 때문이다. 틸트 페어런팅 커뮤니티 아이들은 많은 경우 어려움을 겪으면서도 장애를 진단받기에는 조금 못 미쳐 간과된다. 그래서 아이들이 사회성이나 학업과 관련해 겪는 어려움의 근본적인 원인은 물론 '왜 아이들이 그렇게 행동하는지' 잘못 판단하거나 전반적인 면을 못 보는 경우가 있다. 그 결과 이 아이들을 완전히 오해한다.

이런 잘못된 이해로 아이들은 종종 도움을 받기는커녕 벌이나 훈육을 받는다. 이렇게 적절한 조치와 학습 혜택을 받지 못해 좋지 않은 성적을 받는 일이 반복되면서 좌절하거나, 계속 뒤처지거나, 발전 기회를 누리지 못한다.

그 자녀의 부모 역시 마찬가지다. 이해받기는커녕 자녀의 '부적절한' 행동이나 눈에 띄는 뒤처짐 때문에 지속적으로 비난을 받는다. 이는 내용을 제대로 파악하지 않은 채 슬쩍 겉만 보고 판단한 결과다.

이들은 과연 어떤 아이들인가? 정확히 어떤 '다름'이 이들을 어렵게 하는가? 광범위하고 다양한 진단의 일부와 이들에게 흔히 볼 수 있으면서도 잘 가려내기 어려운 '다름'을 정리해보았다.

ADD / ADHD

애셔가 처음 검사를 받은 것은 다섯 살 때였다. 결과는 잠정적 ADHD였다. 솔직히 나는 그때 검사 결과에 맞서 버텼다. 주변에 ADHD 진단을 받은 어떤 아이를 알고 있었는데 그 아이는 통제 불능일 정도로 과잉행동을 보였다. 순간 나는 무서울 정도로 예측할 수 없이 뛰어다니며 엉망진창이 된 사내아이를 누구도 진정시키거나 대화하지 못하는 장면을 떠올렸다. 그리고 다시 생각했다. 'ADHD? 말도 안 돼. 우리 애는 그런 아이들과는 전혀 달라.'

7년이 지난 지금은 분명하게 "우리 애셔는 ADHD가 맞다"라고 인정한다. 그때는 왜 그렇게 ADHD라는 진단명에 강한 저항감을 보였을까? 이유는 기억하기 어렵다. 《폭풍우를 통과하는 양육Parenting Through the Storm》의 저자 앤 더글러스는 ADHD 같은 진단에 따라오는 낙인을 이야기했다.

"그럭저럭 받아들일 수 있는 진단이 있고 여전히 받아들이기 어려운 것도 있다."

ADHD는 내게 '받아들이기 어려운 것'이었다. 다른 많은 사람들도 마찬가지일 것이라 생각한다.

ADHD와 ADD는 비슷한 증상으로 오늘날 가장 부당하게 비난받고 있는 진단이다. 진단과 관련해 부정확하고도 근거가 없는 믿음이나 터무니없는 허위 사실이 퍼져 있기 때문이다. 또한 이것은 진짜 병이 아니라 방임적 양육이나 지나친 당류 섭취 결과라고 은근히 밀어붙이는 글도 끊임없이 발표되고 있다.

실제로 2013년 〈사이콜로지 투데이〉에 ADHD를 다룬 글 한 편이 실리면서 화젯거리가 되기도 했다. 그 글의 제목은 '왜 프랑스 아이들에게는 ADHD가 없을까: 프랑스 아이들은 행동을 통제하는 데 약물을 필요로 하지 않는다'였다. 프랑스에서는 부모가 자녀들을 완벽하게 잘 다루기 때문에 ADHD가 별로 보이지 않는다는 내용이었다. 프랑스 부모들의 엄격한 양육 철학이 전부인 것처럼 강조한 것이다. 이 글을 쓴 메릴린 웨지Marilyn Wedge는 이렇게 말했다.

"치료자로서 이런 아이들을 많이 만나봤는데 프랑스 아이들의 행동 통제에 약물이 필요 없는 이유는 아이들이 어려서부터 훈육으로 행동을 통제하는 습관을 익혔기 때문이다. 이는 전적으로 이치에 맞는 말이다. 이 아이들은 규칙과 위계가 엄격한 가정에서 자라난다."

2년 뒤 〈사이콜로지 투데이〉는 앞글의 후속기사로 '프랑스 아이들에게도 ADHD가 있다. 훈육이 전부는 아니다'를 발표했다. 프랑스에서는 ADHD가 제대로 알려지지 않아 ADHD 증상을 보이는 아이들이 '임상적으로 보이지 않는 것'뿐이며, 이 때문에 어려움이 있는 많은 아이들이 간과되어 고통받고 있다고 했다.

물론 앞글을 반박해준 것은 개인적으로 기쁜 일이었지만 이미 앞에 나온 글이 페이스북에서 200만에 가까운 '좋아요'를 받은 것에 견줄 수는 없었다. 또한 일부 사람들은 ADHD가 실제 개념이 아니라고 믿고 있다.

바이러스 같은 또 하나의 글이 페이스북의 엄마 그룹에 올라왔다. 개인적으로 ADHD와 아무 관련이 없는 어떤 엄마가 ADHD는 실제로 존재하지 않는다고 주장하는 글을 다른 이들과 공유하고 싶어 했다. 이 글은 하버드대학교 심리학자 제롬 케이건과의 인터뷰를 다뤘다. 그는 ADHD는 사기라고 단호하게 주장한다.

"ADHD는 발명품이다. 학교생활이 원만치 않은 아이는 모두 발달소아과 전문의의 진료를 받고 의사는 아이에게 'ADHD네. 리탈린 처방전이 필요하군'이라고 말한다."

무엇이 문제일까? 케이건의 주장은 어디까지나 개인적인 의견일 뿐 과학적 근거는 없다. 이는 ADHD로 진단받은 사람의 두뇌에서는 전두엽 크기가 뚜렷한 차이를 보인다는 모든 과학적 증거를 무시한 연구다. 더 큰 문제는 사람들이 그가 하버드대학교 교수 출신이라는 것만 보고 별다른 생각 없이 재빠르게 공유하거나 '좋아요' 버튼을 누른다는 사실이다. 이처럼 잘못된 ADHD 정보와 낙인, 섣부른 판단이 등장해 끊임없이 전해진다는 것이 큰 문제다.

그러면 ADHD가 무엇인지 현실적으로 생각해보자. 아동의 학습과 주의력에 관한 훌륭한 온라인 자원인 understood.org에 따르면 ADHD는 뇌와 관련된 흔한 증상 중 하나다. 미국 학습장애 센터National Center for Learning Disabilities, NCLD의 2014년 보고서에 따르면 미국 내에서만 ADHD 판정을 받은 아동이 640만 명에 이르고 그 비율은 남자아이가 여자아이보다 두 배 이상인 것으로 나와 있다. 자폐성장애와 마찬가지로 ADHD는 남녀가 다른 양상을 보인다고 밝혀지고 있다. 결국 ADHD는 여자아이에게도 남자아이 못지않은 영향을 주지만 여전히 여자아이들은 ADHD 판정을 받을 가능성이 낮다.

ADHD는 대표적인 증상인 과잉행동 외에 여러 가지 '부정적'인 성향이 따른다. 가령 집중력 결핍, 헛된 공상, 산만한 행동, 충동성, 급한 성미, 끊임없는 방해, 둔한 눈치, 안절부절못하는 행동을 반복하는 특징이 있다. 이들 성향을 종합해보면 왜 ADHD 성향의 아이가 교실에서 어려움을 겪는지 쉽게 이해할 수 있다. 아니, 전적으로 이해가 가능하다. 그렇지만 많은 학교에서 그런 행동을 한다는 이유로 이 아이들에게 벌을 주거나 정학시켜 마땅한 나쁜 아이로 취급한다.

이것은 아이들에게 큰 피해를 줄 뿐 아니라 돌이킬 수 없는 해악을 끼친다. 아이들은 '나쁜 아이'라는 딱지가 붙으면 수치심, 죄책감, 낮은 자존감에 빠져들기 십상이다. 아이들을 이런 식으로 다룰 경우 ADHD의 장점, 예를 들면 놀라운 창의성이나 넘치는 에너지는 무시당한다. ADHD 성향이 있음에도 불구하고 성공한 사람들의 사례는 여러 분야에 존재한다. 마이클 펠프스(미국 수영 선수), 저스틴 팀버레이크(미국 가수이자 배우), 마이클 조던(미국 농구 선수), 엠마 왓슨(영국 영화배우), 리사 링(대만계 미국 유명 앵커), 리처드 브랜슨(영국 기업가)은 ADHD가 주는 끝없는 아이디어와 에너지로 무엇을 이끌어낼 수 있는지 보여준다.

수많은 사례와 증거가 있지만 ADHD 아동의 신경다양성은 교사, 친구, 가족으로부터 부정적 인식과 냉소를 받고 학교와 사회는 그 특징을 인정해주지 않는다. 애셔가 악몽처럼 보낸 초등학교 1학년 통지표에 적힌 의견은 이랬다.

"애셔는 끊임없이 움직인다. 몸 전체와 손, 물건을 만지작거려 수업 시간 중 주어진 학습에 집중하는 데 방해를 받는다."

애셔는 ADHD가 있어도 움직이면서 집중할 수 있다. 그러나 ADHD가 있는 아이들이 일반학교에서 살아남으려면 대부분 리탈린이나 아데랄 같은 약물을 복용하는 수밖에 없다.

페어런팅 코치로 ADHD 증상이 있는 야파 크레인 루리아Yafa Crane Luria는 이렇게 말한다.

"ADHD가 있는 사람은 그들 자신을 바꾸라고 주문받는 유일한 사람들이다. 특수교육을 받는 아이들도 삶에 필요한 기술을 조금씩 익히도록 요구받을 뿐 학습으로 남들과 다른 점을 바꾸라고 요구받는 일은 없다. 그러나 ADHD 아이들은 무조건 바꾸라고 요구받는다. 우리가 잘못하고 있다."

◇ 영재성

틸트 페어런팅을 처음 시작했을 때, 나는 신경다양성 중 하나로 영재성을 포함했는데 이를 두고 많은 부모들에게 감사 이메일을 받았다. 영재성을 보이는 아이는 똑똑하기만 하면 아무런 불리한 점이 없는 것처럼 여겨져 오히려 무시당하거나 신경다양성에 따른 어려움이 완전히 뒷전으로 밀려난다는 것이었다. "이 아이는 이미 앞서가고 있는데 무슨 추가 지원이 필요해?" 하는 식이다.

내 친구 앨리스 와일더Alice Wilder는 교육심리학자이자 취학 전 아동 전문가로 애셔에게 '영재성'이 있다고 처음으로 말해준 사람이다. 그때는 애셔가 태어난 지 18개월밖에 안 되었고 주변 사람들은 애셔가 똑똑하다고 했지만 나는 영재성이라는 용어가 주는 불편함 때문에 그 말을 듣고도 지나갔다. 나는 영재성을 보이는 아이의 '그렇고 그런' 부모가 되고 싶지 않았다. 모두 알고 있듯 그렇고 그런 부모는 아이가 겨우 세 살 때 이미 하버드대학교까지 진로를 다 정해버린다.

앨리스는 영재성은 주관적인 것이 아니라고 설명했다. 영재성은 인정하고 지원해야 할 신경다양성 중 하나라는 것이었다. 몇 달 뒤 페어런팅 코치인 줄리 로스에게 애셔를 키우며 겪는 어려움을 이야기하자 그녀도 비슷한 입장이었다.

"나는 여태까지 영재아동을 둔 부모가 기쁨에 들떠 자랑하고 다니는 것을 한 번도 못 봤어요. 만일 그렇게 한다면 그 아이는 진짜 영재성이 있는 아이가 아니라고 봅니다. 왜냐하면 출중하게 영재성을 보이는 아이는 힘든 일도 많이 겪거든요. 실제로 재능이 출중하다는 것 자체가 특수교육을 필요로 합니다."

영재성이란 정확히 무엇인가? 간단히 답하고 싶지만 안타깝게도 하나로 정의되어 있지 않다. 미국 영재아동 협회The National Association for Gifted Children는 영재를 이렇게 설명한다.

"하나 이상의 분야에서 뛰어난 수준의 적성(추론하고 학습하는 데 특출한 재능을 보이는) 또는 역량(성과와 성취가 상위 10퍼센트에 들거나 희귀한 기록을 보이는)이 있는 사람을 말하며, 각각의 상징체계가 있는 구조화된 활동(수학, 음악, 언어 등)이나 감각운동 기술의 집합 활동(그림 그리기, 무용, 스포츠 등)으로 나타난다."

영재 판별 기준은 지역에 따라 차이가 있지만 영재와 관련해 다양한 정보를 제공하는 온라인 지원 프로그램 Hoagies' Gifted조차 일반적으로 IQ 테스트 점수 결과에 기초해 영재를 분류한다. 예를 들어 아동용 웩슬러 지능검사 또는 웩슬러 유치원생용이나 초등학생용 시험에서 IQ 점수를 다음과 같이 나눠서 정의한다.

130~138점대는 영재성이 있거나 적당한 수준의 영재성이 있다고 본다. 138~145점대는 높은 수준의 영재성이, 145~152점대는 대단히 높은 영재성이 그리고 152~160점대는 최고 수준의 영재성이 있는 것으로 규정한다. 하지만 주목해야 할 점은 IQ는 학업 영재와는 관련이 있지만 예술 재능은 크게 발견하지 못한다는 것이다. 또한 IQ 검사는 대부분 점수를 내는 데 지장을 주는 자폐

스펙트럼 장애나 느린 처리속도 같은 신경다양성을 고려하지 않는다. 이것은 무슨 의미일까?

흔히 영재아동이 겪는 어려움이란 고작 수업 시간을 지루해하는 정도일 것으로 예측한다. 그리고 그런 문제쯤이야 학교에서 좀 더 어려운 수학 문제를 내주거나, 한두 과목을 높은 반으로 옮겨주거나, 심지어 한 학년을 올려주면 해결되는 일이라고 취급한다. 물론 일부 영재아동에게는 선행학습과 월반제도가 도움을 줄지도 모른다. 하지만 학업을 앞당겨줄지라도 그 아이들이 당면한 어려움, 가령 재능과 달리 뒤처진 발달 수준이나 과잉흥분성overexcitabilities을 포함한 문제까지 해결하지는 못한다.

예를 들어 독해 능력은 대학생 수준에 이르는 여덟 살짜리 아이가 정서적으로는 딱 여덟 살 또래 수준에 머물러 있다고 생각해보자. 놀랄 만한 지적 능력과 낮은 성숙도 사이의 부조화는 수많은 문제를 낳을 수 있다. 이 똑똑한 아이가 자신이 읽은 내용을 정서적으로 감당할 준비를 갖추지 못했기 때문이다. 그 결과 아이는 위화감을 느끼며 극도로 격렬한 반응을 보이거나 자제력을 잃고 어쩔 줄 몰라 하면서 혼란스러워한다. 영재아동의 정서적 요구를 지원하는 단체 SENGSupporting the Emotional Needs of the Gifted는 과잉흥분성을 '자극에 반응하기 위해 고조된 능력을 보여주는 선천적 과민함'으로 정의했다. 이 정의는 영재아동이 간혹 과도하게 흥분한 모습을 보이는 또 다른 이유를 설명해준다.

ADHD에 붙는 낙인처럼 영재아동도 여러 면에서 상처를 받는다. 교사와 부모는 아이가 자신의 능력치를 최대한 발휘하도록 한없이 많은 것을 요구하면서 이들의 정서 발달에는 무심한 경우가 많다. 영재아동의 어려움을 존중하지 않는 부모는 자신의 아이에게 영재성이 있다는 말을 들으면 곧잘 '다른 아이들보다 내 아이가 잘났다'는 말로 이해한다. 정작 아이는 본질적으로 완벽주의자인 경우가 많고 불안감도 큰 데다 또래와 어울리지 못한다는 느낌 때문에 힘들어한다.

쉽게 말하면 영재아동은 다르게 생각하는 아이로 '두뇌회로가 다른' 아이들과 마찬가지로 자신의 필요를 충족해주지 못하는 제도 안에 갇혀 있다. 영재아동의 범상치 않은 욕구를 육성하고 지원해 그들이 잠재력을 최대한 발휘하도록 해야 한다.

ㅇ학습차이 또는 학습장애

내 어린 시절을 돌아보면 학습 스타일과 학업 재능은 이미 결정되어 있었다. 그것은 '똑똑하다' 아니면 '똑똑하지 않다'였다. 계속 앞서든 뒤처지든 둘 중 하나였다. 그리고 읽기와 쓰기 혹은 수학에서 뒤떨어지는 아이는 대개 별로 똑똑하지 않다거나 '더디고 둔하다'라는 평가를 받고 더 낮은 수준의 덜 힘든 수업을 받았다. 그게 다였다.

학습차이의 다양한 유형과 제시 방식을 아는 지금, 나는 나와 함께 학교에 다닌 많은 아이가 단순히 '똑똑하지 않다'고 낙인찍혀 옆으로 밀려나고 그들이 무언가를 이루리라는 사회의 기대가 없었음을 생각하면 마음이 아프다.

전직 교사 겸 독서 전문가이자 난독증 전문가인 하이디 노드Heidi Nord는 20~30년 전에 만연했던 인식 부족을 두고 내게 말했다.

"아이러니하게도 내가 졸업한 1994년에는 학위 과정에서 난독증을 언급하지 않았어요."

그렇다. 난독증은 독서 전문대학원 과정에서조차 언급하지 않았다. 하이디는 수년간 학생들을 가르치면서, 똑같은 교육에도 불구하고 몇몇 학생은 읽는 법을 배우는 데 힘겨워한다는 것을 알고 다시 학교로 돌아가 독서 전문가 자격증과 독해 석사학위를 취득했다.

오늘날 상황은 나아졌지만 아주 미미한 정도다. 많은 교사들이 어떻게 학습장애를 판별할 것인가는 물론, 학습장애 학생을 이해하고 도와줄 만한 역량도 갖추지 못하고 있다. 2017년 미국 잡지 〈디 애틀랜틱The Atlantic〉에 실린 글 '교사 교육이 특수교육 대상 학생들을 어떤 식으로 방해하는가'에는 이런 내용이 담겨 있다.

"뉴저지에 있는 어느 대학은 특수교육개론(Special Ed 101) 강좌를 일반 교사 교육 프로그램에 포함시켜 장애 학생을 가르치는 법을 다루고 있다. 그러나 이 과목 하나로는 영재아동부터 학습장애로 난독증이 있는 아이에 이르기까지 다양한 아이들을 다루는 교사가 준비를 갖추기에는 매우 부족하다."

그럼 '학습차이' 또는 '학습장애'란 정확히 무엇인가? 미국 학습장애 협회Learning Disabilities Association of America에 따르면 '학습차이는 신경학적 처리 문제'로 읽고 쓰고 수학 문제를 푸는 것부터 계획과 정리, 추상적 사고와 기억, 주의 집중에 이르기까지 모든 것에서 어려움이 나타난다. 학습장애 하면 보통 난독증을 떠올리는데 이는 읽기 유창성(쉽게 쓰고 말하는 능력)에 어려움을 겪는 장애로 가장 흔히 보이는 유형이다. 인구의 5~10퍼센트가 이 증상을 겪지만 많은 전문가들은 그 수가 훨씬 더 많을 것으로 예측한다.

이보다 덜 알려진 학습장애에는 필기(쓰기)장애, 계산(수학)장애, 실행기능 부족, 느린 처리속도 문제, 비언어 학습장애, 소리처리장애, 시각정보처리장애 등이 있다. 이런 학습장애는 일단 많이 알려지지 않았고 정확히 뭐라고 콕 집어 말하기 어려운 탓에 종종 잘 알아채지 못한 채 넘어가거나 학교에서 아무런 도움도 받지 못한다.

아무리 똑똑한 학생도 처리속도가 느리면 수학 시험이나 쓰기 시험처럼 제한된 시간 안에 해내야 하는 것을 망치기 쉽다. 다른 한편으로 아이의 능력이 일정 수준 이상이라는 것을 교사가 아는 게 좋지 않을 수도 있다. 자칫 교사가 이 상황을 잘못 해석하면 점수가 낮은 것을 보고 '똑똑한데 게으르다'거나 '사전에 준비하지 않는다'며 아이에게 단순히 더 열심히 공부하라는 말만 하게 된다. 반대로 교사가 아이의 능력이 부족하다고 판단해도 아이가 자신의 다른 가능성을 발현하도록 교육받는 것은 아니다. 답답한 현실이다.

비언어 학습장애는 관계나 개념, 패턴으로 소통하는 비언어 정보를 인지하고 해석하는 데 어려움을 겪는다. 어떤 아이는 표정이나 손짓 또는 다른 비언어로 사회적 단서를 이해하는 걸 힘겨워한다. 또 어떤 아이는 매일 일어나는 상황을 이해하는 것, 여러 단계로 이뤄진 지시사항을 따라가는 것은 물론 일상의 변화에 대처하는 것마저 어려워한다.

실행기능 부족은 아이에게 온갖 종류의 어려움으로 이어진다. 더구나 교사가 적극적으로 이해해주지 않는 한 아이들은 게으르거나 단정치 못한 아이, 학업 습관이 나쁜 아이로 평가받는다.

숙제 제출을 계속 잊는(심지어 바로 전날 밤 겨우 끝내고는 제출하는 걸 깜빡하는 경우) 어떤 아이가 있다고 해보자. 아이의 학교 사물함은 너무 지저분해 문을 열 때마다 내용물이 바닥으로 우르르 쏟아지고, 아주 간단한 쓰기 과제를 할 때도 번번이 굼뜨고 충동을 잘 제어하지 못한다. 이 모든 것이 부실한 실행기능 발달을 나타내는 신호다. 때로는 뇌의 명령중추 문제라고 이해하기도 한다.

그런데 많은 부모와 교사가 근본적인 원인을 모르기 때문에 아이는 결국 이런 기술을 증진할 기회를 얻지 못한다. 사실 감각처리장애나 실행기능 부족이 아이 자신 혹은 가족에게 심각한 영향을 미치지 않는 한 알아차리기 힘들다. 심지어 그런 종류의 두뇌 차이나 다름을 들어본 적도 별로 없을 것이다.

하지만 이러한 어려움을 겪는 아이는 엄청나게 많다. 미국 학습장애 센터의 통계에 따르면 미국 학령기 아동의 5퍼센트(240만 명)가 학습장애를 겪는 것으로 나타났다. 비영리 단체인 Understood는 이 수치가 실제로는 10퍼센트에 가까울 것이라고 주장한다. 이 높은 수치에도 불구하고 이들을 어떻게 지원할 것인지 인식하는 정도는 충격적일 만큼 낮으며, 아이들과 사회가 치러야 하는 대가는 상상을 초월한다. 전 NCLD 상임이사 제임스 벤도르프James Wendorf는 이렇게 말했다.

"2014년 보고한 한 데이터에 따르면 무려 6천만 명이 낮은 자존감 문제로 별다른 기대도 받지 못하고 자신의 꿈을 이룰 힘을 잃은 채 방치되는 위험에 빠져 있다."

그러면 학습차이는 골칫거리인가? 물론 교실에서 처리속도 차이는 아이들에게 심각한 어려움을 줄 수 있다. 특히 아이들은 읽기, 쓰기, 수학 시간에 더욱 큰 어려움을 겪는다. 그러나 다른 맥락에서는 이들의 차이가 실제로 장점이 될 수 있다. 하이디 노드는 다음과 같이 설명한다.

"예를 들어 한 학생이 3이라는 숫자를 거꾸로 쓴다고 해보자. 이것은 난독증 증상을 알려주는 위험경고 중 하나지만 다른 한편으로 이 학생은 머릿속으로 숫자를 뒤집어 회전할 수 있다는 또 다른 의미도 있다. 참 대단한 일이 아닌가? 이는 공학, 건축 디자인, 예술 쪽에 꼭 필요한 기술이다. 많은 사람이 이를 부정적으로 생각하지만 그 능력을 보면 긍정적으로 평가할 수도 있다."

아스퍼거 증후군 / 자폐성장애 / 전반적 발달장애

내가 고등학교를 졸업할 무렵 영화 〈레인 맨〉이 개봉되었다. 대부분의 X세대처럼 나도 더스틴 호프만이 연기한 레이먼드 배빗을 보고 자폐성장애를 처음 알게 되었는데, 카드를 세는 데 특별한 능력을 보인 그에게는 서번트 증후군(자폐성장애나 지적장애가 있는 사람이 특정 분야에서 뛰어난 재능을 발휘하는 현상-옮긴이)이 있었다(고마워요, 할리우드!). 그로부터 30여 년이 지난 지금 자폐성장애에 관한 인식과 이해는 좀 더 나아졌지만 대중의 인식은 여전히 미디어가 그려내는 모습에 따라 좌우된다. 다시 말해 여전히 몰이해가 넘쳐난다.

고기능·저기능 자폐, 비언어적·언어적 자폐 그리고 아주 영리하거나 평범한 혹은 낮은 지능을 보이는 등 양상이 지나치게 다양하다. 《벽을 넘어서》 저자이자 자폐성 장애인인 스티븐 쇼어의 "만일 당신이 자폐가 있는 한 사람을 알고 있다면, 그건 자폐 증상 하나를 알고 있다는 뜻입니다"라는 말이 딱 들어맞는 상황이다.

비록 자폐가 있는 어떤 두 사람이 있어도 양상은 동일하지 않고 전반적으로 사회생활, 의사소통, 행동에서도 어느 정도 차이를 보인다. 예를 들어 누군가는 눈을 마주치길 어려워하고 또 누군가는 반복적인 행동이나 움직임을 보인다. 특히 자폐 성향이 강한 이들은 자신의 호기심을 매우 깊은 수준까지 파고든다. 또한 그들은 잘 짜인 구조와 규칙적인 일상, 순서를 대단히 중요시한다. 자폐성장애는 엄밀한 정의가 없는 스펙트럼이라 이들의 다양한 행동은 진단에 들어맞거나 그렇지 않을 수 있다. 어떤 사람이 자폐 스펙트럼의 경계에 있을 때, 즉 심각한 상태가 아니라서 자폐인지 아닌지 뚜렷하지 않을 때는 더욱더 진단자의 주관에 따라 결과가 달라진다.

2013년까지 '약한 자폐'를 보이는 사람에게 광범위하게 붙여진 이름은 아스퍼거 증후군Asperger's syndrome이었다. 이것은 오스트리아 빈의 소아과 의사 한스 아스퍼거Hans Asperger의 이름을 따서 붙인 명칭이다. 1940년대에 아스퍼거는 자신이 진료하는 몇몇 소년이 언어 발달과 지능은 정상이지만 사회성 기술과 의사소통에서는 다소 '자폐 성향'을 보이는 것을 발견했다. 오늘날 정신질환의 진단 및 통계 편람(DSM-5)에서는 아스퍼거 증후군을 하나의 병명으로 보는 대신 여기에 해당하는 사람을 자폐 스펙트럼 장애Autism Spectrum Disorder, ASD의 한 부분으로 통합한다.

이 결정은 상반된 결과를 불러왔다. 어떤 사람은 차별적 진단에서 해방된 것을 반겼지만 또 다른 사람, 특히 아스퍼거 증후군 진단을 받은 사람 중 자신이 '아스피Aspie'임을 자랑스레 여겨온 사람은 자신의 정체성을 박탈당했다며 불만을 표했다.

지금도 여전히 많은 사람이 '아스퍼거'란 용어를 사용하고 있는 상황에서 '고기능 자폐'라는 용어가 등장하여 많은 논란을 일으키고 있다. 자신의 블로그 '마이 아스퍼거'에서 여론조사를 실시한 스테판 보그만Stephen Borgman은 아스퍼거 증후군이 있는 이들에게 고

기능 자폐라고 불리는 것에 동의하는지 물었다. 그 결과 아스퍼거 증후군이 있는 많은 사람들은 신경학적으로 전형적인 사람들과 대체로 잘 '섞여' 있기 때문에 '고기능 자폐'로 불리는 것이 적절하다고 생각했다.

반면 또다른 많은 사람들은 '고기능 자폐'라는 용어에 불쾌감을 보였는데 작가 존 엘더 로비슨도 그중 하나였다. 그는 자신의 블로그에 이렇게 썼다.

"그 용어는 정확하지 않다. 그것은 우리를 고기능 또는 저기능 인간이니 하며 굴욕감을 준다. '당신은 고기능 자폐예요'라는 말은 '당신은 저능아치고는 상당히 말을 잘하는군요'라고 느껴진다. 지금은 사람들이 내게 '고기능 자폐'라고 하지만 50년 전에는 '저능아'라고 했다. 당시 나는 저능아라고 불리는 것을 좋아하지 않았을 뿐 아니라 지금 고기능 자폐로 불리는 것 역시 싫다. 저능아든 고기능 자폐든 둘 다 은연중에 나를 포함해 나와 비슷한 사람들이 보잘것없는 '타인, 다른 종류의 인간'임에도 불구하고 제법 잘한다는 것을 의미한다. 만일 당신이 이런 대접을 받는다면 어떤 기분일까?"

이것은 분명 논쟁거리이지만 나는 사실 아스퍼거 증후군이라는 명칭에 더 익숙하다. 최근 들어 자폐 스펙트럼 장애라는 용어를 더 빈번하게 사용하지만 훨씬 오래전부터 애셔에게 아스퍼거 증후군이라는 표현을 사용했기 때문이다. 아무튼 나는 이 책의 목적을 위해 논쟁을 인정한다. 이 아이들은 심한 자폐 증상을 보이는 것이 아니라서 학교에서 제대로 지원받지 못하고 무엇보다 사회에서 가장 심한 오해를 받는다. 그 이유는 일단 다른 사람들이 그들의 차이를 쉽게 구분하지 못해서다. 실제로 그들의 행동은 더러 참지 못하는 기질에서 비롯되거나 혼란스러운 정신 상태에 빠진 것처럼 보이기 때문이다.

다른 신경다양성과 마찬가지로 자폐성장애와 함께 나타나는 재능도 다양하다. 이런 사람들 중 남달리 특출한 생각으로 사회에 공헌한 사례가 넘쳐난다. 역사에 지대한 공을 세운 과학자와 창의적인 천재 중에는 자폐 스펙트럼 장애가 있는 것으로 보이는 이들도 많다. 다행히 오늘날 기업들은 자폐 성향에 따른 여러 가지 이점을 알아차리고 있다. 예를 들어 소프트웨어 회사 ULTRA는 테스팅 팀원 중 75퍼센트가 자폐 성향이 있다. MIT 졸업생 라제시 아난단Rajesh Anandan과 아트 섹트먼Art Shectman이 세운 이 회사는 신경다양성이 경쟁력이 될 수 있음을 밝히기 위해 나섰고 그 믿음을 명확히 확인했다. 이 얼마나 멋진가?

이중으로 예외적인

2014년 LA에 있는 브리지스 아카데미Bridges Academy 고등학교 학생들을 다룬 다큐멘터리 〈2e: Twice Exceptional〉가 영화제에서 상영됐다. 지적 영재성을 갖추고 적어도 한 가지 이상의 신경학적 다름이 있는 사람들을 가리키는 '2e' 또는 '이중으로 예외적인' 아이들을 소개하는 기회가 되었다.

이중으로 예외적인 아이들은 간혹 굉장히 모호한 상황에 놓인다. 어떤 경우에는 아이들의 영재성이 그들의 신경다양성을 가린다. 이 아이들은 대단히 영리해서 그들의 부족함을 충분히 메운다. 그들은 이유도 모른 채 몇 년이고 특정 분야에서 어려움을 겪지만 결국 평균 이상의 성과를 내기 때문에 부족한 점이 잘 드러나지 않는다. 특히 난독증이나 필기장애 같은 학습장애가 그렇다. 그러나 그들의 부족함은 필연적으로 그들을 수렁에 빠지게 한다. 때로 아이들은 학교 제도 안에서 참을 수 없을 만큼 좌절감을 느끼고 자존감에 심한 타격을 입는다.

많은 경우 이 아이들의 신경다양성은 영재성에 가려 잘 보이지 않는다. 만약 어떤 아이가 다른 아이들에 비해 독서 능력이 떨어지고 수학 문제 풀이나 작문에서 계속 뒤처진다면 대개 '아, 이 아이는 영재구나!'라는 생각부터 하지는 않을 것이다. 우리 사회는 장점보다 단점에 집착하며 교육자, 심지어 부모조차 아이들이 잘하지 못하는 것에 집중한다. 아이들은 대체로 장점과 재능을 무시당한 채 교육 과정을 밟아 나간다. 영재성이 있는 아이는 교실에 앉아 있는 것을 지루해하고 적응하지 못해 자주 말썽을 피우거나 멍하니 앉아 있기 일쑤다. 이런 식으로 아이들은 학교생활에서 문제를 일으키고 갈수록 더 큰 문제를 만든다. 이 정도면 어떻게 흘러갈지 뻔한 일이 아닌가.

즉, 아이가 이중으로 예외적인 아이로 밝혀져도 현실적으로 아무것도 해결하지 못하는 실정이다. 가장 주된 이유는 이중으로 예외적인 학습자는 가르치기에 매우 어려운 아이들 중 하나이기 때문이다. 뉴욕시에서 이중으로 예외적인 아이들의 신경학과 교육심리 평가를 전문으로 하는 심리학자 데본 맥에크론Devon MacEachron은 이렇게 말했다.

"이 아이들에게 '잘 맞는 학교'는 거의 없는 것이나 마찬가지다. 설령 영재아동에게 맞는 학교라 해도 이들의 신경다양성을 고려하지 않는 학교이거나, 자폐 스펙트럼 장애와 난독증이 있는 아이들을 위한 학교라 할지라도 영재성을 지원해주지 않는 학교이거나, 둘 중 하나다. 신경다양성을 동시에 다룰 수 있는 학교는 거의 없다."

맥에크론은 학생들의 필요가 너무 다양해서 이중으로 예외적인 학습자를 위한 학교마저 대응책을 세우기가 어렵기 때문이라고 설명했다. ADHD와 영재성을 이중으로 지닌 아이는 영재성과 아스퍼거 증후군을 동시에 지닌 아이와 다른 것을 필요로 한다. 또 그들은 난독증과 영재성을 동시에 지닌 아이와 필요로 하는 것이 다르다.

◇ 불안

불안장애가 있는 가정에게 물어보면 거의 예외 없이 교사나 부모 혹은 다른 가족이 이 아이들을 참을 수 없어 하거나 이해하지 못해 생기는 이런저런 이야기를 듣는다. 불안은 우울증과 다르지 않아 삶을 직접 붕괴시킬 정도는 아니어도 골치 아플 만큼 괴로움을 주는 신경다양성 중 하나다. 하지만 불안을 거의 이해하지 못하는 부모는 불안장애가 심한 아이에게 가끔 "할 수 있어, 그냥 해봐" 또는 "제발 민감하게 굴지 마"라는 말을 습관적으로 한다. 불안감을 야기하는 상황에 놓이면 부모는 보통 아이들의 방패막이가 되어주려 애쓴다. 아니면 불안이 아이들을 덮칠 때 상황을 제어하며 아이의 행동을 이상하게 바라보는 남들에게 변명하기 바빠진다.

"요즘 세상에 불안하지 않은 사람이 어디 있나요?"

개중에는 생각 없이 말하는 사람도 많고 이 아이들이 겪는 어려움을 과장하지 말라고 주장하는 사람도 있다. 이들과는 말하는 것조차 지친다.

미국 불안 우울증 협회Anxiety and Depression Association of America에 따르면 불안장애는 하나의 독립적인 장애 형태이거나 다른 신경다양성과 연관되어 여덟 명 중 한 명의 아동에게 나타난다. 예를 들어 ADHD와 불안은 종종 같이 나타나며 자폐 스펙트럼 장애와 불안도 마찬가지다. 불안은 다양한 모습으로 나타나기 때문에 알아채기가 쉽지 않다.

불안장애가 있는 아이는 어떤 날에는 조용히 잘 넘어가지만 또 어떤 날에는 완전히 고립되어 틀어박힌다. 중요한 마감일이나 일생일대의 중대한 시험, 학교생활에서의 경쟁같이 스트레스를 주는 상황은 침착한 학생마저 불안으로 완전히 무너뜨릴 수 있다. 불안장애가 있는 어떤 아이는 자신의 내부에 존재하는 강력한 불안을 이해하지 못한 채 완전히 무너져 울거나 마음을 닫고 또 어떤 아이는 불안을 드러내놓고 과격하게 행동한다. 아이에게 불안이 나타나는 것도 문제지만 장기적으로 부진한 학업 성적, 낮은 자존감, 사회관계에서 겪는 어려움, 우울, 자살 충동 등 잠재적인 부정적 위험이 더 심각하다.

○감각장애 / 정서장애

앞서 말했듯 애셔가 보이는 강렬함이나 때때로 나타나는 과잉민감성을 보고 감각처리장애가 있을 수 있다는 점을 친구를 통해 처음 알았다. 나는 우리가 겪는 문제의 본질을 표현하는 병명이 있다는 것에 감사했고 즉시 감각처리장애가 있는 아이들을 키우는 부모들이 성경처럼 여기는 책《우리 아이 왜 이럴까?》를 읽었다. 동시에 나는 의학계에서 감각처리장애를 실제적인 장애로 공식 인정하지 않았음을 알고 혼란스러웠다.

2014년 감각처리장애의 합법성을 다룬 잡지 〈슬레이트Slate〉에 실린 기사는 이런 구절로 시작한다.

“감각처리장애는 특이한 현대병 중 하나로 합법성과 부정직한 의학적 주장 사이의 덫에 걸려 있다.”

감각처리장애는 정신질환의 진단 및 통계 편람(DSM-5)에서 다루지 않을 수도 있다. 그럴지라도 수백만 명의 부모가 감각처리에 어려움을 겪는 아이를 키우고 있다는 사실을 부정할 수는 없다. 이 아이들의 부모는 알 만큼 알고 있다. 아이들이 다른 대부분의 사람들보다 감정, 육체적 자극, 감각, 내적·영적 세계 혹은 그들 삶의 특정 부분을 더 강렬하게 경험한다는 것을 말이다. 그들이 감각적 추구를 하든(과민성 저하), 감각적 회피를 하든(과잉과민성), 아니면 이 둘을 혼합하든 감각 정보를 처리하는 특이한 방법은 그들 삶에 어려움을 불러오고 가끔 경고도 없이 불쑥 문제를 일으킨다. 손에 묻은 진흙 때문에 갑작스레 자제력을 잃기도 하고, 극장에서 영화를 보다가 소리가 너무 시끄럽다며 헤드폰을 쓰기도 한다. 또 무게감이 있는 담요를 뒤집어쓰거나 묵직한 소재의 조끼를 즐겨 입으며 이것이 마음을 더 편안하게 해준다고 느낀다. 과민하다고 진단받은 아이들은 딱정벌레 한 마리를 실수로 밟은 일로도 며칠 동안 울어댄다. 지나치게 감정이입이 심해 노숙자 한 명을 마주친 일로 몇 주일이고 괴로워하는 아이도 있다.

감각처리가 다르거나 심하게 민감한 아이도 부정적 영향을 미치는 감각 문제에 대처하는 방법을 잘 배우면, 어릴 때는 힘겨워도 성장하면서 독특한 시각과 장점을 얻는 최고의 결과를 만들 수 있다. 그러나 여전히 감각처리 문제에 관한 인식과 이해가 부족하고 고정관념 탓에 많은 아이와 그 가족이 감각처리장애를 이유로 전형적인 학교 제도나 사회에 대처하는 데 어려움을 겪고 있다.

늘어나는 수치?

다른 종류의 신경다양성도 있다. 신경학적, 정신적 다름의 목록에는 뚜렛 증후군, 양극성장애, 간질, 강박장애, 공감각장애 그 외에도 많다. 인간은 놀라울 정도로 복잡하기 때문에 신경적 다름도 예외가 아니며 나타나는 것도 구체적이지 않다. 틸트 페어런팅으로 내가 만난 부모 중 대다수는 자녀의 신경학적 다름이 둘이나 그 이상인 경우가 많았다.

예를 들면 ADHD가 있는 영재성, 난독증이 있는 영재성, 불안과 강박장애가 있는 자폐성장애, 비언어적 학습장애를 동반한 감각처리장애가 있다. 그런데 두뇌회로가 다르다고 느껴지는 아이들 중 많은 수가 특정 진단조차 받지 못했다. 그 까닭은 그들의 '다름'이 일정 범주 안에 딱 들어맞지 않거나 그들의 부모가 아이의 비전형적인 모습을 알면서도 아이에게 딱지를 붙이기보다 아이의 독특한 요구를 지지하며 진단조차 피하려 하기 때문이다. 어떤 경우든 다름을 보이는 아이는 모두 '두뇌회로가 다른'이라는 큰 분류 안에 든다고 본다.

신경다양성이 한때의 트렌드가 아니라는 것은 명백하다. 이것은 곧 스쳐 지나가는 것이 아니다. 많은 과학자가 지난 20년 동안 자폐 스펙트럼 장애 진단이 증가한 이유는 자폐 관련 인식이 높아지면서 진단 기준이 과거보다 확장된 데 있다고 믿지만(확진 진단율이 기하급수적으로 늘어났다는 뜻), 미국 어린이의 경우 사십오 명 중 한 명꼴(2.2퍼센트)로 자폐 성향이 있다는 것은 부인할 수 없는 사실이다. 여자아이에게는 자폐가 다른 양상으로 나타난다는 점을 고려하면 이 숫자는 앞으로 더 늘어날 것이다. 질병관리 센터Centers for Disease Control에 따르면 ADHD 진단은 2003년부터 2011년까지 매년 5퍼센트씩 늘어났다.

스티브 실버만은 잡지 〈와이어드Wired〉에 기고한 글에서 따뜻한 연못이나 웅덩이에서 볼 수 있는 생물학적 다양성의 가치는 회복 탄력성resilience에 있다고 했다. 변화하는 조건을 견디고 포식자의 공격에 저항하는 능력이다.

"어느 때보다 빠르게 변화하는 세상에서 신경다양성을 눈여겨보고 잘 보살피는 일은 우리 사회가 불확실한 미래에 성장할 수 있는 최고의 기회다."

참으로 맞는 말이다. '다름'은 사라질 것도 아니고 현대 사회는 강력한 재주와 재능, 능력을 갖추고 세계에 퍼져 있는 수백만의 신경다양성을 가진 아이들을 필요로 한다. 이 아이들이 우리의 미래다.

Chapter
3

둥근 구멍의 네모난 못

한 번이라도 마라톤에 참가해본 적 있다면 '한계에 부딪히는' 극한 체험을 해봤을 것이다. 경주에 참가한 선수는 보통 25~30킬로미터를 뛰었을 때 몸이 갑자기 말을 듣지 않는 상태를 경험한다. 피로가 몰려오면서 에너지가 다 떨어지고 온몸이 굳은 듯 멈춰버리는 상태다.

이와 비슷한 현상이 두뇌회로가 다른 아이를 양육하는 부모에게도 일어난다. 물론 부모가 경험하는 한계의 벽은 마라톤에서 나타나는 에너지 고갈이나 체력 소모에 따른 것이 아니라 우리와 아이들의 현 상태에서 한계를 느끼며 생겨난다.

두뇌회로가 다르고 자폐 진단까지 받은 여덟 살짜리 아이의 엄마인 리사는 아들이 유치원에서 쫓겨나게 되었을 때 이 같은 한계를 느꼈다고 했다.

"아이가 유치원에서 교사를 산만하게 만들고 말썽을 부리는 골칫거리이긴 했어요. 그래도 저는 '세상에 이럴 수가, 여긴 기껏해야 여섯 명의 아이를 돌보는 발도르프(독일에서 시작된 대안교육의 일종으로 자연과 예술 체험을 중시한다–옮긴이) 유치원인데 우리 아이를 쫓아내다니… 이제 뭘 어떻게 해야 하지?'라는 생각이 들었어요."

질은 이중으로 예외적인 열 살짜리 아들과 대화하면서 그 벽을 느꼈다.

"아이는 몇 달째 학교가 계속 힘들다고 했어요. 우리는 어떻게든 버티라고 했지요. 그러던 어느 날 학교를 마친 아이를 데려오는 길에 아이가 말하더라고요. '엄마, 아이들이 내 꿈을 다 뭉개버려요.' 가슴을 내리치는 말이었어요. 나는 이 이야기를 남편에게 해주고 의견을 물었어요. 대체 우리는 언제쯤 아들의 말에 귀를 기울일 수 있을까요?"

리사와 질의 아이들이 그랬던 것처럼 비전형적 발달을 보이는 아이들은 대부분 처음 몇 년 동안 학교생활에서 이와 비슷한 끔찍한 경험을 한다. 전형적 발달을 보이는 또래 아이들은 떼쓰고 심하게 반항하거나 어처구니없는 위험한 행동을 하는 일이 어느 정도 줄어드는 데 비해 두뇌회로가 다른 아이들은 여전한 경우가 많다. 일반적으로 전형적인 아이들은 기대하던 교육 수준에 다다르고 사회초년생 궤도에 들어서지만 비전형적인 아이들은 이 또한 해내지 못할 수 있다. 우리 아이들은 비전형적인 아이들과는 관계없이 만들어진 '학교'라는 구조 안에서 적응해보려 애쓰다가 점점 더 힘들어진다.

애셔를 임신한 지 얼마 되지 않아서였다. LA 생활을 정리하고 시애틀로 이사하기 위해 짐을 꾸리던 무렵 카툰 네트워크에서 같이 일하던 친구 제이와 점심식사를 했다. 제이는 두 아이의 아빠로 곧 셋째가 태어날 예정이었다. 우리는 몽골리안 바비큐를 먹으며 나와 내 남편의 삶이 앞으로 얼마나 크게 바뀔지 이야기했다. 나는 서른네 살이었고 많은 생각 끝에 가진 아이라서 앞으로의 일을 잘 준비했다고 생각했다. 그날 헤어지면서 제이가 내게 한 말이 아직도 기억난다.

"아이를 기르는 일은 한마디로 '끝이 없는 일'이라고 보면 돼."

그때는 그 말이 양육의 핵심을 얼마나 정확히 설명한 것인지 몰랐다.

이 말은 아이의 두뇌회로가 어떻든 부모 자신이 얼마나 '타고난 부모다움'을 갖추었든 관계없이 모든 부모에게 해당하는 말이라고 생각한다. 이 세상에 그리고 한 가정에 아이가 태어나면 모든 것이 완전히 달라진다. 내가 아닌 또 다른 작은 인간의 생존 책임이 내게 있음을 알게 되는 순간까지 우리 인생 자체가 영원히 바뀔 것을 미리 이해하고 완벽히 준비하는 것은 불가능하다.

양육이 투쟁이 되면 안 되지만 두뇌회로가 다른 아이를 키우는 우리는 더 극단적인 형태의 양육에 매달린다. 어쩌면 우리의 양육 방법은 높은 곳에서 뛰어내리는 베이스 점핑이나 윙슈트 플라잉 같을지도 모른다. 남보다 더 정신없고 강렬하고 예측할 수 없는 그리고 제이의 말처럼 더 '끝이 없는' 것 같으니 말이다.

이 글을 쓰면서도 두뇌회로가 다른 아이의 양육 경험을 솔직히 말하는 것 자체에 논란의 여지가 있음을 알고 있다. 틸트 페어런팅을 시작한 지 일주일이 지나기도 전에 나는 한 여성으로부터 회의적 의견이 담긴 이메일을 받았다. 그녀는 틸트 페어런팅 홈페이지에 올라온 '두뇌회로가 다르다는 것은 부족한 것이 아닙니다. 그저 다를 뿐입니다'라는 말에 문제가 있다고 했다. 그녀는 자신도 두뇌회로가 다른 사람이라며 내가 사용한 표현이 그녀 같은 사람들이 당면하는 역경을 오히려 축소할 수 있다는 우려를 표시했다. 그녀는 이렇게 말했다.

"장애가 있는 사람들 사이에 이것은 큰 문제예요. 부모들은 서로 이런저런 이야기를 나누면서도 자기 자녀의 장애 문제는 드러내놓고 말하지 않거든요. 그러다 보니 이러한 오명과 잘못된 이해가 생기는 겁니다. 이런 문제는 없어져야 합니다."

그때까지 나는 두뇌회로가 다른 아이를 키우는 부모가 얼마나 힘든지 이야기를 터놓는 것은 오히려 그들에게 피해를 준다는 글을 여러 편 읽었다. 한 예로 2015년 미국 어린이를 위한 TV 교육 프로그램 〈세서미 스트리트〉에 자폐성장애가 있는 주인공이 등장한(어린이용 TV 프로그램에 자폐성장애가 있는 캐릭터가 등장한 최초의 일이었다) 이후 에린 휴먼이라는 블로거가 〈세서미 스트리트〉의 온라인 부모 가이드 비디오에 관해 이렇게 썼다.

"물론 양육은 힘든 일이다. 그러나 그것을 힘들다고 불평하는 이야기는 자폐성장애가 있는 사람들이 세상과 마주할 때 겪는 오명을 강화할 뿐이다. 이건 누구에게도 도움이 안 된다. 불평하는 사람뿐 아니라 당연히 그들의 자녀에게도 도움이 안 된다."

나는 이 책이 그저 불평만 늘어놓는 것이 아니길 바란다. 양육에 필요한 사항의 차이를 인정하는 것과 불평하는 것은 같지 않다. 수많은 부모가 신경학적으로 비전형적인 아이를 키우면서 그들이 당면한 현실과 씨름하며 몸부림치고 있다. 현재 일어나는 일을 우리가 인정하고 직시하지 않으면 이 경험을 긍정적으로 바꿀 수 없다고 생각한다. 무엇이 힘든지 큰 소리로 말함으로써 우리의 경험을 검증하는 것은 중요한 일이다. 현실이 우리 아이나 가족에게 어떤 식으로 부정적 영향을 주는지 직시해야 한다. 그러면 현실을 바꾸는 일이 '만약'이 아닌 '언제'임을 알게 될 것이다. 이제 현실을 직시해야 한다.

◊ 고립과 낙인

틸트 페어런팅을 시작한 지 얼마 지나지 않아 나는 두뇌회로가 다른 2학년짜리 아이를 키우는 한 부모에게 이메일을 받았다.

> 우리 가족에게 무슨 일이 일어나고 있는지, 정확히 말하면 우리 딸에게 어떤 문제가 있는지 주변 사람들에게 말하기가 힘들어요. 사

람들이 우리 딸의 좋지 않은 부분에만 집중하고 심지어 그 아이의 부모인 우리도 이상하게 볼 것 같아 더 망설여집니다. 나는 열린 마음으로 우리가 처한 상황을 잘 처리하고 책임질 수 있음을 사람들에게 보여주고 싶지만, 그것은 결국 내 멋지고 소중한 딸이 겪는 어려운 일은 다 감춰놓고 암흑 같은 시간을 에둘러 말하는 기분일 것 같아요. 양육하기에 대단히 어려운 자녀를 둔 부모 가운데 일부를 제외하고는 남들 앞에서 솔직해지기가 어려운 듯해요. 두뇌회로가 다른 아이들을 향한 낙인을 깨려면 솔직해져야 하겠지만, 다른 한편으로 우리가 '정상'으로 보이길 원하는 것도 사실이 아닐까요?

우리 중 많은 사람들은 비슷한 감정을 경험한다. 다른 사람들의 판단을 두려워하고 학교나 동네, 지역 사회 어디에도 적응하지 못한 채 제법 괜찮다는 육아 모임과 단체에서도 떨어져 나와 고립되는 결과를 맛본다. 우리가 겪는 일을 사회의 상당 부분에서 이해받지 못하는 탓에 죄책감과 슬픔에 빠지기도 한다. 리타 아이헨슈타인Rita Eichenstein은 2016년《내가 기대했던 게 아니다Not What I Expected》에서 다음과 같이 썼다.

"비전형적인 자녀를 둔 것을 간혹 낙관적 태도로 긍정할 수도 있지만 이와 함께 떼려야 뗄 수 없는 감정은 거부당한 느낌, 공포, 운명과의 투쟁, 고립, 우울입니다."

우리 중 많은 사람이 페이스북 그룹에서 위안을 얻으려 한다. 비슷한 처지에 있는 부모들과 주체할 수 없이 밀려드는 문젯거리에 부딪힌 경험을 SNS로 주고받으며 생판 모르는 몇몇 사람과 양육 경험을 나눈다. 어떤 날은 망연자실하면서 완전히 무너져 내리거나 수치스러움에 더는 살아남을 힘조차 없이 두렵기만 하다. 정말 힘든 날은 절망적인 심정으로 이런 일을 겪는 것이 나 혼자만은 아니길, 내가 정신 나간 것이 아니길, 상황이 나아질 수 있기를 간절히 바란다. 공공장소에서 벌어진 난리법석이나 교사와 맞붙었던 난처한 결전, 우리 가족을 이해하지 못하는 친척들과의 답답한 대화 내용을 자세히 공유하고 온라인상에서 힘내라는 응원을 받으며 소리 없이 감사의 눈물을 흘리는 때도 있다.

페이스북에는 이런 그룹이 수천여 개가 있다. 그래서 우리 같은 사람은 어디에나 있다고 하는데 왜 우리는 사회에서 밀려나 있는 것일까? 왜 우리끼리 웅성거리며 모여 있는 것일까? 세상은 우리를 받아들이려 하지 않는데 왜 우리와 우리 아이들은 세상과 타협할 방법을 알아내기 위해 애써야만 하는가? 그들이 말하듯 이런 몸부림은 현실이다. 이 일은 우리의 감정, 정신을 할퀴어댄다.

◇ 일종의 전쟁

몇 년 전 어느 토요일 아침 친구와 커피를 마시며 나눈 이야기가 기억난다. 그 친구는 정신과 마음에 여유가 없었는데 가장 큰 이유는 몇 달 내내 늘 화를 내며 펄펄 뛰는 여섯 살짜리 아들 때문이었다. 어쩌다 보니 아들의 분노와 적개심의 주된 대상은 항상 엄마인 내 친구였다. 우리는 우리가 하는 일과 친구, 정치 이야기를 하다가 아이와 가정의 안부도 나눴다. 친구는 전쟁터 같은 자기 집 상황을 이야기하면서 단번에 얼굴이 일그러졌다. 점점 더 난리를 치는 아들이 가끔 엄마를 때리거나 발로 차고 물건을 던지는 모양이었다.

우리가 만나기 바로 전날에도 아들이 던진 책 모서리에 맞았다며 팔에 생긴 멍 자국을 보여주었다. 안쓰러운 마음에 친구를 안아주며 "계속 이렇게 힘들지는 않을 것"이라고 위로를 건넸다. 시간이 지나 아이가 자라면 그런 극단적인 행동은 사라지고 모든 것이 잘될 거라고 했다. 친구가 내 말을 믿으려 한다는 것을 알았지만 어려움에 처했을 때 평화로운 미래를 상상하는 것이 별 위로가 되지 않는다는 걸 나도 알고 있었다.

두뇌회로가 다른 아이들이 모두 그렇게 부적절한 행동을 하는 것은 아니다. 그러나 많은 아이가 그처럼 행동한다. 특히 아이가 어리고 끓어오르는 감정을 어떻게 처리해야 할지 모를 때는 더욱 심하다. 앤은 자폐 스펙트럼 장애가 있는 다섯 살 아이의 엄마로 그녀가 당면한 가장 어려운 행동상의 문제는 딸이 사람들에게 보이는 공격성, 그녀의 말로는 '일종의 전쟁'이었다. ADHD와 아스퍼거 증후군이 있는 여덟 살 된 아이를 키우는 또 다른 엄마 미셸은 한여름에도 긴소매 옷을 입는데 그건 아들이 할퀸 생채기를 가리기 위해서다.

나는 두뇌회로가 다른 아이에게 '활화산 같다'는 표현을 자주 한다. 이는 아이들의 내면에 어떤 일이 벌어지고 있는지 잘 표현한 것이다. 어쩔 수 없는 '폭발'이 일어날 때 아이의 감정은 부글부글 끓어오른다. 이렇게 겉으로 드러내는 시위를 다 받아주기는 힘들지만 또한 그 행동이 일부러 선택해서 하는 것이 아님을 알고 있다. 그저 아이의 강렬한 내면 상태에 따른 반응이다. 두뇌회로가 다른 아이들은 일단 한번 끓어오르기 시작하면 제어할 능력이 좀처럼 없기 때문이다. 최소한 이 감정 분출에 좀 더 긍정적인 방법으로 대처하는 요령을 익힐 때까지는 감정 통제 능력이 없다.

비전형적인 아이가 격렬한 감정 반응을 보이는 일은 보통 있을 수 있는 일일 뿐 아니라 이미 예상하는 일이기도 하지만 사회에서는 거의 용납되지 않는 문제로 남는다. 사람들이 다칠 수 있고 그들의 강렬한 반응이 무서워서다. 자신의 불안과 강렬함을 눈물이나 의기소침 등으로 드러내는 아이는 그럭저럭 받아들여지거나 적어도 동정심을 불러일으킨다. 그러나 같은 상황에서 예측할 수 없을 만큼 분노를 터뜨리는 경우에는 얘기가 완전히 달라진다. 이런 이유로 많은 부모가 행동상의 문제를 터놓고 말하기를 꺼린다. 왜 그것을 이야기하지 않을까?

가족에게 영향을 주는 가장 겁나는 행동 중 하나는 아이가 공공장소에서 안전하지 않은 행동을 하는 경우다. 예를 들면 아무 말 없이 갑자기 번개처럼 사라지거나 도로 한복판의 차량 사이로 뛰어드는 일이다. 이런 행동은 아주 흔하며 특히 자폐 증상이 있는 아이들 사이에서 많이 보인다. 이 증상의 명칭은 배회 또는 도피 정도로 붙여놓았다. 인터랙티브 자폐성장애 네트워크Interactive Autism Network의 최근 연구에 따르면 네 살부터 열 살까지 자폐 스펙트럼 장애 아이들 가운데 거의 50퍼센트가 이런 행동을 보인다고 한다. 정말 무서운 일이 아닐 수 없다.

모든 행동상의 어려움이 신체로만 나타나는 것은 아니다. 분노나 반항, 엄청난 공포 같은 격한 감정을 상대하려면 커다란 에너지가 소모된다. 조절장애가 있는 아이가 모든 것에 이런 식의 감정 반응을 보이면 감당하기 힘들다. 차에 타는 일이나 학교에 가는 일, 숙제를 제시간에 끝내는 일, 잠자리에 드는 일처럼 당연히 해야 하는 일을 완강히 거부할 때 부모는 어쩌란 말인가? 어떤 엄마는 자기 딸이 화를 내며 성질부리는 일은 다행히 잦아들었지만 여전히 어떤 일이든 차분히 하는 적이 없다는 글을 내게 보내왔다.

"우리 딸은 어떤 것을 끝마칠 때까지 진득하게 집중하지 못해요. 심지어 계단을 내려올 때조차 산만해서 시간이 오래 걸리죠. 숙제를 끝내고도 제출하는 것을 잊기도 하는데 아주 죽겠네요. 아이 숙제를 챙기는 것이 내 직업이 된 것 같아요."

이럴 때 전형적인 아이의 부모가 사용하는 전략은 이 아이들의 난해한 행동을 처리하는 데 안타깝게도 아무 쓸모가 없다. 전형적인 아이의 부모는 아이의 행동이 어떻게 남에게 부정적 영향을 끼치는지 논리적으로 이해시키는 과정에서 아이패드를 뺏거나 경고할 수도 있다. 그러나 두뇌회로가 다른 아이를 그렇게 대하는 것은 아이가 본질적으로 갖고 태어난 특성을 위협하거나 징벌을 가하는 것이나 마찬가지다. 더구나 이 아이들이 하는 행동의 근본적인 이유를 고민하지 않은 대화는 시도할 필요도 없다.

가장 큰 문제는 이 모든 이유와 다른 수많은 이유로 두뇌회로가 다른 아이들이 보이는 행동상의 어려움을 부모가 아무런 대책 없이 그저 감당해야 한다는 점이다. 이 어려움은 우리에게 어떤 식으로 작용하고 또 영향을 미칠까? 그 작용 과정과 영향은 대단히 복잡하다. 더욱이 우리에게는 그러한 행동이 미치는 영향에 따라 또 다른 어려움이 뒤따른다. 항상 뭘 해야 할지 몰라 허둥대는 것은 정말 힘들고 피곤한 일이다. 우리는 무능력해서 그렇다고 치고, 만약 우리 아이들을 제대로 키워줄 숙련된 슈퍼 도우미가 집에 와서 몇 달이라도 머물며 일을 제대로 수습해주기만 한다면 아무리 높은 보수를 요구해도 고용하고 싶다. 우리에게는 아이들의 거친 행동에 대처할 전략이 절실히 필요하다. 바로 이런 일이 우리를 지치게 한다. 어떤 행동은 우리 아이들이 자라나면서 더 위험해질 수 있다. 어떻게 도움을 청해야 하는지 불분명하기 때문에 어디서부터 시작해야 하는지 알아내기도 어렵다.

무엇보다 우리 아이들의 이러한 행동을 보고 함부로 판단하고 비난하려는 사람들을 대하기가 정말 힘들다. 그들은 아이의 창의성과 복잡한 두뇌를 알지 못한다. 남들이 우리 아이에게 편견을 갖거나 잘못된 판단을 하거나 싫어하는 일을 피해보려고 우리는 실제로 일어나는 일을 숨기고 싶다. 남들이 우리 아이의 좋은 면만 보고 나쁜 면은 보지 않기를 바란다. 이런 생각을 하는 우리를 누가 비난할 수 있을까?

가족 내의 긴장

잘 갖춰진 환경에서조차 양육은 헌신과 전념을 필요로 하며 그것은 공중에 수많은 공을 띄우고 굴리는 재주를 피우듯 여러 가지 다른 일을 한꺼번에 하는 능력을 요구한다. 집안에 두뇌회로가 다른 아이가 하나나 둘 또는 그보다 많으면 부부간, 형제자매 간, 심지어 친척 간에도 전에 없던 긴장이 생긴다. 어떻게 신경다양성을 가진 자녀를 한 명 이상 키우면서 부부가 서로의 관계를 돈독히 하는 동시에 자신의 개인적인 필요와 아이들의 필요를 한꺼번에 신경 쓸 수 있을까? 두뇌회로가 다른 아이의 필요를 충족해주려면 훨씬 많은 시간, 돈, 에너지가 들어가는데 이 아이에게 전형적인 형제나 자매가 있다면 그 아이들은 또 어떻게 돌봐야 하는가?

한 엄마가 두뇌회로가 다른 큰아들과 전형적인 작은아들 간의 관계를 지켜주는 일이 가장 힘들다고 털어놓았다. 작은아들은 그저 형이 좋아서 따라다녔지만 형은 짜증을 부리고 화를 내기가 일쑤였다. 엄마는 두 아들 사이에서 이러지도 저러지도 못한다. 두뇌회로가 다른 큰아들이 동생에게 하는 행동은 그러고 싶어서 그런 게 아님을 아는 엄마는 큰아들을 지켜주고 싶은 동시에 전형적인 둘째아들의 정서와 건강도 지켜주고 싶은 딜레마에 빠진다.

나는 이와 비슷한 이야기를 많은 가족에게 듣고 있다. 부모는 가끔 그들의 전형적인 자녀에게 관심을 줄 여유가 없어서 걱정한다. 자녀가 지금은 그리 마음에 두지 않는 것처럼 보이지만 앞으로 그들 형제자매 관계에 장기적으로 부정적인 영향을 줄 수 있기 때문이다. 틸트 커뮤니티에 있는 많은 부모가 두뇌회로가 다른 아이들을 둘 이상 양육할 경우, 그들의 신경학적 다름이 저마다 독특해 각각의 아이들을 위한 전혀 다른 계획과 해결책을 연구하고 행동에 옮겨야 하는 어려움을 겪는다. 고민하고 밝혀내 서로 다른 전략과 해결 방법을 실행해야 하기 때문이다. 내 친구 티아는 세 명의 자녀를 각각 다른 세 곳의 학교에 보냄으로써 아이들 하나하나의 특별한 요구를 충족해주었다.

마찬가지로 두뇌회로가 다른 아이들의 부모가 받는 감정 스트레스로 인해 부부는 각각 개별적인 방식으로 스트레스를 경험하고 그 결과 둘의 관계가 악화될 수 있다. 정신적으로 완전히 지쳐버린 우리는 녹초가 되어 배우자와 함께할 힘이 전혀 없는데 그것은 상대방도 마찬가지일 것이다. 어느 부모는 내게 이런 편지를 보내왔다.

"아이와 한바탕 난리를 치고 나면 남편하고 말하기조차 싫어져요. 아이를 겨우 재우고 나면 우리는 말 한마디 나눌 기운조차 없어요. 그냥 완전히 지치는 거죠."

가족이 겪는 긴장은 간혹 친척에게도 영향을 준다. 아이들의 조

부모나 다른 친척이 우리 아이가 보이는 행동을 다루는 방법을 오해하고 그 나름대로 판단하는 통에 가족모임에서 불쾌한 경험을 할 수도 있다. 실제로 이런 아이를 이해하지 못하는 친척과의 접촉을 피하기 위해 멀리 떨어진 곳으로 이사하는 사람들도 있다. 불행히도 정말 힘든 일을 처리해야 할 때 가장 큰 지지자가 되어줄 가족의 도움마저 받지 못하는 형편에 놓인다.

제한적인 선택지

아이가 건강하고 안전하게 잘 자라도록 먹이고 입히는 것은 물론 아이의 학교나 그 외의 많은 것을 일일이 선택하는 일은 부모의 몫이다. '선택'은 꽤 까다롭고 복잡한 문제이므로 항상 신중해야 한다. 두뇌회로가 다른 자녀를 키우는 부모는 하나하나 결정할 때마다 좀 더 많은 고민이 필요하다. 선택할 것이 별로 없기 때문이다. 꽉 막힌 듯 아득하다.

자녀교육을 결정할 때 선택의 여지가 없다는 것은 심각한 문제다. 대체로 평범한 부모는 큰 고민 없이 아이를 가까운 공립학교에 보낸다. 사립학교에 보내는 경우에는 고급 레스토랑에서 멋진 요리를 고르듯 아이에게 적절하고 마음에 드는 곳을 선택할 수 있다. 하지만 두뇌회로가 다른 아이들이 선택 가능한 학교는 지나치게 제한적이다. 우선 많은 사립학교와 대안학교(사립은 아니지만 선택권을 존중하는 학교)가 학습장애나 ADHD 같은 신경학적 다름이 있는 아이에게 입학을 허용하지 않는다. 이들을 지원해줄 적절한 자원이 없다는 변명을 하면서 말이다.

영재아동은 지역 교육구에서 심화된 학습 과제를 제공하는 속진 교육 과정이 없어 비슷한 성향의 또래를 만나거나 영재성을 개발해줄 개별화 학습 프로그램을 접해볼 가능성이 없다. 경제적 어려움이 생기거나 학교생활에 적응하지 못하는 아이는 결국 정서와 정신건강이 급격히 나빠져 가족이 함께 살아남을 해결책을 찾다가 마지막 방법으로 홈스쿨링을 선택하는 경우가 많다.

특별활동에도 비슷한 어려움이 있다. 지나치게 과민반응을 보이는 아이는 뜻대로 되지 않는다고 생떼를 쓰거나 사회성이 부족해 팀 운동 경기를 망칠 수 있다. 아이의 성향을 뻔히 알면서도 모르는 척 이런저런 교외활동에 등록할 수도 없는 형편이다. 불행히도 현실은 세월이 지나면서 좋지 않은 경험이 점점 더 늘어나 고통스러워질 뿐이다. 이는 결국 가슴 아픈 경험으로 남는다.

애셔가 네 살이 되었을 때 드디어 각종 여름캠프에 등록할 수 있는 나이가 되었다고 기뻐했었다. 다양한 캠프 일정을 색깔별로 표시해놓고 행여 늦을세라 일찌감치 예약금을 입금했다. 이 캠프들은 하루 종일 재미있는 놀이와 모험으로 가득한 8주간의 프로그램이었다. 애셔의 격렬한 성향을 잘 알았지만 솔직히 말해 당시에는 다른 집 아이들이 아무렇지 않게 가는 캠프를 애셔가 가면 안 된다는 생각을 미처 하지 못했다.

때로는 그럭저럭 넘어가기도 했다. 특히 캠프 리더가 대학생이거나 애셔가 어느 정도 관심을 보이는 캠프는 그나마 나았다. 반면 다른 캠프들은 처참하게 실패했다. 아니나 다를까 캠프 진행진이 집으로 전화해 아이를 일찍 데려가라는 연락이 오는 일이 잦았고, 캠프가 끝날 즈음이면 혹시 아이가 무슨 문제라도 일으켰을까봐 서둘러 근처에 차를 대고 초조하게 기다리는 일이 다반사였다. 애셔가 한 주라도 버티도록 온갖 전략을 세우기도 했으나 결국 긴 입씨름만 하다 캠프에서 나와야 했던 경우가 훨씬 많았다.

이후 몇 년간 이런 식의 여름이 이어졌다. 우리는 애셔가 흥미를 보일 만한 캠프를 계속 찾아 헤맸고 아이가 적응할 수 있기를 기대했다. 매번 이번만큼은 제발 무사하길 바라는 마음이었다. 행여 감정조절이 안 되어서 말썽이 일어나지 않도록 아이가 진정하는 데 도움을 줄 만한 좋아하는 책을 한 권(또는 세 권) 가방에 넣어 보냈다. 그렇게 네 번의 여름캠프를 보내고 나서야 비로소 캠프에 등록하기 전에 먼저 아이의 어려움을 지원해줄 수 있는지부터 문의해야겠다는 생각이 들었다(이 뻔한 것을 이해하는 데 이토록 오랜 시간이 걸렸다).

하지만 전화 문의도 수월하지는 않았다. 아이의 상태를 모호하게 설명하고 격렬한 성향은 대충 얼버무린다. 그래도 아이의 ADHD는 언급했는데 그 이유는 그나마 ADHD가 아이의 다른 특징보다 더 '받아들일 만한' 것이라고 여겼기 때문이다. 뭐라고 했는지 정확히 기억나지 않지만 아이가 힘들게 하는 것을 별로 대단하지 않은 일처럼 설명했을 것이다. 그야말로 간절하게 우리 애셔가 '평범한 아이' 같은 경험을 하길 바랐고, 한편으로는 캠프에 등록도 못 해본 채 "미안합니다 좀 어렵겠네요"라며 거절당할까 두려웠다.

되돌아보면 그때 나는 애셔의 신경다양성을 둘러싼 수치스러움, 당혹스러움, 혼란스러움, 두려움이 뒤죽박죽 뒤섞인 내 감정을 여전히 부정하고 있었던 게 분명하다. 지금 생각하면 당시 왜 그랬을까 싶지만, 그것은 나 같은 부모가 일상에서 실제로 충분히 느낄 수 있는 감정이다. 우리 아이들은 전형적인 아이들이 누리는 어떤 경험과 기회를 절대 허락받지 못하고 어쩌다 잠시 기회가 주어지더라도 엄청난 문제가 줄줄이 뒤따른다.

우리 아이가 영재든, 학습 능력과 주의력에 문제가 있든, 자폐 스펙트럼 장애가 있든, 또 다른 다양한 신경학적 차이가 있든, 어쨌든 우리는 지나치다 싶을 정도로 고민하고 터무니없을 만큼 철저하게 계획을 세워야 한다. 그러나 철저히 준비되어 있어도 어떠한 이해나 인식, 관용도 없는 사람들과 맞부딪혀 모든 것을 내려놓고 처리해야 할 일이 어김없이 일어난다. 그런 와중에도 사람들이 나와 아이를 어떻게 판단할까 하는 불안감에 애가 타서 조마조마해진다.

◦ 재정적 부담

루스의 아들은 학습장애가 있는데 그 가족이 직면한 문제 중 가장 겁나는 것은 재정적 어려움이다. 학습장애는 일반적으로 보험 혜택을 받을 수 없기 때문이다. 루스는 이렇게 설명했다.

"우리 애는 학교에서 낙제하기 이전에 학습장애 진단을 받았어요. 그렇지만 공립학교의 관할 정책에 따르면 지원 가능한 항목에 속하지 않을 경우 아무것도 주장하지 못한 채 지원 허가가 나올 때까지 기다리라고 하더군요. 아이가 더 뒤처질 수 있음을 알지만 별다른 방법이 없으니 마냥 기다리든지 아니면 부모의 지갑을 털어 개인적으로 처리할 방법을 찾아보라는 것이었지요."

결국 루스와 그녀의 남편은 경제적으로 엄청난 희생을 치러야 했다. 작업 치료와 독서 과외, 심리 치료 등 모든 것을 개인적으로 찾아내고 부담해야 했던 것이다. 더구나 아이를 하루 종일 돌봐야 해서 루스는 직장을 그만두었다. 루스는 가족을 위한 선택이 비록 옳았을지라도 결코 쉬운 일은 아니었고 이것은 많은 가정이 감당하기 어려운 사치라고 했다.

문제는 우리 아이들에게 필요한 지원을 찾아내는 것에 국한되지 않는다. 여기에는 대체로 막대한 비용이 들어가며 수많은 가정에 어마어마한 부담을 안겨준다. 2016년 잡지 〈디 애틀랜틱〉에 '특별 교육 제스처'란 제목으로 기사가 실렸다. 자녀가 검사받는 비용과 학교 지원 확보라는 벅찬 문제를 해결해야 하는 부모들의 고충을 다룬 것이다.

"검사는 비용이 많이 들고 시간이 걸리는 일이다. 학교 내에 심리 전문가가 있는 경우는 아주 희박하고 학교는 '차별 교육 철폐'란 미명하에 더 적은 수의 아동에게만 특수교육을 적용해야 한다는 압력을 받고 있을 뿐 그 이상도 이하도 아니다. 따라서 부모는 검사를 개인적으로 진행해야 하는데 그 비용은 최고 2천 달러까지 들며 보험 혜택이 있는 경우는 거의 없다."

흔히 검사는 '의료적'이 아닌 '교육적'인 것으로 간주하기 때문에 현실적으로 전자만 담당하는 보험사로서는 의료보험금을 제공할 이유가 없다. 동시에 치료 지원을 받으려면 진단이 필요한 탓에 할 수 없이 많은 부모가 검사료를 지불하고 진단 검사를 받고 있다.

엄청난 돈을 검사비용으로 쓰고 나면 부모에게 남는 것은 경제적 어려움이다. 경제적 부담을 감당할 엄두가 나지 않아 검사받는 일을 미루면 아이가 도움을 받아야 할 귀중한 시간을 놓칠 수 있다. 게다가 아이가 진단을 받아도 기껏해야 몇몇 특정 유형만 지원하고, 기껏해야 특정 액수로 한정하며, 특정 대상에게만 보험금을 지급한다. 가령 애셔가 시애틀에서 받은 사회성 기술 수업은 다른 아이들과 어울려 살아가는 방법을 배운다고 믿은 9개월짜리 프로그램인데 보험금을 지급받지 못했다(그것도 1년 정도 기다린 끝에 겨우 들어간 프로그램이다). 우리는 2013년 시애틀을 떠났는데 그해에 애셔에게 도움을 준 작업 치료도 아이의 나이 때문에 더는 보험금을 지급받지 못했다.

두뇌회로가 다른 아이를 키우는 많은 가정에는 선택의 여지없이 결정해야 하는 일이 있다. 무엇보다 직장을 그만두거나 일하는 시간을 줄여야 한다. 그래야 아이의 홈스쿨링이 가능하고 온라인 수업을 도와줄 수 있다. 아니면 과외를 지원해 아이가 학업 면에서 또래에게 뒤처지지 않게 할 수 있다. 여기에는 엄청난 비용이 들지만 아이에게 절실한 일이다.

○ 뚜렷한 방법은 없다

워싱턴대학교 치료사가 애셔의 ADHD, 자폐 스펙트럼 장애, 뚜렷하게 명시하지 않은 파괴적 행동장애를 진단한 평가 결과를 남편과 내게 알려주면서 내가 듣기 싫어하는 한마디를 던졌다. 정확히 그녀는 "애셔의 실행 기술이 발달하도록 돕는 것은 아이가 성인이 되어 만약 독립적으로 살게 된다면 대단히 중요한 문제가 됩니다"라고 했다. 나는 '만약 독립적으로 살게 된다면'이란 말이 가슴에 박혀 눈물로 미팅을 마쳤다. 그때까지 내 소망은 그저 아이가 초등학교를 무사히 마치는 것이었지만 갑자기 넘어야 할 산이 훨씬 더 높고 가도 가도 끝이 없겠다는 생각이 들었다.

20대 중반에 심리 치료를 받을 때 제일 먼저 배운 것은 '보장된 것은 아무것도 없다'였다. 당시 나는 스스로 제어할 수 없는 것에 상당한 불안감을 느꼈고, 행복하고 만족스러운 순간조차 가슴 졸이며 뭔가 나쁜 일이 생길까 봐 늘 조마조마했다. 앨버트 엘리스 연구소 인턴이었던 치료사 제이미는 내가 집으로 돌아가는 길에 버스에 치일 수도 있음을 점잖게 상기시켜줬다(물론 그럴 수도 있겠지?).

제이미의 요점은 내가 아무리 철두철미하게 계획을 세우고, 관리하고, 주변의 모든 것을 꽉 움켜쥐고 결과를 좌지우지하려 해봤자 보장된 것은 아무것도 없다는 말이었다. 어떤 일이든 일어날 수 있다. 평생을 매 순간 행복하게 살 수 있을 거라고 믿고 사는 것 외에 예측할 수 있는 미래는 없다.

이것은 애셔의 미래가 어떨까 하는 걱정에 휘말릴 때마다 되새기는 말이다. 솔직히 말하면 힘든 일이다. 나만 그런 게 아니다. 미래를 생각할 때마다 느끼는 불안은 두뇌회로가 다른 아이를 키우는 많은 부모가 마주한 현실이다. 다른 집 애들은 어렸을 때부터 가능성이 무한하고 잘 닦인 아스팔트 같은 미래를 걸어가는 것처럼 보이기 때문이다. 그 아이들의 부모는 자녀가 다닐 학교나 가르칠 스포츠 종목, 악기를 선택하는 일에서 힘들 게 전혀 없을 것 같았다.

우리는 그중 어느 것 하나도 가진 게 없다. 그것보다 우리는 아이들 운동화에 찍찍이 테이프를 몇 살까지 붙여줘야 할까, 언제쯤이면 아이가 혼자 안전하게 길을 건널 수 있을까가 더 중요한 관심사다. 언제쯤 우리 애는 수십 번을 말해주지 않아도 숙제를 제

시간에 끝낼 수 있을까? 대학에서 전 과정을 마치지는 못해도 '전형적인' 대학생활을 경험할 수는 있을까? 이런 것은 상상하기도 어렵다. 오히려 아이들이 성장하고 우리가 더 이상 그들 곁에 남아 있지 못할 때가 올 것을 걱정한다. 직업은 가질 수 있을까? 주택부금을 낼 정도로 돈을 벌 수 있을까? 가정을 꾸릴 수 있을까? 아이는 작은 꿈이라도 실현할 수 있을까?

우리만 이러한 걱정을 하는 게 아니라는 걸 안다. 전형적인 아이들도 삶의 여러 지점에서 각자의 길로 갈라지고 생각지 않던 다른 길로 들어서기도 한다. 모든 부모는 자녀가 자신의 잠재력을 다 발휘하지 못할까 봐 전전긍긍하고 최고의 결과를 내도록 무엇이든 도우려 한다는 것도 안다. 보장된 것은 아무것도 없음을 단연코 잊은 적이 없다.

그래도 여전히 우리는 어렵다. 우리가 제대로 하고 있는지도 알고 싶다. 모든 것을 제대로 하고 있는지, 제대로 된 치료를 찾아내 아이가 어려움을 해결하는 동시에 자신의 장점을 발견하도록 최선을 다해 도우면 궁극적으로 아이가 온전한 성인으로 자랄 수 있는지 알고 싶다. 블로그 '마이 아스퍼거'에서는 이렇게 말한다.

"아스퍼거 증후군과 고기능 자폐가 있는 성인의 약 80퍼센트는 정규직에 종사하지 않는다. 일할 수 없어서가 아니라 일하는 동안 사회적으로 받아들여지는 데 어려움을 겪는 경우가 많기 때문이다."

이런 글을 읽고 나면 온몸이 굳어버린다. 웹사이트 Boston.com

의 닥터 마마에 실린 'ADHD에 관한 겁나는 새로운 통계'라는 제목의 기사도 마찬가지다.

"어릴 적에 ADHD가 있었던 사람은 알코올이나 약물 남용, 불안, 우울, 그 밖에 다른 정신건강 문제를 겪을 가능성이 더 크다. 또한 그들은 자살을 시도할 확률도 더 높다."

정말 기분이 나빠지는 글이다.

쓸 만한 규칙이나 제안을 담은 전략서 같은 것은 없다. 어떤 일이 어떻게 일어나는지 알려주고 앞날을 낙관적으로 내다보며 자신 있게 혹은 우아하게 나아가도록 우리나 아이를 도와줄 멘토도 거의 없다. 비전형적인 아이를 키우는 부모에게 알 수 없는 미래는 두렵고 무서운 스트레스가 된다.

...

신경다양성을 가진 아동의 부모는 도전으로 가득한 하루하루를 보내며 아이들을 잘 양육하는 축에 들지 못하는 사람이라는 느낌으로 살아간다. 이 현실은 우발적으로 생긴 불운의 결과가 아니다. 오히려 이 가운데 많은 어려움은 우리 아이들을 염두에 두지 않고 계획한 제도와 규범이 강화하고 악화한 것이다. 일상적인 어려움은 우리를 지치고 낙담하게 하지만 제도는 우리를 꼼짝 못 하게 한다.

Chapter
4

우리를
꼼짝 못 하게 하는 것들

모든 부모는 자신의 자녀가 독특한 존재로 인정받기를 바란다. 우리가 알고 있는 아이의 특별함을 다른 모든 사람도 인정해주길 원한다. 우리 아이들이 남다르게 비범하다는 말을 듣기 바라는 만큼, 남들과 더불어 잘 지낸다는 것 역시 말할 수 없이 가치 있는 일이다. 가장 중요한 것은 아이가 '정상' 범주에 속할 때 경험이 가능한 모든 것을 자신 있게 선택할 수 있다는 점이다. 정상은 좋은 것이다. 정상은 모든 기회의 문을 열어준다.

어쩌다가 이런 현상이 만연하게 된 것일까? 남들과 같거나 잘 적응하고 순응하는 일이 언제부터 그토록 중요하게 평가받은 것인가? 어쩌다가 '정상' 이외의 모든 것에는 꼬리표를 붙이고, 약물과 응급조치로 처리하는 현재의 육아 패러다임이 이토록 판치는 세상이 되었을까? 한 가지 정확한 것은 정상 범주에서 벗어난 공간은 만들지 않겠다는 사회적 통념과 제도가 지속적으로 강화되고 있다는 사실이다.

◦ 신경학적으로 전형적인 아이를 키운다는 것

지난해 페이스북에서 사람들의 이목을 끌었던 글이 있다. 적어도 열 명 이상의 페이스북 친구 타임라인에 올라왔을 뿐 아니라 내가 속한 다른 많은 그룹에서도 공유한 것이라 눈에 띄었다. 짐작건대 아동 체육기관에서 올린 듯한 그 내용은 아래와 같다.

> 아이가 스포츠를 잘하고 못하는 것으로 당신이 어떤 부모인지 알 수는 없다. 하지만 자녀가 코칭이 가능하고, 남을 존중할 줄 알고, 훌륭한 팀 동료이고, 정신력이 강인하고, 회복력이 빠르고, 최선을 다하는 운동선수라면 당신이 아이를 잘 기르고 있다는 직접적인 증거다.

아침에 눈을 뜨면 습관적으로 침대에 누워 페이스북 뉴스 피드를 훑어본다. 물론 이것이 하루의 시작을 항상 좋게 열어주지는 않는다. 그날 아침도 그랬다. 첫 번째 댓글을 미처 다 읽기도 전에 속이 상했고 애셔가 팀 스포츠를 해보려다 실패한 기억이 다시금 떠올랐다. 남편 데린은 최근까지도 축구를 하고 나는 달리기를 해왔기 때문에 우리는 당연히 우리 애도 어떤 종류든 스포츠에 참여할 것이라고 믿었다. 애셔는 세 살이 될 때까지는 체조를, 네 살부터 여섯 살까지는 축구를, 일곱 살이 되었을 때는 크로스컨트리를 했다. 물론 그중 어느 것 하나도 제대로 한 것은 없었다. 애셔는 운동 실력에 관한 한 또래보다 잘하는지 못하는지에 지나치게 예민했고 생각대로 되지 않거나 다른 아이가 자신보다 잘할 때마다 심하게 좌절했다.

축구 연습이나 게임에서 선발되지 않아 벤치에 앉아 있는 날이면 애셔는 아주 사소한 것에도 짜증을 냈다. 주로 소리를 지르고, 땅을 쾅쾅 구르고, 축구장에서 공을 마구 걷어 차내는 행동은 마치 폭풍우가 휩쓸고 가는 것 같았다. 그러니까 '코칭이 가능하고, 남을 존중하고, 훌륭한 팀 동료이고, 정신력이 강인하고, 회복력이 좋은 것'과는 완전히 정반대였다. 앞서 말한 게시글에 따르면 조직적인 스포츠에서 정서, 정신, 신체 요구를 애셔가 감당해내지 못한 것은 내가 부모로서 실패했음을 증명하는 것이었다.

가장 가슴 아팠던 부분은 많은 친구가 이 게시글에 '함께해요'와 '좋아요'를 눌렀다는 사실이었다. 내게는 수치와 단죄, 독선의 냄새가 풍기는 글이었는데 말이다. 전 세계 수백만 명의 공유자가 당당하게 '좋아요' 버튼을 누르며 "맞아!", "이게 바로 내 아이지!"라고 환호하는 모습이 떠올랐다. 나는 그 글을 올린 몇몇 친구의 게시물에 방어적인 댓글을 달았다.

"이 글엔 마지막 한 줄이 빠졌다. '당신의 자녀가 두뇌회로가 남달라서 경쟁 상황 혹은 예측 불가능한 것에 어려움을 겪거나, 지나치게 불안해하거나, 완벽주의자거나, 팀 스포츠에 필요한 어떤 일을 하는 데 큰 어려움을 겪는 실행기능 결함이 없는 한'이란 단서가 붙어야 한다."

물론 이것은 사람들을 사로잡을 만한 말이 아니다. 그러면 다른 아이들을 위해 두뇌회로가 다른 우리 아이들은 팀 스포츠에서 완전히 제외해야 한단 말인가? 최근 소셜 미디어에 올라온 또 다른 글은 두뇌회로가 다른 집단을 위하는 듯 보이지만 이방인 취급은 여전하다.

> 우리는 아이들의 학문적 영재성에 대한 관심을 줄이고, 학교 식당에서 외롭게 홀로 앉아 있는 아이 곁에 앉아줄 수 있는 아이인지 더 관심을 기울일 필요가 있다.

널리 공유되며 간혹 너그러운 댓글과 함께 올라오는 이런 글은 내게 다른 종류의 분노를 불러일으킨다. 이러한 글은 신경학적으로 전형적인 아동의 부모와 영재아동의 부모가 서로 대립하게 만들고 수많은 편견과 오해를 부추기는 역할을 한다. 학문적 영재성을 부모가 자녀에게 '의지'를 갖고 밀어붙이면 가능한 일인 것처럼 말한다. 비록 의도하지는 않았겠지만 결국 이것은 야심 있는 부모라면 다른 모든 것에 앞서 애쓰는 부분이 영재성이라고 이야기하는 것과 다름없다. 그러나 우리가 알고 있듯 영재성은 선택할 수 있는 게 아니며 신경학적으로 다른 것이다. 강요하거나 도와줄 수 있는 것도 아니다. 또 그것은 절대 매혹적이고 편한 인생을 보장해주지도 않는다.

더구나 이 글은 친절함과 영재성이 상호 배타적인 것처럼 말하는 듯하다. 도대체 무엇을 말하고 싶은 것인가? 오히려 '학교 식당에서 외롭게 홀로 앉아 있는 아이'는 학문적 영재성을 가진 아이일 가능성이 높다.

이 두 가지 게시글은 신경학적으로 전형적인 아이들을 키우는 부모가 그럴 의도가 없음에도 불구하고 결과적으로 두뇌회로가 다른 아이들에게 피해를 주고 점점 더 나쁜 영향을 미치고 있음을 드러낸다. 이러한 메시지와 그 뒤에 숨은 잘못된 이해는 신경학적으로 전형적인 자녀를 둔 부모들이 무의식중에 우쭐대도록 조장한다. 그들의 경험은 기준이 되고 그 기준에 적응하고 순응할 수 없는 우리 같은 사람들은 운이 없는 쪽이다.

날마다 수천 명의 부모가 이것을 어떻게 겪고 있는지 보여주는 예로 바리의 이야기를 들어보자. 바리의 아들에게는 ADHD와 청각정보처리장애, 실행기능 문제가 있다. 바리는 언제 일어날지 모르는 문제에 대비하기 위해 코치나 교사, 프로그램 책임자를 만나 사전에 아이의 상태를 알리는 데 최선을 다했다. 아이와 만나는 모든 사람이 미리 준비한 덕분에 아들이 다른 모든 아이들처럼 성공적인 경험을 하기를 바랐기 때문이다. 현실은 좀처럼 뜻대로 되지 않았다.

"아이가 속하고 싶어 한 많은 활동에서 제외당하는 고통이 컸죠. 갑자기 눈물을 터뜨리거나 감정이 폭발하는 아이를 알아주고 이해해주는 곳은 어디에도 없었어요. 날마다 그런 일을 감당하며 사는 게 정말 고통스러웠죠. 그래서 우리 스스로 해결책을 찾아내야 했지요."

어느 활동 단체든 두뇌회로가 다른 아이들을 받아들이려면 더 많은 노력, 시간, 자원이 필요하다는 것은 인정한다. 그렇다고 예외적인 아이들에게 피해를 덜 주거나 불공평한 상황을 줄여주는 것도 아니다. 일부에서는 그것을 장애인 차별주의라고 한다. 웹사이트 stopableism.org에서 정의했듯 '발달, 정서, 신체, 정신장애가 있는 사람들에게 열등한 가치를 부여하는 믿음과 실천에 관한 주장'은 간단하게 요약하면 '정상은 좋은 것이고 비정상은 나쁘다'이다. 이 모든 것을 감당하기 어려운 걸림돌처럼 생각하는 이유는 어쩌면 이러한 정서가 우리 주변 세계와 읽고 있는 책, 보고 있는 TV 쇼, 뉴스 피드에 올라오는 기사로 인해 점점 더 강화되고 있기 때문인지도 모른다. 성소수자, 미혼모, 이민자, 빈곤층, 과체중인 사람들이 대중매체(그나마 등장이라도 할 경우)가 내보내는 부정적인 고정관념으로 주목받듯 두뇌회로가 다른 사람들도 부당한 대우를 받는 또 하나의 소외집단이다.

생각해보면 '현실 세계'에서 다섯 명 가운데 한 명이 신경학적으로 다르다는 통계에도 불구하고 대다수 주요 언론은 신경다양성을 가진 인물은 거의 다루지 않는다. 특히 주인공이 된 사례는 아주 드물다. 가끔 신경다양성을 가진 인물이 나오는데 가령 넷플릭스 오리지널 시리즈 중 자폐 청소년이 성인이 되어가는 이야기를 다룬 드라마 〈별나도 괜찮아〉에서 두뇌회로가 다른 아이는 예외 없이 주변 사람들의 관심거리로 등장한다. 인기 소설《로지 프로젝트》는 두뇌회로가 다른 돈 틸먼 교수의 익살스러운 사랑 탐색 이야기를 다루고, 드라마 〈페어런트후드〉는 비전형적인 아이를 키우는 부부의 이야기를 담고 있다.

비록 두뇌회로가 다른 사람이 등장하는 사례가 조금씩 늘어나고 있고 분명 옳은 방향으로 한 걸음 나아가고 있지만, 여전히 모든 이야기는 '정상'적인 인물 관점으로 설명하는 줄거리다. 소설은 ADHD같이 신경학적으로 다른 사람을 종종 익살스럽고 재미있는 인물이 흥분한 모습으로 표현하거나 농담의 핵심을 알아듣지 못해 쩔쩔매는 모습으로 그린다. 재능이 아주 뛰어난 사람은 가끔 단순한 내용을 반복적으로 행동하는 서번트 증후군, 즉 기발하고, 사교에 서툴고, 걸어 다니는 백과사전으로 묘사한다.

반면 독서장애나 필기장애 같은 학습장애가 있는 사람은 거의 보여주지 않는다. 그 결과 인구의 5분의 1에 해당하는 '전형적으로 비전형적인' 사람의 삶은 거의 볼 수 없다. 격언에도 있듯 우리는 우리가 모르는 것은 모른다. 신경학적 다름을 정확히 표현하지 않고 고정관념과 잘못된 낙인으로 물든 소설적 표현은 오히려 사람들에게 잘못된 인식을 심어준다.

부모를 대상으로 쏟아져 나오는 책과 잡지, 블로그, 팟캐스트는 또 다른 도전이다. 이러한 대중매체는 압도적으로 '전형적인' 양육 경험에만 치중하고 있기 때문이다. 신경학적으로 전형적인 아동을 표본으로 하는 육아 철학 책은 보통 사람이 인정하는 수준이나 기준은 항상 정해져 있다는 개념을 강조하는 격이다. 그들이 제시하는 전략에 대안적 존재 방식은 전혀 없다. 마찬가지로 보편적 육아 웹사이트도 대중의 관심을 끌기 위해 일제히 '정상'을 기준으로 설정하며 동시에 클릭베이트Clickbait(클릭Click과 미끼Bait의 합성어. 일명 낚시 기사-옮긴이)로 두려움이나 냉소, 죄책감을 자극하는 기사를 정기적으로 올린다. 언론은 신경학적으로 전형적인 사람들의 특권을 단단하게 지켜주는 주요 대변자로 모든 면에서 부모들에게 부정적 영향을 주고 있다.

끝으로 뉴스 미디어는 남들과 다른 존재 방식에 초점을 맞춘 스토리 라인을 강조해서 보도한다. 예를 들어 비극적인 사건을 취재할 때, 리포터는 범인에게 아스퍼거 증후군이나 불안장애가 있다고 말함으로써 그들의 신경학적 다름이 마치 범죄의 이유라도 되는 것처럼 언급한다. 이 경우 신경학적 다름은 모든 사람의 마음에 좀 더 확고하게 부정적으로 자리 잡는다. 이야기를 만들려고 애쓰는 건지 아니면 20초짜리 짧은 보도로 사건을 전달하느라 그러는 건지 모르겠지만, 부정적인 사건에서 그 짧은 시간에 신경학적 다름에 초점을 두는 것은 의도적으로 피해를 주는 것이다.

도대체 신경학적으로 전형적인 사람들의 경험을 표준화하는 이유는 무엇일까? 내가 볼 때 그 뿌리는 하나다. 바로 두려움! 세상에 태어날 때 모든 아이는 백지상태다. 부모는 소중한 아기가 어떻게 자라날지, 어떤 사람이 될지, 어떤 인생이 펼쳐질지 전혀 알지 못한다. 그저 아이가 단계별로 중요한 것을 해낼 때마다 경탄하고 신기해할 뿐이다. '우리 아기는 언제 첫발을 떼고 걸을까?', '처음 하는 말은 무엇일까?', '첫 치아는 언제 나올까?' 그와 동시에 두려움이 생긴다. '몸무게가 충분히 늘고 있나?', '견과류에 알레르기가 있나?', '열이 있는 것은 아닌가?' 이 흔한 걱정거리 뒤에는 더 큰 걱정거리가 있다. 그것은 발달과 신경학적으로 뒤처지거나 다른 것에서 차이가 눈에 띄는 나이가 될 때 생긴다. 예를 들어 자폐가 나타나는 나이를 넘기면 세상 모든 부모는 일단 걱정을 내려놓고 안도한다. 그들은 자신의 아들이 다니는 유치원에서 어떤 아이가 사사건건 난리를 피우고 걷잡을 수 없이 행동하는 것을 보면 그 아이나 엄마에게 안됐다는 표정을 짓는 한편 마음속으로 기도한다. '우리 애가 저런 시련을 비켜가게 해주셔서 감사합니다.' 그리고 자신의 자녀가 유치원에서 별다른 어려움 없이 책 읽는 법을 배우고 독서장애나 그 외의 뚜렷한 학습장애를 보이지 않는 것을 기뻐한다. 그렇게 계속해서 초등학교와 중학교, 고등학교, 그 이상의 세계를 통과한다.

그럼 육아를 개인 종목 경기라고 생각해보자. 당연히 부모에게 최우선은 자녀다. 아이가 '정상적으로' 자라날 때 안도하는 것은 이해가 간다. 전반적으로 이 아이들에게는 앞으로 어떤 역경이나 어려움이 생길 만한 결함은 없는 것처럼 보인다. 그러나(짐작했겠지만 꼭 '그러나'가 따라붙는다. 그렇지 않은가?) 현 상태에서 바로잡아야 할 것이 있다. 현재 전형적으로 자라나는 아이들의 부모가 자기 자식에게만 집중하고 다른 사람들은 어떻게 살든 내 알 바 아니라고 생각하는 것은 문제가 된다. '내 자식만 아니면 되지, 내가 알게 뭐야'라는 생각 말이다.

너무 오랫동안 전형적인 아이들을 양육하는 부모를 중심으로 한, 즉 모두에게 적용할 수 없는 똑같은 육아 패러다임이 굳어져 왔다. 물론 전형적인 자녀의 부모들도 그 나름대로 불만이나 어려움이 있겠지만 그래도 그들이 갖춘 조건은 대부분 충분히 훌륭하다. 그 부모들은 현재의 패러다임 안에서 안전하기 때문이다.

그들은 자신의 아이가 세상 어느 곳에 어떤 방법으로 소속될지 알고 있고 그곳은 '정상'이 지배하는 시스템이라 굳이 불만을 토로할 이유가 없다. 만일 그들이 현재 패러다임에 문제가 있다는 것을 진지하게 고려한다면 그들은 어떻게 해야 할까? 그들이 현재 소속감을 느끼는 모든 것의 근본부터 과연 옳은지 문제 삼아야 할 것이다.

전형적인 자녀의 학교나 또래 그리고 다른 여러 모임에서 그들이 발휘하는 영향력을 생각하면 그 아이들의 부모가 현재의 패러다임을 유지하는 데 가장 크게 공헌하는 것은 분명한 사실이다. 기존의 패러다임을 바꾸기 위해 우리는 우리를 배제하고 만들어진 많은 제도와 규범을 은근슬쩍 지지하는 사람들을 끈기 있게 차근차근 변화시킬 필요가 있다.

○ 전통 교육 모델

아이가 네 살이나 다섯 살이 되면 교육은 대부분 공립학교나 대안학교, 사립학교같이 일종의 제도적 환경에서 행해지고 몬테소리, 발도르프, 메이커학교(창의적 아이디어를 내고 실제로 실습하면서 과학, 공학, 예술, 수학 등 제반 이론을 통합적으로 학습한다-옮긴이) 그리고 민주적이거나 자유로운 학교 등 여러 가지 교육철학 틀에서 교육이 이뤄진다. 미국에서는 만 네 살이 되면 정식 유치원을 시작으로 초등학교, 중학교, 고등학교로 올라간다. 반드시 모두가 졸업하는 것은 아니지만 모든 아이에게는 법적으로 '자유롭고 적절한' 교육 형식 안에서 총 13년 동안 학교에 다닐 권리가 있다.

보장 측면에서 보면 '적절한'이란 부분은 좀 의심스럽다. 모두는 아니어도 두뇌회로가 다른 아이들은 대부분 다르게 생각하고, 다르게 정보를 처리하기 때문에 배우는 방식도 다르다. 따라서 두뇌회로가 다른 아이들을 위한 좋은 교육을 찾아내는 일은 마치 금을 캐는 일과 같다. 그것을 찾아내는 일은 아주 힘들다. 이를 위해서는 끈기 있고 유연하게 대처해야 하며 때로는 시간과 돈에 제한받지 않는 풍부한 자원도 필요하다.

전통 교육의 틀 안에서 보면 우리가 선택할 수 있는 것은 크게 두 가지로 나뉜다. 바로 공립학교(대안학교 포함)와 사립학교이며 각각 장단점이 있다. 이러한 학교 체계가 비전형적인 아이들을 어떻게 대하는지(많은 경우 받아들여지지도 않지만) 자세히 살펴보자.

○ 공립학교와 대안학교

연방법 중 장애인 교육법Individuals with Disabilities Education Act, IDEA에 따르면 학교는 장애 학생의 교육적 필요를 충족해주어야 하며 법적으로 시각장애, 청각장애, 신체장애는 물론 자폐성장애와 독서장애, 필기장애, ADHD 같은 특정 학습장애로 진단받은 아이들도 '장애'로 인정한다고 명시되어 있다. 장애인 교육법에 따라 지원받을 자격이 있는 아이들은 학교와 협력해 지적 성장을 위한 정확한 지원 항목과 목표를 말해주는 '개별화 교육 계획'을 만들어야 한다. 개별화 교육 계획 기준에 맞지 않으면 반드시 전문 지침이 필요하지만 여전히 일종의 학습차이가 있는 경우 504 계획(학교가 장애를 가진 학생을 지원하고 학습 장벽을 제거하도록 돕는 계획-옮긴이)을 지원받을 수 있다(더 자세한 것은 이 두 가지 계획의 차이를 잘 분석한 웹사이트 understood.org에 나와 있다).

법의 규정은 잘 되어 있는가? 뭐, 그렇다고 할 수 있다. 그렇지만 여기서 주목해야 할 문제가 있다. 장애인 교육법에서 혼란스러운 측면 중 하나는 장애로 인한 혜택을 받으려면 아이의 장애가 소위 학교 제도에서 말하는 '효과적인 진전'을 이루는 데 어려움이 있음을 증명해야 한다는 점이다. 그런데 '효과적인 진전'의 정확한 정의도 불분명할뿐더러 이것은 아이들의 잠재력을 깨우쳐주기 위해 노력하는 부모에게 혼란을 준다. 예를 들어 ADHD를 가진 학생이 학년이 올라가면(다시 말해 '효과적인 진전'을 이루면) 오히려 역량을 제대로 발휘하지 못하거나 아이의 실행기능 결함을 메워주는 지원을 받을 기회를 상실한다. 특히 이중으로 예외적인 학생은 수업을 잘 따라가긴 해도 아무런 돌봄을 받지 못해 자신의 특별한 재능을 드러내지 못하고 결국 잠재성과 장래가 희미하게 묻혀버릴 수 있다.

애셔가 2학년이 되어 공립학교로 전학을 갈 때, 아이의 치료사는 개별화 교육 계획에 특별 지원 내용을 넣으라고 강력히 추천했다. 그리고 애셔의 교육 계획 회의에는 애셔의 후원자, 전문가, 치료 팀까지 참석해야 했다. 애셔가 검사를 기막히게 잘 해내고 학업에서 대단히 우수한 성과를 보였기 때문에, 아이의 행동이나 실행기능장애와 사회성 부족이 아이의 전반적인 발전과 성과에 어떤 해를 끼치는지 증명하고 보여줘야 했다. 그래봤자 아이가 학교에서 중요한 시간을 대부분 복도나 교장실에서 보낸다면 도대체 어떤 방법으로 무엇을 제대로 배울 수 있겠는가?

아니나 다를까 학교에서 애셔는 교실의 후미진 자리를 배정받고 몸을 꿈틀거리는 데 도움을 준다는 명목으로 의자에 쿠션이 놓여졌다. 그리고 일주일에 몇 시간 정도 학교의 작업치료사와 함께 정서 규제와 사회적 기술을 익혔다. 이것이 교사인 친구가 말하는 소위 '괜찮은' 계획이었다. 그럼 학년 말에 애셔는 '효과적인 진전'을 이뤘을까? 글쎄, 아이가 학교에서 쫓겨나지 않았으니 그것도 진전이라면 진전일지도 모른다.

정말 그런가? 나는 그렇다고 말할 수 없다. 실제로 내가 학교 치료사에게 학교를 그만두고 홈스쿨링을 하겠다고 말했을 때 그가 조금도 주저하지 않고 내 결정에 긍정을 표하며 "사실 저희는 애셔의 필요를 충족해줄 수 없습니다"라고 단언하는 것을 보고 나는 기절할 뻔했다.

이중으로 예외적인 아들을 둔 케리는 아이가 3학년 중반을 넘어갈 즈음 아이의 학교 교육이 순조롭지 않은 것을 알았다. 아이는 언제나 행동이 바르고 수업 시간에 집중도 잘해 교사들의 사랑을 받았기 때문에 아이의 학습에 문제가 있다는 것을 아무도 눈치채지 못했다. 하지만 시간이 흐를수록 아이가 또래를 점점 멀리하고 모든 것에 자신감을 잃으면서 숙제하는 것도 힘겨워하자 케리와 남편은 문제를 알아내기 위해 다른 방법을 찾아보았다. 일단 학교가 아닌 사설기관에서 독서장애 진단을 받았다. 불행한 것은 진단이 곧 해결은 아니라는 점이다.

케리는 이렇게 말했다.

"교사들은 훌륭했고 진심을 다해 도와주고 싶어 했지만 우리 아이가 어려워하는 것에 신경 써서 맞춰줄 방법이나 시간은 없었어요."

결국 케리의 아들은 소규모 몬테소리 사립학교로 전학을 갔고 일주일에 두 번씩 학습 전문가가 따로 가르쳤다. 이것도 이상적인 것은 아니지만 몇 년 정도는 효과가 있었다. 이후 아이는 공립학교로 돌아왔는데 적응하는 것이 너무 험난했다고 한다.

"학교 체계가 조금만 신경을 써주면 아이가 그날그날 배우는 것이 어느 정도 편안해질 텐데 하는 기대를 했지만 그것은 끝없는 전쟁 같았어요. 우리가 사는 지역에서는 독서장애를 개별화 교육 계획의 혜택을 받을 수 있는 장애로 인정하지 않았어요. 이 체계를 아이의 교육에 도움을 줄 만한 방식으로 변경하려 할 때 누구도 도와주려 하지 않았죠. 결국 우리는 아이를 위해 스스로 이런 저런 계획을 종합해보았어요. 오직 우리가 스스로 알아내 가르칠 수밖에 없었기 때문이에요. 아이의 학업에 상상도 할 수 없을 정도로 많은 시간과 비용을 쏟아부었어요."

나는 애셔의 학교생활을 충분히 들여다보았고 왜 그렇게 많은 비전형적인 아이가 공립학교에서 어려움을 겪는지 알아보려고 많은 부모와 이야기를 나누었다. 사실 유별난 학생을 헌신적으로 지원하겠다고 약속한 교사도 이삼십 명의 아이들과 한 교실에서 씨름하다 보면 별도리가 없다.

이 중 대략 여섯 명이 신경다양성을 가졌는데 그들이 제각각 가진 어려움이 다르고, 충동이 다르고, 행동상의 문제도 다르다고 해보자. 장기적으로 볼 때 교사 한 명이 각각의 아이들에게 맞춰 개별화 교육을 하고 504 계획(그나마 자료가 있다면)의 기준을 적절히 충족하는 방법은 절대 있을 수 없다. 그때그때 상황을 봐가며 어수선한 한 무리의 초등학생에게 산수문제 푸는 법을 일제히 대충 가르칠 수밖에 없다.

신경다양성을 가진 학생을 가르칠 때 커다란 어려움 중 하나는 그들이 잠재력을 발휘하도록 도와주려면 더 많은 지원, 자원, 노력이 필요하다는 점이다. 더구나 이 아이들은 교실에서 다른 아이들의 학업을 방해할 수 있다. 소수인 그 아이들이 말썽과 부진함으로 빚어낸 혼란은 결국 모든 학생의 학업에 영향을 주기 때문이다. 교사 몇 명이 헌신적으로 애쓰면서 열정을 다할 수도 있지만 실은 신경다양성을 가진 학생들을 도와줄 교재도, 훈련도, 지식도 없다. 학교가 대책 없이 폭넓게 시도하려 하면 오히려 일선에서 교사들이 겪는 어려움만 더 늘어날 뿐이다.

물론 대안학습 기관은 점점 보편화되고 있다. 그러나 교사 중심적인 방법으로 학생에게 수동적인 태도만 강요하는 전통 교육 방식은 여전하다. 미국의 대다수 학교는 여전히 시험 결과 같은 외부 기준으로 학생을 평가한다. 일방적이고 반복적인 학습법과 암기, 기술 단련에 집중한 강의, 과제물을 중심으로 교과서를 이용하고 점수로 교육적 향상을 측정한다. 이러한 틀에서 벗어나지 않는다면 두뇌회로가 다른 아동은 늘 불리한 입장이다. 학교는 기존과 다른 학습 방법을 지원할 계획을 만들 필요가 없기 때문이다.

대안학교는 전통 공립학교의 틀에서 조금 벗어나 있지만 특수교육 학계에서 특히 논란의 대상이 되고 있다. 많은 특수교육 지지자들이 밝혀낸 문제는 이들 학교는 정부 지원을 받지만 그렇다고 '장애인 교육법'이 제시하는 지침을 따를 의무는 없다는 점이다. 이에 따라 일부 대안학교는 설사 두뇌회로가 다른 학생이 있어도 그들을 후원하지 않을뿐더러 심지어 애초에 입학을 허용하지 않는 경우도 있다.

이 모든 것은 무엇을 의미하는가? 두뇌회로가 다른 아이들이 가장 저렴한 학비로 가장 쉽게, 가장 잘 보호받는 형태의 교육을 받으려 할 때 걸림돌이 너무 많다는 뜻이다. 개중에는 일반 공교육에서도 잘 해내는 아이들이 더러 있다. 그들의 성공은 신경학적 다름의 정도, 학교 정책이 보여주는 유연성과 수용 여부, 아이의 필요를 충족해주는 교사의 능력, 부모의 참여 수준 등 여러 가지 요인에 따라 달라진다. 그렇지만 기존 교육은 기본적으로 전형적인 아이들을 기준으로 만들었기 때문에 두뇌회로가 다른 아이들은 대부분 학교 체계에 적응하는 데 어려움을 겪을 수밖에 없다. 이 편협한 교육 체제 안에서 간신히 버티며 견딜지라도 정서적으로 혹은 학업 면에서 누려야 할 행복은 포기해야 한다.

사립학교

두뇌회로가 다른 아이들은 학기 중에 사립학교로 전학을 가는 경우가 많다. 사립학교는 종교학교부터 특정 교육철학이 있는 학교, 특정 유형의 학생을 만족시키는 학교까지 종류가 다양한 편이다. 그러나 사립학교에 들어가는 데도 명백한 장벽이 있다. 우선 '돈'이 많이 든다. 가톨릭이나 다른 종교에서 운영하는 학교는 일반 사립학교에 비해 등록금이 싼 편이지만 그래도 연간 평균 9천 달러에서 2만 3천 달러 정도가 필요하다. 특히 신경학적으로 다양한 학습자를 위한 학교는 일반학교에 비해 두 배 또는 그 이상의 비용이 든다.

입학 자체도 문제가 된다. 모든 도시에 독서장애나 필기장애 같은 학습장애 전문학교가 있는 것은 아니다. 자폐 스펙트럼 장애가 있거나 주의력에 어려움이 있는 아이들이 갈 수 있는 곳은 더욱더 한정적이다. 만약 이중으로 예외적인 학습자라면 선택의 폭은 더 줄어든다. 이 책을 쓰고 있는 시점을 기준으로 미국 전역에서 오직 열한 곳의 학교만 이중으로 예외적인 학습자를 위한 특별한 설계를 갖추고 있는데 그나마 대부분 예약이 다 차 있고 대기자 명단도 한없이 길다.

정작 기다리고 기대하던 사립학교에 가도 영원한 행복을 보장받는 게 아니다. 신경다양성에 관한 대화를 '강점 역량군'으로 부르며 변화를 시도하기 위해 조직을 설립한 지젤 세구라의 예를 들어보자. 지젤은 딸이 다니던 마이애미의 특수장애 사립학교에서 딸아이가 학교 측이 원하는 만큼 좋은 성과를 거두지 못하고 있다는 말을 듣고 말문이 막혔다. 그들의 권고는? '홈스쿨링'이었다.

자녀의 두뇌회로에 맞춘 교육을 제공하는 사립학교에 입학이 가능하고 비용도 감당할 수 있다면 아이의 성장에 큰 도움을 받을 것이다. 나는 살던 집을 팔고 다른 도시, 다른 지역, 심지어 다른 나라로 가서라도 아이에게 맞는 학교에 다니도록 최선을 다하는 몇몇 가족을 본 적이 있다. 그렇지만 대부분의 가정에서 그런 과감한 조치는 엄두도 못 낼 일이다.

홈스쿨

전통 교육의 틀이 아이에게 아무 효과가 없어서 더 이상 그런 학교에 보내지 않겠다는 선택을 할 만큼 자원과 능력이 있을 경우(아니면 가능한 모든 걸 해보고 나서 그럴 수도 있고) 대부분의 가정이 홈스쿨링을 선택한다. 국립교육 통계 센터National Center for Educational Statistics 발표에 따르면 홈스쿨링을 하는 아동의 약 5퍼센트는 집에서 교육을 받는다. 부모나 양육자가 이 방법이 아이에게 필요한 특정 교육 요건을 충족해주는 최선책이라고 생각하기 때문이다.

홈스쿨링은 각 가정마다 크게 다르다. 공황발작으로 학교에서 어려움을 겪거나 괴롭힘을 당해 자신감과 자아의식은 물론 학업에도 흥미를 잃어버린 아이들에게는 홈스쿨링이 좋은 선택일 수 있다. 홈스쿨링은 전적으로 아이가 주도하는 학습이 가능하다. 목표는 아이들이 평생 호기심과 학업에 흥미를 갖도록 하는 데 있다. 나를 포함한 많은 가정에서 인터넷 강의 사이트나 홈스쿨 연합회 같은 곳에서 다양한 교과 과정 자료를 수집해 아이에게 필요한 교육 프로그램을 새로 만든다. 이것은 아이들의 연령이나 학년을 기준으로 개별 계획을 세우는 동시에 학습 흐름에 따라 아이가 주도권을 쥐고 공부하게 해준다.

반드시 따라야 할 단 하나의 길만 있는 것도 아니고, 전통적인 교육 환경에서 벌어질 수 있는 어려움이 집에서는 없기 때문에 두뇌회로가 다른 자녀가 있는 가정에서는 종종 홈스쿨링이 최선책이다. 사실 학생이 한 명이거나 고작해야 몇 명에 불과하다면 학급 경영은 어렵지 않다. 가령 엄격한 일과가 필요한 아이, 때로 시간표를 창밖으로 내던지고 싶어 하는 자유로운 아이, 관심을 끄는 분야가 있으면 무조건 깊이 파고드는 아이의 특성을 존중해줄 만한 여유가 있을 것이다.

전형적인 학교에는 문제를 일으킬 자극이 곳곳에 있다. 예를 들어 역동적인 학급 안에서 아이가 어려워하는 협동작업 같은 것을 강요하면 아이의 감각이 자극되고 마침내 예측할 수 없는 사태가 벌어진다. 반면 홈스쿨에서는 아이의 속도에 맞춰 진행하고 필요할 때 휴식을 취할 수 있다. 홈스쿨링을 하는 아이는 체육 시간에 갑자기 소방훈련을 하거나 운동장에서 자신을 놀리는 아이들을 걱정할 필요가 없다.

그러나 여느 해결책과 마찬가지로 홈스쿨링도 늘 완벽한 것은 아니고 모든 가정에 맞는 선택도 아니다. 대다수 가정은 아이를 가르치기 위해 부모가 집에 머무는 일이 쉽지 않고 특히 한부모 가정일 경우에는 홈스쿨링을 선택하기가 힘들다. 재택근무를 하면서 직장 일과 홈스쿨링을 아슬아슬하게 해내는 부모가 늘어나고 있지만 그 균형을 잡기가 얼마나 힘든지는 내 경험으로 충분히 증명할 수 있다.

물론 두뇌회로가 다른 아이들을 키울 때만 적절한 교육 해결책을 찾기 위한 스트레스를 겪는 것은 아니다. 교육을 둘러싼 투쟁은 전국 어느 도시에나 있다. 현재 교육 정책 개선은 절실한 문제다.

전 세계 학자와 교육자가 어떻게 해야 이 문제를 제대로 해결할 수 있는지 논의하고 있으며 이는 앞으로도 계속 이어질 것이다.

진부한 관료주의와 제한된 자원으로 과중한 부담을 지고 있는 체계 안에서 필요한 변화를 일으키는 방법은 훨씬 더 큰 문제다. 하지만 아무리 큰 어려움이 있어도 작은 시도라도 해야 한다. 그렇지 않으면 두뇌 구조가 다른 우리 아이들, 특히 대안이 될 만한 교육적 해결 방안이 없는 가정에서 자라나는 아이들은 아무런 대책도 없는 처지에 놓인다.

망가진 제도

학교 제도와 정신건강 문제를 놓고 협상하는 과정에서 열두 가지 이상의 진단을 받은 이중으로 예외적인 사춘기 아이의 엄마 마라테아는 엄청난 좌절을 겪었다. 아들을 위한 올바른 진단과 학습 환경을 찾아내기까지 수년에 걸쳐 수많은 학교에서 셀 수 없이 많은 평가를 받아야 했던 것도 숱한 좌절 가운데 하나다. 마라테아와 그녀의 남편은 아들이 어릴 적부터 눈을 잘 마주치지 못하고 감각에 문제가 있다고 여겨 줄곧 자폐 스펙트럼 장애를 의심했다. 하지만 아이를 치료한 언어병리학자와 작업치료사는 물론 믿을 만한 교사, 상담사 중 누구도 그들의 생각에 동의하는 사람은 없었다.

그로부터 몇 년이 지나서야 아이는 자폐가 있다는 진단을 받았고 비로소 적절한 지원을 받기 시작했다. 마라테아가 말했다.

"행동치료사, 정신과 의사 그리고 앞으로 우리가 가야 할 길에서 도와줄 수 있는 사람들을 찾기까지 정말 많은 좌절을 겪어야 했어요."

불행히도 현실에서 마라테아의 사례는 특별하지 않다. 그것은 독특한 아이를 키우는 부모가 계속 넘어서야 하는 힘겨운 장벽 중 하나이며 나는 이것을 '제도'라고 부른다. 아이들에게 필요한 지원을 제공하기 위해 마련한 공식적인 구조와 절차로는 작업 치료, 학업 지도, 심화 프로그램, 약물 치료 등이 있다. 그러나 우리 같은 부모에게 어디서부터 시작해야 하는지, 어떻게 찾아야 하는지, 이용할 수 있는 보험은 무엇인지 알려주는 사람은 없다. 하다못해 우리가 애초에 어떤 도움을 구해야 하는지 알려주는 단계별 안내서조차 존재하지 않는다. 초보 엄마의 교과서 같은 책《첫 임신 출산에 관한 모든 것》의 우리 버전이 따로 필요하다. 예측할 수 없는 험난한 길을 가야 하는 사람들이 적용할 수 있도록 말이다.

'제도'를 통과하는 벽은 너무 높고 험난해 많은 부모가 절망하고 혼란에 빠진다. 왜냐하면 이미 수개월에서 수년간에 걸쳐 문제를 느끼고 의심하고 불확실한 상태로 헤매온 끝이라 부모는 일단 자녀에게 필요한 정보나 서비스가 있다는 것을 알게 된 순간 최대한 빨리 지원을 받고 싶어 하기 때문이다. 그들은 누군가가 정확한 정보를 가지고 분명한 방향을 알려주어 좀 더 쉽고, 좀 더 빠르게 지원받을 수 있기를 절실하게 원한다. 우리는 아이가 잘 자라는 데 필요한 지원이나 시설을 알아내 혼란을 겪지 않고 지체 없이 이용하고 싶다. 불행히도 이런 꿈같은 사회는 대부분의 부모가 여전히 경험할 수 없는 게 현실이다.

친한 친구들에게 물어보면 그들이 아는 사람 중 가장 체계적이고 생산적인 사람으로 나를 지목할 것이다. 나는 연구 중독자로 색채 도표 만들기를 좋아하고 빠르고 효율적인 일처리 방법을 알고 있다. 어디로 가야 할지, 어떻게 도움을 받아야 할지, 그다음엔 무엇을 해야 할지 알기 위해 최선을 다한 결과 '여기엔 뭔가 심각하게 잘못된 문제가 있다'고 자신 있게 말할 수 있다.

내 아이가 뭔가 다르다는 것을 처음 알았을 때, 모두는 아닐지라도 대개는 하나의 큰 문제 앞에서 하늘이 무너지는 듯한 느낌을 받는다. 이제 어떻게 해야 하지? 일단 이제껏 들어본 적 없는 용어들을 기억하며 입소문으로 전해지는 온갖 종류의 치료사 추천과 인터넷 검색에 몇 시간이고 매달린다. 목적지는커녕 좌표조차 없는 곳으로 떠나는 개척자와 같다. 앞으로 망망대해를 어떻게 헤쳐 나가야 할까? 감당할 수 없는 현실 앞에서 우리는 또 다른 스트레스를 받는다.

타임라인도 문제다. 우리가 절박한 심정으로 도움을 요청한 사람이나 기관으로부터 응답을 받기까지 엄청난 시간이 든다. 감각처리장애 평가를 받은 애셔는 3개월 동안 대기자 명단에도 오르지 못했다. 병원에서 받은 진단 평가도 무려 2년 뒤로 미뤄졌다.

이후 3년 뒤 워싱턴대학교 자폐 센터에 가기까지 5개월을 기다려야 했다. 다른 도시에 비해 그나마 대기자 명단이 짧은 곳을 찾은 게 그렇다. 좀 더 전통적인 '이야기 치료사'를 찾아보라는 제안을 받고 여기저기 전화를 돌려보았으나 "새 환자는 받지 않습니다"라는 대답만 돌아왔다. 결국 애셔가 만난 존 박사도 예약이 꽉 차 있음에도 불구하고 아이를 받아준 것이었다. 아이의 학교생활이 너무 처참해 도대체 무엇을 어떻게 해줘야 할지 모르겠다는 내 목소리에서 절박함을 느끼고 안타까운 마음에 받아들였다고 했다.

아이가 학교와 집에서 엉망진창으로 망가져가고 있는데 도움을 받을 수 있는 절차는 시작하지도 못한 채 막연한 기다림으로 몇 달을 헛되이 보내야 했다. 혹시나 좋은 정보를 찾을까 싶어 인터넷에서 온갖 자료를 클릭하는 일도 말할 나위 없이 힘든 시간이었다. 병원과 치료 센터의 대기자 명단이 한없이 길다는 것은 아이를 평가해줄 자격을 갖춘 심리학자가 부족하다는 것을 의미한다. 작은 동네는 자원 부족이 훨씬 더 심각할 것이다.

학교에서 혹은 치료로 아이의 잠재력을 키워줄 수 있는 생활 기능이나 사회적 기술 같은 몇 가지 추가 지원을 받을 수 있는 경우에도 아이에게 마땅한 도움을 찾아내기는 쉽지 않다. 한 사례로 운동협응장애가 있는 여덟 살짜리 자폐아동 엄마의 말을 들어보자.

"결국 모든 책임은 우리가 짊어져야 합니다. 남편과 나는 언젠가 아이가 독립할 수 있도록 도와주려고 최대한 노력하고 있어요."

◇ 비전형적인 자녀의 부모

앞서 '전형적으로' 성장하는 아이의 부모들이 본의 아니게 두뇌회로가 다른 아이들이 꼼짝 못 하게 하는 데 큰 역할을 한다고 지적했다. 이제 거울을 바라보듯 정직하고 꼼꼼하게 우리 자신을 들여다보기로 하자. 원해서든 아니든, 의식했든 하지 않았든, 비전형적인 아이를 키우는 우리도 생각과 말과 행동으로 이 같은 구시대적 패러다임에 보태는 바가 있기 때문이다.

대학에 다니던 20대 초반 나는 사귀던 남자친구가 나를 속이고 다른 여자를 만난 일로 대단히 충격을 받고 헤어지는 아픔을 겪었다(그가 나를 속인다는 것을 나도 이미 알고 있었다). 가슴이 찢어지는 듯했고 아프고 분해서 어찌할 바를 몰랐다. 친한 친구 로치는 건강을 위해서는 물론 내게 깊은 대화가 필요하다고 여겨 나와 함께 점심을 먹으며 이야기를 나눴다.

나는 분노와 눈물을 쏟아내며 내가 당한 일을 말했는데 그 친구는 내가 생각지도 않던 얘기를 했다. 내게도 책임질 부분이 있다는 것이었다. 남자친구와의 관계에서 어떤 일이 있었든 우선 내가 잘못한 것부터 찾아내야 한다고 했다. 나아가 내가 남자친구에게 했던 일을 되돌아보지 않는 것은 헤어진 남자친구뿐 아니라 나 자신에게도 좋지 않은 행동이라고 했다.

그때 굉장한 충격을 받았다. 맨해튼 중심가에서 태국 음식을 먹던 그 순간은 20년이 지난 지금까지도 기억 속에 선명히 남아 있다. 그리고 두뇌회로가 다른 아이의 부모로서 그 순간을 자주 되돌아본다. 만약 우리 아이를 있는 그대로 받아들이고 감사할 줄 아는 양육 패러다임을 진정 원한다면 우리 자신부터 낡은 사고방식 유지에 어느 정도 책임이 있음을 인정해야 하기 때문이다.

사람들은 대개 자신을 정상의 틀에 억지로 끼워 맞추며 현재의 패러다임을 정당화한다. 아이가 진단받은 결과는 최대한 숨기고 우리 아이는 정상이고 평범하다는 맥락으로 이야기하며 그저 또래 사이에서 혹시라도 아이가 다르다는 것이 티가 날까 봐 행동에 주의를 주느라 애쓴다. 우리는 필사적으로 도움을 청하고, 전문가를 끌어들이고, 약물을 투여하고, 우리 아이가 다른 아이들의 세계에 융화되도록 노력한다. 학교에서 소위 '문젯거리'로 불리는 아이들과 정서적으로 타격을 입은 부모로 이뤄진 집단의 한 사람이 된 것을 슬퍼하며 그 집단에서 벗어나 다른 집단에 들어가고자 있는 힘을 다한다.

아이들의 부족함을 보완하기 위한 노력을 하지 말라는 게 아니다. 치료를 받고, 사회적 기술을 익히는 동아리 활동과 학습 기회를 주고, 좋은 캠프와 장소를 찾아주고, 아이의 성장에 도움을 줄 기술과 습관을 길러주는 모든 일을 나는 전적으로 지지한다. 주목해야 할 것은 우리가 하는 일의 뒤에 숨은 의도다. 우리가 '정상' 집단에 들어가고 싶어서 그런 일을 하는 것은 아닌가? 충분한 치료와 지지로 우리 아이들이 본래 가지고 태어난 모습을 벗어버리고, 아이의 다름이 눈에 띄지 않게 하고, 우리를 제외한 어느 누구도 알아챌 수 없기를 바라고 있는 것은 아닌가? 우리가 아는 한 자폐나 ADHD, 학습장애, 감각처리장애는 없어지지 않는다. 우리 아이들은 기술과 전략, 해결책을 배워 잘 자라겠지만 대부분의 경우 누구도 타고난 두뇌회로의 차이를 없앨 수는 없다.

몇 년 전 애셔가 학교에서 보인 몇 가지 이상한 행동을 두고 치료사 존 박사와 나눈 이야기가 기억난다. 나는 그에게 "자폐로 인한 행동이 어떤 것인지, 그냥 보이는 '행동'인지 아니면 아이가 선택해서 하는 행동인지 그 차이를 알기가 힘들어요"라고 물었다.

"글쎄요, 애셔는 언제나 자폐인입니다. 그러니 아이의 행동은 어떤 방법으로든 늘 자폐와 관계가 있지요."

정말 간단하다. 존 박사의 대답은 내가 여전히 애셔를 '정상적'인 부분과 '고칠' 부분이 있는 아이로 생각한다는 것을 깨닫게 해주었다. 나는 여전히 아이의 어떤 행동과 특성이 사라져 다른 아이들과 비슷한 어린 시절을 보내기를(내가 처음 부모가 되었을 때 했던 기대 이상으로), 그래서 삶이 좀 더 편안해지기를 바라는 마음을 버리지 않았다. 결국 나조차 현재의 패러다임에 끼워 맞추려는 노력에서 헤어나지 못했는데, 반드시 최선은 아닐지라도 그 길은 어떤 이유로든 안전하다고 알려진 길이기 때문이다.

밖으로 밀려난 우리 중 많은 사람이 '이번 한 번만이라도 적응해다오.' 하는 희망을 품는다. 만약 그런 체제 안에 우리 아이를 집어넣을 수만 있다면 그 길은 아이의 인생에 확실한 안정감을 주고 나아가 밝고 성공적인 미래를 보장해줄 거라고 생각한다. 그러한 결과를 억지로라도 만들어내기 위해 일부 가정은 수년에 걸쳐 쉼 없이 '정상'에 끼워 넣으려 노력하고, 학교와 싸우고, 그들에게 붙여진 딱지 같은 진단과 싸우고, 마침내 자신과도 싸운다. 에밀리와 그녀의 남편도 초등학생 딸에게 필요한 것이 분명 따로 있음을 알고, 아이가 학교와 집에서 보이는 극단적 행동이 그것을 증명하는데도 불구하고 남들과 똑같은 과정을 고집했다. 누군가가 딸아이를 진단해보라고 하면 화를 냈고, 결코 효과가 없는 훈육 방법을 계속 사용하고, 딸아이가 '전형적으로 순종하는 아이'가 아닌 것뿐인데 교사들이 문제 삼고 있다고 탓하며 모든 책임을 학교로 돌렸다. 아이가 4학년이 되었을 때 비로소 그 부부는 아이에게 계속 적응하라고 강요하기만 했지 실제로 딸이 어떤 아이인지 알려고 하지 않았다는 것을 깨달았다. 에밀리는 "지금부터 나는 아이의 특이함을 인정하고 축하해줄 거야. 내 딸은 전형적이지 않고 앞으로도 그럴 일은 없어"라고 깨달았다.

겉으로 잘 드러나지 않고 뚜렷한 증세도 없는 정도의 비전형성이나 신경다양성을 가진 아이들의 부모는 대개 아이의 장애를 단호히 부정하고 싶어 한다. 미국 중앙정보부 수준에 필적할 만한 비밀을 유지하고 싶은 마음과 아이의 행동을 언제든 엄격하게 고쳐주려는 태도로 꽉 막힌 세상에서 살아간다. 우리 중 대다수는 현재의 패러다임에 맞추려고 온갖 자원을 탕진하다가 끝내 패배를 인정하고 자비를 구걸한다. 그때 우리는 일이 잘 풀리지 않는다면서 소리 없이 몸부림치고 고통을 받거나 수치심을 경험한다.

우리는 여전히 전투태세다.

때로는 우리의 현 상태를 인정하고 유지하는 것이 아이들과 함께 살아가는 방법이다. 우리는 너무 많이 타협하고 틀 안에 갇혀 있고 잔꾀를 부린다. 그러다 우리 자신을 돌보지 못해 회복하지 못하고 지쳐서 아이들을 제대로 파악하기 힘들다. 결국 침묵으로 우리에게 일어나는 일을 숨기고 아이에 관한 낙인을 받아들인다. 예전에 내가 그랬던 것처럼 우리 아이가 누구인지 잘 들여다보기보다 순응과 적응을 더 바람직한 목표로 생각하는 것이다. 내가 애셔에게 적당한 학교를 찾아다니느라 시간을 헛되이 보낸 것처럼 기존의 것으로는 안 된다는 것과 자신만의 길을 찾아나서야 한다는 것을 깨닫기까지 시간이 걸릴 수 있다. 바로 그 지경에 이르기 전까지는 맹수에게 먹잇감을 던져주는 것 같은 미련한 짓을 한다.

…

오랫동안 굳어져온 타성으로 움직이는 현재의 체제를 단단하게 만드는 요인은 엄청나게 많다. 제도나 문화적으로 우리를 지지해줄 만한 것은 아무것도 없기 때문에 우리는 기본적으로 실패하게 되어 있다. 그래도 괜찮다. 이제 우리는 우리가 맞서야 할 것이 무엇인지 알고, 정확히 무엇을 변화시켜야 하는지 해야 할 일을 알기 때문이다. 우리는 가장 위태롭고 가장 잃을 것이 많다. 그러니 변화는 우리로부터 시작해야 한다.

Chapter
5

무엇인가 달라져야 할 때다

아이들을 키우며 날이면 날마다 두려워하고 걱정하고 죄책감을 느끼는 날이 없는 인생은 어떨까. 우리 애들이 배척당하거나 '누구보다 못한' 존재로 여겨질 걱정 없이 있는 그대로의 모습을 터놓고 얘기할 수 있다면 어떨까. 학교나 여름캠프 혹은 특별활동을 자유롭게 선택해 보내고 그곳에서 어떤 아이라고 낙인찍혀 벌을 받는 대신 그대로의 모습을 인정받고 이해받으면 어떨까. 아이가 절대 혼자가 아니라는 생각에 어떤 일이 닥치든 자신 있게 잘 해낼 것을 알고 안심한다면 어떨까.

모든 것이 바뀔 수 있다고, 이 멋진 일은 분명 일어날 것이라고 믿는다. 단, 그 일은 우리로부터 시작해야 한다. 그 일은 우리같이 비전형적인 자녀를 둔 부모가 열린 마음으로 관심을 기울이며 이제껏 갖고 있던 선입견을 되짚어볼 때 시작된다. 그래야 변혁 가능성과 더 깊이 관련된 것을 창출해낼 수 있다. 우리는 모두 우리 아이들의 독특한 언어에 익숙해지고 유창해질 수 있다. 우리 스스로 관계를 맺고 공동체 안에서 기꺼이 함께 일할 때 우리 아이들은 진정한 자기 자신을 드러내고 축하받을 수 있을 것이다.

내가 묻고 싶은 건 이것이다. 당신은 그 길을 함께 가겠는가?

함께 가겠다면 반가운 일이다. 왜냐하면 이 책의 나머지 부분은 함께 가는 것에 관한 내용이기 때문이다. 이제부터 하나의 생각과 믿음, 행동으로 이 패러다임을 어떻게 바꿔가야 할지 내 생각을 이야기한다. 가만히 앉아 있으면 상황은 바뀌지 않는다. 이런 생각은 다른 사람의 인정이나 승인을 받을 필요가 없다. 자신의 내면을 들여다보며 익숙했던 일상에서 벗어나 날마다 일어나는 일을 충분히 지각하고 현존하려는 의지만 있으면 된다.

이어질 내용은 현실적으로 실행 가능한 변화를 위한 하나의 커다란 아이디어를 중심으로 한다. 나는 이 아이디어를 '틸트'라고 부른다. 이 아이디어는 당신의 일상적인 현실을 긍정적으로 바꿔 놓고 당신과 당신의 자녀 나아가 가족 전체에게 도움을 줄 것이다. 결과적으로 우리는 아이들이 그들의 '다름'과 '차이'를 순수하게 인정하고 지지해주고 받아들이는 세계를 향해 나아가도록 도와줄 수 있다.

틸트 프로그램은 내가 생각하기에 가장 적합한 순서로 소개하지만 당신이 꼭 이 순서를 지킬 필요는 없다. 당장 모든 틸트를 해내려고 애쓸 필요도 없다. 여기저기 들춰보며 현재 경험하는 것을 중심으로 해도 된다. 어떤 일이나 생각(개념)은 하나 이상의 틸트에서 볼 수 있을 텐데 그것도 문제되지 않는다. 이 길을 가면서 경험하고 생각하고 느끼는 것은 우리 삶의 무수히 다른 면과 겹치기 때문이다.

만약 당신이 아이를 위해 무언가를 더 할 만한 시간이나 여력이 없어도 틸트가 또 다른 부담을 주는 일은 없을 것이다. 크고 엄청난 변화를 제안하는 건 아니지만 아주 조그마한 변화나 조정에도 기하급수적으로 강력한 효과가 따라오리라 약속한다. 가능한 한 실용적으로 만들기 위해, 당신의 세계에 각 틸트를 적용하기 위해, 4~5가지 전략을 포함했다. 또한 당신이 언제든 바로 참여하도록 각 장별로 '당장 시작하자'로 끝을 맺었다.

우리는 지금 인식 체계 변화를 실현하기에 가장 좋은 위치에 있다. 우리에게는 맥락과 경험 그리고 가장 강력한 동기가 있다. 이제 우리에게 필요한 것은 지금 시작하고 최선을 다해 앞으로 나아가려는 의지이다.

자, 이제 시작해보자.

Part 2
어떻게 변화할 수 있을까

Tilt
1

당신이 안다고 생각하는 양육의 모든 것에 의문을 제기하자

○○○

"모든 것은 실험이다."

_티보 칼맨

우리가 질문하는 방식은 어떻게 성장했는지, 어떤 성격 유형인지, 권위에 어떻게 반응하는지에 따라 크게 달라진다. 어릴 적부터 나는 상당히 질문을 즐기는 편이었다. 대학 시절 우습게도 친구들의 장난스런 압력 때문에 몇 년 주춤한 것을 제외하고는 '남들도 그렇게 산다'는 이유로 남을 따라서 산 적도 없다. 이제 나는 광범위하게 퍼져 있는 표준 양육 방식에 의문을 제기하려 한다. 물론 이것이 많은 사람을 불편하게 만든다는 것은 알고 있다.

이쯤에서 나는 작가 닐 도널드 월시의 명언 "인생은 당신의 편안함이 끝나는 시점에 시작된다"는 말을 당신과 나누고자 한다.

이 말은 우리의 상황에 잘 들어맞는다. 두뇌회로가 다른 아이를 키우려면 편안함과 작별해야 한다. 차차 드러나듯 우리 같은 부모에게 편안함은 선택 사항조차 아니다. 헛수고를 하느니 차라리 불편함을 받아들이고 적응하는 편이 낫다. 여기서 한 걸음 더 나아가고 싶다면? 모든 것을 문제 삼아야 한다. 내가 '모든 것'이라고 말할 때 이는 정말로 '모든 것'을 뜻한다. 아이들을 키울 때 우리가 이미 안다고 생각했던 모든 것에 아래 사항까지 포함해 모든 면을 다시 생각해보아야 한다.

- 교육: 우리는 대부분 아이들이 학교에 입학하기 한참 전부터 아이들의 교육 과정을 예측하고 계획한다. 이것은 우리 개인의 가치관과 어린 시절부터 배우고 받아들인 것, 친구나 가족의 영향, 우리가 살고 있는 주변 환경 등의 영향을 받는다. 두뇌회로가 다른 아이들에게 학교라는 곳은 우리가 받아들이는 학교와 전혀 다른 세계다. 아이들에게 맞는 학교와 교육 과정을 생각하려면 처음부터 다른 방법으로 접근해야 한다.

- 양육 방식: 양육 방식 역시 우리가 성장한 방식의 영향을 받는다. 대체로 우리는 부모가 우리를 양육한 방식을 그대로 답습하거나 그게 마음에 들지 않을 경우 정반대로 하려고 한다. 말할 필요도 없이 이 접근법이 모든 아이에게 잘 들어맞을 리 없고 특히 두뇌회로가 다른 아이들에게는 더욱 적용하기 어렵다. 언제,

어떻게 양육 방식을 바꾸고 적용해야 할지 아는 것은 결코 쉬운 일이 아니다.

- 영양: 애셔가 어렸을 때 나는 브로콜리나 단호박 같은 좋은 재료를 직접 으깨어 이유식을 만드는 데 온 정성을 기울였다. 그러나 6년 후 애셔의 학교 점심 도시락으로 시중에서 판매하는 런처블Lunchables(과자나 치즈 등으로 구성한 미국인의 국민 간식-옮긴이)을 싸주었고 당시 급식 지도 학부모들에게 영양을 균형 있게 고려하지 않는다는 지적을 받았다. 방부제가 들어 있는 포장식품을 먹이는 건 나도 바라던 바가 아니지만 당시 애셔가 유일하게 그것만 먹었기 때문에 별다른 선택을 할 수 없었다. 아이에게 감각장애와 강박장애에다 잘 참지 못하는 성향과 알레르기까지 있다면 아이의 식단을 결정할 때 융통성을 발휘해야 한다.

- 사회생활: 우리는 모두 아이의 사회생활에 큰 기대를 건다. 대개 자신이 어린 시절부터 꿈꿔 온 모습을 기준으로 아이를 바라본다. 생일파티, 친구 집에서 밤새워 놀기, 졸업 댄스파티같이 자라면서 으레 겪는 친구 관계나 사회활동에 따른 기대까지 더해진다. 우리는 미디어나 친구, 가족으로부터 아이가 '정상적'으로 성장하고 발달해야 한다는 메시지를 끊임없이 받는다. 그러나 전형적이지 않은 아이에게 전형적인 경험에 비춰 기대를 하면 우리 자신은 물론 아이들도 실망스러운 결과를 맞을 뿐이다.

- 개인적 기질과 특성: 2012년 수전 케인은《콰이어트》라는 책을 펴냈다. 어쩌면 그녀는 이 책으로 왜 사람들은 외향성을 내향성보다 좋은 것으로 여기는지 처음 질문을 제기한 사람인지도 모른다. 이 책은 외향성과 내향성의 특성을 제시하면서 흔히 부모는 아이의 타고난 특성과 성격을 제대로 고려하지 않은 채 어떤 특성이 아이의 성공에 중요한지만 생각하는데 이는 부적절하다고 지적하고 있다.

문제 삼지 않으면 달라지지 않는다

위 내용은 우리가 늘 걱정하는 영역의 다섯 가지 예에 불과하고 실은 그 밖의 모든 영역에도 의문을 제기하는 것이 최선이다. 두 뇌회로가 다른 아이들을 양육하는 모든 면면을 어떻게 생각하고 느끼는지 정직하게 점검하지 않는 한 무의식적으로 낡고 뒤처진 패러다임인 기존 사회 시각으로 보기 때문이다. 우리에게는 모든 것을 따져 물을 수 있는 본보기가 필요하다(그것은 우리와 아이들 모두를 위해 필요한 일이라고 확신한다).

우리의 마음가짐을 질문형 모드로 바꾸자. 안타깝지만 우리의 양육 여정에는 불안정과 두려움이 항상 함께하니 말이다. 아이들이 성장하면서 보일 '필요'가 있는 것과 실제로 보이는 것을 두고 우리 스스로나 다른 이들로 인해 계속 의심할 일이 생길 것이다.

내면의 소리를 잘 듣고 '왜 모든 것에 질문을 던져야 하는지' 의문을 보이는 한편 타인의 말에 너무 귀 기울이지 말고 부모로서 어떻게 생각하고 경험하는지 분명히 하는 것이 중요하다.

모든 것에 의문을 보일 때 우리가 얻는 것은 무엇일까

가수 레너드 코헨이 1992년 발표한 곡 '앤섬Anthem'에는 아름다운 구절이 있다.

"모든 곳에는 균열이 있다. 균열이 있어 그 사이로 빛이 들어온다."

나는 이 구절을 들으면 '만약에?'라는 생각을 한다. 만약에 틈새로 들어오는 빛이 가능성이라면, 그러니까 우리 아이들을 품어주지 않는 기존 사회의 틀 안에 억지로 끼워 맞추려는 압박에서 벗어나 가능성을 찾는다면, 그 틈 사이로 들어온 빛으로 우리 자신과 아이의 삶에 어떤 일이 일어날지 상상해보는 것이다.

이렇게 우리는 힘을 얻고 앞으로 나아간다. 우리는 새로운 자유와 선택을 경험하며 우리 아이들을 창의적이고 능력을 갖춘 하나의 완전한 인격체로 대한다. 아이들에게 필요한 것이 무엇이든 우리에게는 그 이상으로 해줄 능력이 있다.

중요한 것은 모두가 똑같이 따라야 하는 모범적인 양육 방식이란 없다는 사실이다. 특히 두뇌회로가 다른 아이를 키우는 우리는 더욱 그렇다. 그렇다면 질문을 시작하자! 의문을 보이는 마음을 실체화하는 것은 하루아침에 이뤄지지 않으며 연습으로 점차 쉬워진다. 일단 사고의 자물쇠를 풀어 생각의 문을 열고 진정한 선택이 우리의 모든 생활 안에 있음을 깨달으면 변화는 이미 시작된 셈이다.

• 돌이켜보자

내 아이의 미래는 '~해야만 한다'고 기대하던 것을 얼마나 자발적으로 돌아보고 여기에 의문을 제기할 수 있을까? 아이에게 기대하던 것이 현실과 맞지 않아 반복적으로 부딪히는 것은 무엇인가? '~하게 보여야만 하는데'라는 생각에 얼마나 사로잡혀 있는가?

Embracing the Tilt
• 틸트 적용하기 •

제한적인 사고에서 벗어나라

양육과 관련해 우리가 알던 모든 것에 의문을 던지는 것은 우리 아이의 삶은 '~하게 보여야 한다'라고 생각했던 마음을 솔직히 드러내는 일이다. 이 책을 다 읽었을 무렵 '~해야만 한다'라는 단어를 아예 염두에 두지 않길 바란다. 우리가 예를 들어 "그 학교에 들어가야만 해" 또는 "그룹 활동을 잘 해낼 필요가 있어" 같은 말을 쓰지 않으면 주변 상황에 의문을 보이는 수준을 넘어 확고한 신념 아래 행동할 수 있다. 단적으로 말하면 이런 경직된 단어는 두뇌회로가 다른 아이들에게는 적용할 수 없을 뿐 아니라 오히려 곤경에 빠뜨린다. 이 같은 말은 우리 아이는 매사를 쉽게 해내야 한다, 자제력이 있어야 한다, 사소한 일에 화내는 일은 있을 수 없다 등의 생각을 조장한다.

이런 종류의 말을 사용하지 않기 위해 우리는 언제, 어떤 이유로 그 말을 하고 있는지 찾아야 한다. 이제 잠시 시간을 내 '반드시 ~해야만 한다'가 들어간 다음 질문을 하는 때가 언제인지 곰곰이 생각해보고 기록할 것을 권한다.

- 아이에게 해야 할 일을 말해줄 때 아이가 어떤 식으로 반응해야 한다고 기대하는가?
- 공공장소에서나 남들이 볼 때 아이가 예의바르게 행동해야 한다고 기대하는가?
- 아이가 어렵고 힘든 상황도 잘 감당할 것이라고 기대하는가?
- 아이가 원만하고 성공적인 성인이 되려면 다양한 사회활동에 반드시 참여해야 한다고 믿는가?

같은 방법으로 '반드시 ~해야만 한다', '해내야 해' 같은 질문을 우리 자신에게도 던질 수 있다. 아이들을 양육하면서 학교, 특별활동, 교우 관계, 여름캠프, 방학 그리고 생일같이 특별히 신경 써야 할 때 '해야만 한다'고 생각하는 일의 목록을 작성하자. 예를 들면 내가 애셔를 양육하면서 벗어나지 못한 채 옳다고 믿은 것이 몇 가지 있다(앞서 몇 가지는 이미 말했고 나머지는 스트레스를 받는 순간 계속 모습을 드러낸다).

- 대학에 진학하기 전에 반드시 전통 정규학교에 다녀봐야 한다.
- 폭넓은 친구 관계가 필요하다.
- 기대에 어긋나는 일을 잘 다룰 줄 알아야 한다. 인생은 늘 예상 밖의 일로 가득하기 때문이다.
- 학교생활에 좀 더 흥미를 가져야 한다.
- 단체 스포츠 활동에 참여해야 한다.

당신도 자신의 목록을 만들었는가? 좋다. 이제 가정하는 상황을 하나씩 짚어가며 스스로에게 질문을 던져보자. 정말 그럴까? 아이에게 이것이 반드시 필요할까? 한 걸음 더 나아가 그 '반드시'가 실제로는 중요하지 않을 수 있는 이유를 단 하나라도 찾아보자. 작가이자 연설가인 바이런 케이티가 고안한 이 작업은 '뒤바꾸기'로 사람들이 자신에게 익숙한 한정된 사고방식에 구멍을 뚫음으로써 생각에 변화를 일으키는 효과를 낸다.

'애셔가 대학에 진학하기 전에 반드시 전통 정규학교에 다녀봐야 한다'는 내 믿음을 예로 들어보자. 이것은 오랫동안 나를 괴롭힌 생각이다. 수년간 홈스쿨링을 하면서 애셔가 학령기에 누구나 겪어야 하는 '전형적인' 경험에서 지나치게 동떨어져 있다고 느꼈기 때문이다. "앞으로 어떻게 할 거야?"라는 친구들의 질문을 받으면 애셔가 남들과 어울리는 방법을 어떻게 배울지, 할 일이 많은 상황에서 어떻게 균형을 잡고 처리해갈지 등의 생각에 사로잡혀 아직도 밤잠을 설친다.

하지만 정말로 애셔가 대학에 가기 전에 전형적인 정규학교로 돌아갈 필요가 있다고 확신하는지 다시 한번 내게 물으면 내 결론은 언제나 똑같다.

"그건 아니야."

실제로 전형적인 교육 시스템을 거치지 않고 대학에 입학하는 학생이 해마다 늘어나고 있다. 물론 그들은 잘 지내고 있다. 더구나 애셔가 가고 싶어 하는 MIT 공대를 포함해 많은 대학이 홈스쿨링을 받은 학생을 받아들이고 환영하기 시작한 지 이미 오래되었다. 대학에 입학하는 학생 한 명 한 명은 유치원부터 고등학교를 졸업하기까지 다양한 교육을 경험한다. 전형적인 학교만 공부하고, 글을 배우고 쓰고, 시험에 통과하게 하는 유일한 장소라는 증거는 어디에도 없다. 이 외에도 반박할 내용은 수두룩하지만 이 정도로도 충분히 납득하리라고 본다.

그럼에도 불구하고 언젠가는 애셔가 학교로 돌아갈 필요가 있다는 생각을 한 번씩 한다. 어느 정도는 아이가 정해진 특정 방식으로 교육받은 것으로 보이고 싶은 마음이 내게 남아 있기 때문이다. 그러나 다시 한번 생각하면 학교에 관한 내 구시대적 사고방식과 함께 가보지 않은 길을 향한 막연한 동경일 뿐임을 알게 된다.

기존의 틀을 깨자

작가 질 엠멜하인츠Jill Emmerlhainz는 자신을 '규칙에 따라 해야 한다'는 것을 매우 혐오하는 사람이라고 소개하며 매사에 의문을 던진다고 했다. 그녀는 심한 불안장애를 앓는 10대 딸 애나를 어떻게 도와줘야 할지 고민하던 중 남편과 함께 '~하면 어떻게 될까?'라는 생각에서 벗어나기로, 아니 보다 정확히 말하면 아예 하지 않기로 했다고 한다.

오래전부터 홈스쿨링을 받고 있는 애나가 자연으로 나가면 더 잘 지낸다는 것을 발견한 그들은 '애나를 자연 속에 좀 더 길게 있게 하면 어떻게 될지' 궁금했다. 그래서 엄마와 딸은 5주 동안 애팔래치아산맥을 시작으로 세 차례나 더 여행을 다녔다. 맑은 공기와 평화와 자연의 고요함 속에서 둘은 매일 장시간 걷고, 악천후를 이겨내고, 시를 쓰고 읽고, 공부했다. 하지만 그 모든 것보다 더 좋았던 것은 산속에서 지낸 몇 주 동안 애나의 심각했던 불안 증상이 거의 다 사라졌다는 사실이다.

이처럼 틀을 깨면 어떤 일이 일어날지 생각해보기 위해서는 의도적인 노력이 필요하다. 아이에게 가장 잘 맞는 완벽한 세계에서의 이상적인 하루(또는 인생)를 찾아내려면 의도적으로 시간을 따로 마련해야 한다는 뜻이다. 또 만일 그것이 아이에게 최선이라면 아이를 위해 할 수 있는 것과 해야 할 일이 무엇인지 깊이 생각해봐야 한다는 의미이기도 하다. 아이 인생의 모든 면을 정직하게 바라보고 의문을 가지면 우리가 내리는 결정 하나하나와 그 결정을 내리는 이유조차 우리의 제한적인 상상력에 국한되어 있음을 알게 될지도 모른다.

● 이렇게 해보자

잠시 눈을 감고 나와 아이가 아침에 일어나 잠자리에 들 때까지의 가장 이상적인 모습을 머릿속에 그려보자. 그리고 어떤 일이 일어날지 미리 찾아보는 '이상적인 날'을 훈련해보자. 구체적일수록 더 좋다. 예를 들어 당신이 그리는 이상적인 미래의 날에 '숙제 전쟁이 없는 오후'가 있다면 아이가 잘 따르는 튜터를 구해 적극 도움을 받거나, 아이가 제대로 수행하지 못할 게 뻔하고 그리 중요하지도 않은 과제라면 용감하게 학교에 양해를 구하는 등 모든 가능성을 활용해보자. 일상의 쳇바퀴에서 벗어나기 위해 할 수 있는 일을 생각하자.

생각의 버킷을 충전하자

무엇에든 의문을 제기하려면 본질적으로 우리의 생활에서 무언가가 제대로 돌아가지 않고 있다는 사실을 인정하고 변화를 받아들여야 하므로 용감해져야 한다. 일을 진행하고 아직 달라진 것이 없을 때조차 일단 상황이 바뀐다는 것 자체가 두려울 수도 있다.

변화하도록 용기를 북돋우는 방법 중 하나는 기존 규칙을 무시하고 자신만의 길을 만들어가는 사람들의 이야기에 귀를 기울이는 것이다. 교육학자 켄 로빈슨은 TED 강연 '학교가 창의성을 죽이는가?'에서 세계적으로 유명한 안무가 질리언 린의 이야기를 전했다. 린의 어머니는 "아이에게 문제가 있다"고 말하는 학교의 판단이 옳은지 스스로에게 되물었고, 딸을 위해 '생각을 바꿀' 필요가 있음을 깨달은 뒤 린이 춤에 열정이 있음을 깨달았다. 다큐멘터리 〈인생을 애니메이션처럼〉 속 부모는 자폐 성향이 있는 아들 오웬을 위해 무엇을 해줄 수 있는지 자문했다. 아들이 세상과 다시 만날 수 있는 방법으로 디즈니 만화영화 보기에 몰입하는 방식을 택했다.

두뇌회로가 다른 아이를 양육하는 나만의 길을 만들어갈 수 있을까? 이러한 질문을 반복해서 하고 정직하게 그 답을 찾아보자. 우리에게 좋은 영감을 주는 이야기에 귀를 기울이면 우리가 상상하던 것 이상으로 더 큰 가능성을 볼 수 있을 것이다.

● 당장 시작하자

자녀의 생활과 관련해 의문이 가는 내용을 적고 변화할 수 있는 부분을 주의 깊게 생각해보자.

Tilt
2

고립에서 벗어나 필요한 사람을 만나자

○○○

"약함은 '보다'와 '보이다'에 관한 것이다. 사람들이 우리를 어떻게 생각할까 혹은 어떻게 바라볼까 걱정될 경우 그것을 드러내기는 어려운 일이다."

_브레네 브라운

나는 한 번도 라이프 코치에게 인생을 상담한 적이 없으나 직업상 알게 된 지인이 코치 자격 인증 과정을 실습하며 나를 무료로 코칭해준 적이 있다. 그것은 아주 좋은 기회였다. 당시 나는 제법 중요한 집필 작업을 막 끝낸 뒤 프리랜서 일이 점점 줄어들고 있을 때라 약간 무력감을 느끼고 있었다. 그래도 조금 기대감을 안고 앞으로 내 커리어에 어떤 일이 다가올지 명확히 준비하고 싶었다.

그때 내가 몰랐던 건 '라이프 코칭life coaching'이란 만족스럽지 않은 엄마로서의 인생을 포함해 내 인생의 모든 면이 사랑받을 만하다는 걸 의미한다는 것이었다. 나중에 생각해보니 코칭에서 내 커리어에만 집중하는 것은 집 전체가 불타고 있는데 거실 벽을 무슨 색으로 칠할지에 관심을 두는 것과 흡사했다. 코치인 코트니는 전화로 상담하며 내 목소리에서 슬픔이 느껴진다고 했고 나는 그녀에게 마음을 털어놓았다. 전화를 끊을 무렵 나는 숙제를 하나 받았다. 손을 뻗어 도움을 청할 것. 애셔가 아니라 나 자신을 위해.

돌이켜보면 왜 그토록 멍청하게 나를 위해 도움을 청한 적이 없었는지 모르겠다. 솔직히 말해 내가 도움을 청해야 한다고 생각해본 적이 없었다. 애셔에게 집중하다 보니 내가 얼마나 중요한지 잊고 살았다. 아니면 밑바닥 힘까지 짜내 결단하고 용기를 내 모든 어려움을 해결하는 데 익숙해지다 보니 남에게 도움을 청하는 건 패배를 인정하는 셈이라고 무의식적으로 생각했을 수도 있다. 어쩌면 나 자신에게 집중할 시간은 없다고 혼자 결정했을지도 모른다. 이유가 무엇이든 수화기를 내려놓은 뒤 한 가지는 분명해졌다. 그때 나는 많이 외로웠다.

◊ 고립의 대가

나는 부모들에게 온 이메일을 읽으며 고립감을 느꼈다. 이 느낌은 아마 어쩔 줄 모르고 압도당하는 것 같은 느낌에 버금가는 정서일 것이다. 이성적으로 생각하면 우리는 혼자가 아님을 알지만 아주

어려운 상황에서 자신이 겪는 일을 제대로 알아주는 사람이 없을 경우 현실을 바로 보지 못하고 강렬하게 외톨이가 된 고립감을 느낀다. 다니엘 마이어스는 2015년 블로그 '마이티Mighty'에 글을 올려 우리 상황을 설명한 바 있다.

"특수교육이 필요한 아이의 부모로서 나는 남과 다른 특별한 상황에 있다. 다른 사람들은 우리 아이의 진단 결과나 능력을 제대로 알지 못하며 이 때문에 고립감이 생길 수 있다. 그들이 알려고 하지 않는 탓에 우리는 외톨이가 된다."

우리 같은 부모가 흔히 고립되는 이유는 많은 사람이 두뇌회로가 다른 아이를 대하는 방법을 몰라서다. 또 신경학적으로 전형적인 아이를 둔 부모가 별다른 뜻 없이 상처를 주는 말을 던지기 때문이다. 이를테면 "더 크면 좋아질 거예요. 걱정 마세요" 혹은 "애가 어디가 이상하다고 그래?", "내가 볼 때 애는 정상이야, 정상 맞아" 등이 있다. 이들은 과잉행동장애나 자폐성장애, 학습장애를 특별한 보살핌이 필요한 일시적 장애로 여기고 마치 우리의 일상을 잘 아는 듯 말한다.

"내 조카의 둘째 딸이 자폐성장애인데 지금은 아주 잘 지내."

"내 상사한테 난독증이 있는데 아주 잘나가고 있어!"

가끔은 행동으로도 우리를 힘들게 한다. 예를 들면 잠시 아이를 봐달라는 요청을 묵살하거나, 그 집 아이는 우리 집에 와서 놀았는데 우리 아이에게는 놀러오라는 말을 하지 않는 것은 명백한 메시지를 전달한다.

이런 일반적인 관계에서도 우리는 종종 힘든 상황에 처한다. 사람들과 만나고 소통하는 것은 인간의 본능이기 때문이다. 심지어 대단한 개인주의자도 어느 정도는 타인과의 교류를 원한다. 인간의 약함, 즉 취약성을 연구한 작가 브레네 브라운은 광범위한 연구로 이 본능적 요구는 인생에서 별로 연관이 없는 사람에게 해로운 결과를 남긴다고 했다. 그녀는 자신의 책《나는 불완전한 나를 사랑한다》에서 이렇게 썼다.

"사랑과 소속감은 결코 줄일 수 없는 욕구다. 우리는 영혼을 토대로 생물학적·의식적·물리적으로 사랑하고, 사랑받고, 어딘가에 소속되길 원한다. 이 욕구를 충족하지 못할 때 우리는 제대로 기능하지 못한다. 우리는 부서지고, 흩어지고, 마비되고, 고통받고, 다른 이에게 상처를 주고, 지친다."

친구, 또래의 부모, 내 부모, 친척 같은 주변 사람이 우리가 겪는 일을 이해하지 못하거나 말이 통하지 않을 때 우린 포기하고 싶어진다. 다른 사람들이 우리에게 공감하지 않을 때 느끼는 단절감을 피하기 위해 우리는 스스로를 억제하고 우리가 힘든 것을 좀처럼 말하지 않는다. 스스로 만든 고독한 울타리 속에 빠질지언정 남들과 함께 어딘가에 소속된 것처럼 보이고 싶기 때문이다.

이렇게 외톨이처럼 느껴질 때가 많지만 우리는 외톨이가 아니다. 우리 같은 부모는 지구상 여기저기에 존재한다. 우리 아이들이 비정상이 아닌 것처럼 우리도 밖으로 밀려난 아웃라이어outliers가 아니다. 우리 아이들의 독특한 사고 구조가 다르게 보일 수 있으나 우리는 하나의 공동체로서 서로 다르기보다 비슷한 점이 더 많다.

앤드류 솔로몬은 역작《부모와 다른 아이들》에서 우리 모두를 묶어주는 연결감을 설명했다.

"나 자신이 남들과 동떨어진 소수자라고 생각해왔는데 어느 날 내가 꽤 큰 집단에 속해 있음을 느꼈다. 다르다는 것은 우리를 뭉치게 한다. '다름'으로 고립을 경험해본 개개인은 함께 모이면 거대한 집단이 되어 투쟁을 위한 근원적 교류를 한다."

교류가 안겨주는 선물

애셔의 유치원 과정이 끝나갈 무렵 남편과 나는 심하게 지쳐 있었다. 애셔가 난리칠 때는 견디기 힘들었고 감정적 여유는 고갈되었다. 하루는 저녁식사를 할 때부터 잠자리에 들 때까지 아이가 정신을 쏙 빼놓을 정도로 힘들게 했다. 끔찍한 시간을 보낸 뒤 혼이 나간 상태로 근처에 사는 친구 마아디에게 전화를 걸었다. 그녀가 수화기를 들었을 때 나는 "언제나 오늘처럼 힘들진 않을 거라고 말해줘"라고 했다.

내 절망감을 알고 있는 그 친구와 또 다른 친구 앨리슨은 달콤한 디저트에 와인 한 병을 들고 15분 만에 우리 집 초인종을 눌렀다. 그들은 무력감에 빠져 허우적대는 나를 건져주기에 충분한 위안을 선물로 주었다. 그들이 함께해준 두 시간으로 나는 한 주 내

내 외롭던 감정에서 벗어나 그 어느 때보다 든든함과 평화를 느꼈다. 나는 더 이상 혼자가 아니었다. 이렇게 언제든 받아들일 준비를 갖추면 도움을 청할 수 있다는 걸 알게 되었다.

비전형적인 아이를 양육할 때 장기적으로 고립과 단절은 아무런 도움을 주지 않는다. 우리 자신에게는 물론 단연코 아이들에게도 절대 좋은 일이 아니다. 미시 관점에서도 고립은 우리 자신이 만든 고통과 혼란의 사막에 우리를 가둬놓는 것과 같다. 가족 문제 상담사이자 작가인 닐 브라운Neil Brown은 비전형적인 아이를 양육하는 부모는 흔히 '양육 탈진' 현상을 보인다고 했다. 만약 이것을 방치하면 결국 임상 우울증으로 이어진다. 거시 차원에서도 고립은 우리 같은 사람들이 뭉쳐 무시할 수 없는 집단 목소리를 내는 걸 어렵게 만든다.

우리와 아이들을 위해 상황을 바꾸려면 모두가 참여해야 한다. 고립에서 벗어나 진정 남들과 교류하는 것만이 우리에게 주어진 단 하나의 선택이다.

• 돌이켜보자

지금 내 인생에서 무엇이 힘든지 제대로 들여다보고 있는가? 다른 사람들과 어울리는 것이 힘들게 느껴져 자기검열을 하거나, 침묵하거나, 대화 혹은 어떤 기회로부터 빠져나가려는 자신을 발견한 적은 없는가? 내가 남들과 더 많이 교류하고 소통하면 우리 가족의 생활이 얼마나 좋아질 수 있을까?

고립을 자초하는 부분을 생각해보자

내적 변화를 일으키고자 할 때, 첫 단계는 언제나 개인의 패턴과 경험을 되돌아보는 것으로 시작한다. 의미 있고 지속적인 변화는 오직 우리가 스스로에게 정직할 때만 가능하므로 이는 대단히 중요한 단계다. 은둔에서 벗어나 관계를 맺고 교류하려면 우선 의식적으로든 아니든 우리가 고립을 자초하는 부분을 깨달아야 한다. 친구, 가족, 이웃 그리고 아이와 관련된 다른 부모와의 관계를 냉정하게 살펴보고 다음 질문을 생각해보자.

- 우리 아이가 어떤 아이인지 또는 어떤 행동을 할지 걱정하느라 특정 상황이나 대화를 피하고 있지 않은가?
- 일상생활에서 진실하지 않은 가식적인 행동을 하지 않는가?
- 두뇌회로가 다른 내 아이로 인해 어려움이 늘어나면서 외부 활동에 덜 참여하거나 더 은둔하려는 태도를 보이는 것은 아닌가?
- 다른 모든 사람이 내가 겪고 있는 어려움을 이해하지 못한다고 생각하는가?

이들 질문에 '네'라는 대답이 나왔다면 그 고립은 자초한 것이며 대단히 해롭다는 것을 알아야 한다. 이것이 우리를 불안하게 만드는 원인이기 때문이다. 마치 '자기 충족적 예언'처럼 고립은 고립을 낳는다. 교류 단절은 우리가 감정적으로 '더 안전하게' 느끼도록 만들기는커녕 여지없이 우리 자신과 아이들에게 불안을 불러온다. 이것은 우리가 원하는 것과 정반대 상황이다.

도와줄 사람들을 찾아보자

손을 뻗어 타인과 관계를 맺으라는 것은 '아무하고나' 함께하라는 말이 아니다. 세상에는 함께하기에 '안전한' 사람과 '그리 안전하지 않은' 사람이 있다. 이것은 '틸트 14'에서 당신의 아이와 가족에게 도움을 주지 않는 관계를 정리해야 한다는 내용으로 다룰 것이다. 일단 지금은 당신이 위기의 한가운데에 있을 때 찾아갈 만한 사람을 찾아보길 권한다. 떠오르는 사람이 한두 명 있는가? 정신, 감정, 도덕, 물리적으로 도움이 필요할 때 문자나 전화로 응급 구조를 요청할 사람이 있는가? 지금 당장 또는 앞으로 그들에게 어떤 종류의 도움을 기대할 수 있는가?

그들 모두가 하나의 팀으로 필요한 것은 아니다. 진심으로 이해해주는 몇몇 친구와 가족은 당신이 움츠러들거나 완전한 고립으로 빠져드는 것을 막아줄 수 있다. 중요한 사람 몇 명을 찾아내 그들이 당신의 '생명선'임을 말해주고 때때로 하소연과 조언, 기분 전환을 위해 당신이 찾아갈지도 모른다고 미리 말해둔다. 나아가 그런 상황에 놓였을 때 어떤 도움을 원하는지 솔직하게 알려주면 그들도 가능한 한 도와줄 것이다.

두뇌회로가 다른 두 명의 10대 아이를 양육하는 크리스티나처럼 현재 상황을 정확히 아는 엄마 그룹을 조직할 수도 있다. 크리스티나가 경험했듯 이해심 많은 주변 사람들과 어려움을 나누면 상상하지 못했던 위로를 받는다. 그녀가 말했다.

"온라인에 글을 올려 비슷한 일을 겪고 있는 엄마들을 만나 함께 의논하기 시작했어요. '우리 아이는 학교에서 형편없는 시간을 보내고 있는데 당신의 자녀는 어떤가요?'라고 쓰인 티셔츠를 입은 엄마를 만날 기회는 없잖아요?"

그 노력의 결과 그녀와 어려움을 함께 나누는 소수의 엄마 그룹이 생겼다. 이들은 자원을 공유하고 서로를 지원해준다.

다음 주제로 넘어가기 전에 배우자의 역할은 무엇인지 이야기해보자. 아이 양육을 함께하는 배우자가 있다면 그는 당신의 핵심 인력이다. 지원 네트워크는 배우자를 넘어 더 넓어야 한다. 배우자는 당신이 겪는 것을 누구보다 잘 알고 있지만 자신의 개인적인 일도 해야 하기 때문이다. 그들이 깊이 참여해 아이를 이성적으로 대하고 비판하지 않으며 도와주는 지지자가 될 수 있으나 그들도 자신을 도와줄 사람을 찾아내야 한다.

문제에 대비하자

라이프 코치 코트니는 내게 도움이 필요하다는 사실을 깨닫게 도와주었고 나는 곧바로 안도감을 느꼈다. 지원군이 있다는 것을 알기만 해도 위안을 얻는다. 코트니의 권유로 만난 양육 코치는 이후 오랫동안 남편과 나를 돕는 것은 물론 애셔와 관련된 각종 학교 미팅에서 신뢰할 만한 발언을 해주었다.

이들 덕에 우리가 어려운 일을 당해도 혼자가 아니라고 느꼈다. 그때부터 나는 양육 코치를 비롯해 침술사, 영적 치유사, 커리큘럼 어드바이저 같은 다수의 사람들에게 인정 어린 도움을 받았다. 지원의 종류는 어떤 일이 생기느냐에 따라 달라지지만 적어도 언제나 어떤 방법으로든 도움을 받을 수 있다는 걸 기억한다.

그런 도움을 받으려면 우리 스스로 어떤 도움을 필요로 하는지 알아야 한다. 우리의 양육 방향은 마치 구명보트를 타고 떠다니다 바다가 잠잠하면 부드럽게 흘러가고 큰 파도가 치면 필사적으로 매달리는 것과 같은 모습이다. 날씨가 어떠하든 우리는 구명보트에 구멍이 있는지 늘 확인해야 한다.

아무리 작은 구멍일지라도 천천히 바람이 새어 나가는 바람에 결국 우리는 바다에 빠져 끔찍한 상황에 놓일 수 있다. 그러므로 작은 문제점이라도 빨리 발견해 사태가 더 심각해지기 전에 바로잡아야 한다.

당신이 타고 있는 구명보트의 구멍은 어디에 있는가? 아이를 양육할 때 특정 지원으로 얻는 이점은 무엇인가? 어떤 부분에서, 어떤 방법으로 도움을 받을 수 있는지 생각해보자. 양육 코치, 부부 상담사 혹은 당신과 같은 처지의 부모를 돕는 온라인 커뮤니티 등 다양한 방법이 있을 것이다. 일단 찾아보면 수많은 도움이 있음을 알게 된다.

• **이렇게 해보자**

지원이 필요한 영역의 목록을 만들고 도움을 줄 사람과 미리 연락 해놓자.

다른 사람을 위한 자원이 되어보자

틸트 페어런팅을 설립하기 전부터 내가 친구와 지인에게 주기적으로 받아온 이메일이 있다.

> 우리 친구[형제, 자매, 사촌, 동료]의 자녀가 최근 [특정 진단명] 같은 진단을 받았는데 그들은 [학교, 집, 형제간 혹은 모든 부분에서] 엄청난 어려움을 겪고 있습니다. 그들은 도움을 절실히 바라면서도 어찌할 바를 몰라 막연해하고 있습니다. 그런 상황에서 내가 연락해도 되는 것일까요? 그들은 막다른 상황이고 누구에게 도움을 구해야 하는지도 모르고 있습니다.

이 같은 이메일에 나는 언제나 답을 해준다. 왜냐하면 나는 누구에게 도움을 청해야 하는지, 누구에게 전화해야 할지, 심지어 어디서부터 시작해야 할지 모른다는 게 어떤 기분인지 잘 알기 때문이다. 나는 간단히 전화나 이메일 한 통으로 그들이 느끼는 낙담을 희망으로 바꿔놓을 수 있음을 안다.

상대가 우리의 이야기를 들을 준비가 되어 있지 않을 때도 대화는 필요하다. 나는 대화하는 중에도 아이의 상태를 부정하는 마음이 지배적이라 내 이야기를 대부분 인정하려 들지 않는 부모와도 장시간 대화한 적이 있다. 차분하고 끈기 있게 함께 이야기를 나누는 마음이 중요하다. 이런 마음이 이 길을 걷는 모든 부모에게 필연적인 것이라고 나는 믿는다.

글을 읽거나 쓰는 데 장애가 있고 계산장애, 음성처리장애가 있는 딸을 돕기 위해 필요한 모든 자원을 줄기차게 찾아다닌 티아는 이제 거의 전문가 수준에 가깝다. 그런 이유로 딸의 학교에 새로 전학 온 아이에게 어려움이 닥치면 꼭 티아에게 연락이 온다고 한다. 이러한 관계 맺기가 얼마나 중요한지 알고 있는 티아는 이 역할을 기쁘게 해냈다. 티아는 자신이 경험한 사실을 바탕으로 이야기를 나누고 그들의 고통을 들어줄 뿐 아니라 자신감을 심어주기 위해 애쓴다. 또한 남들과 달리 험난하고 힘들지라도 부모로서의 본능을 믿도록 격려해준다.

서로 다른 경험을 나누는 일은 생각보다 다른 사람들에게 훨씬 큰 도움을 준다. ADHD와 아스퍼거 증후군을 가져 이중으로 예외적이라는 진단을 받은 열아홉 살 청년의 엄마에게 들은 이야기를 여기 소개한다. 이 엄마는 아들의 진단을 처음 들었을 때 받아들이고 싶지 않아 괴로워했는데 그때 이웃에 살던 한 엄마가 알아차리고 다가와 해준 말이 있었다.

"그 엄마의 큰아들도 ADHD 진단을 받았다는 말을 했지요. 그러면서 '알다시피 한동안 힘들 거예요. 그러나 이겨낼 수 있어요'라고 하더군요. 맞는 말이었어요. 누군가가 다가와 '당신이 얼마나 힘든 일을 겪고 있는지 알고 있어요. 하지만 조금씩 괜찮아질 거예요'라고 말해주는 것은 정말 큰 힘을 줍니다."

우리가 어려울 때 간신히 손을 뻗어 도움을 청하는 일이 중요한 만큼, 우리와 비슷한 일을 겪는 다른 부모와 관계를 맺고 도움을 주는 일 또한 중요하다(물론 우리 자신이 어느 정도 준비가 되었을 때 가능한 일이다). 다른 부모가 당신을 찾으면 비대면이든 직접적으로든 대화할 준비를 해야 한다. 중요한 순간에 그들에게 도움을 주는 힘 있는 조력자가 되어보자. 그렇게 도움을 주다 보면 의외로 우리도 혜택을 받는다. 기대하지 않던 보상이랄까?

♀ 관계를 맺는 데 적극 나서자

나는 자칭 '셀프 케어' 중독자다. '팁트 10'에서 보다 자세히 다루지만 우리는 모두 사회적·정서적으로 안정감 있게 살기 위해 주변 사람과 관계를 맺고 세상일에 적극 관여할 필요가 있다. 어쩌면 이것은 힘든 일을 겪은 날 친구에게 전화로 하소연하는 것처럼 자연스러운 일일지도 모른다. 강아지와 산책하거나 와인 한 잔을 마시는 일, 아니면 먼 곳에 사는 친지와 가끔 스카이프로 연락하는 것만큼 간단한 계획일 수도 있다. 다시 말하지만 어떤 도움이든 대대적이어야 할 이유는 없다. 그저 마음을 터놓거나 원할 때 옆에 있어 줄 수 있는 편안한 사람 몇 명만 있으면 충분하다. 그러나 이런 만남이 우연히 이뤄지길 기대하거나 깊은 절망에 빠져 마지못해 찾는 상황까지 기다리면 안 된다. 무엇이든 지금 바로 준비해 규칙적으로 만나는 날짜를 정하도록 하자.

여기서 가상 또는 비대면 커뮤니티의 가치를 간단히 살펴보자. 페이스북에는 많은 단점이 있지만 그러한 플랫폼에는 비슷한 처지에 있는 사람들의 단체방이나 커뮤니티가 넘쳐난다. 메리에게 온라인 커뮤니티는 떼려야 뗄 수 없는 중요한 지원 매체다. 두뇌회로가 다른 세 아이의 엄마인 메리는 이렇게 말했다.

"몇 년 전 멋지고 야무지게 서로 지지해주는 사람들의 모임을 발견했어요. 다행히 그들에게 지속적인 도움을 받았지요."

경험을 공유하고 서로 조언하며 자료를 나눠주는 따뜻하고 안전한 사람들의 모임은 두뇌회로가 다른 아이의 부모에게 절실히 필요하다. 상황이 비슷한 사람들이 모여 서로 도움을 주고받는 단체를 찾아 한두 군데 참여하는 것도 좋을 것이다.

• 당장 시작하자

의식적으로 친구를 만들고 온라인 커뮤니티나 소셜미디어 그룹에 참여함으로써 고립과 단절에서 벗어나도록 나만의 네트워크를 만들자.

Tilt

3

다른 사람들이 무슨 생각을 하든 그냥 놔두자

◦ ◦ ◦

"다른 사람들이 무슨 생각을 하는지 신경 쓴다면

당신은 늘 그들의 포로일 것이다."

_노자

최근 나는 애셔와 함께《앵무새 죽이기》를 홈스쿨링 교육 과정으로 선택해 자아 정체성을 다뤘다. 애셔에게 다른 사람들이 너를 어떻게 인식하는가에 따라 자아 정체성에 어떤 영향을 주는지 질문했더니 아이의 대답은 이랬다.

"그건 제 자아 정체성하고 상관없어요."

애셔는 지나치다 싶을 정도로 자신 있게 말했다. 자기 자신에게 스스로 매우 만족하고 있기 때문에 다른 사람들이 무슨 생각을 하든 신경 쓰지 않는다고 했다. 와! 정말 고마운 일이다.

애셔가 자신에게 이런 감정을 갖고 있다는 사실이 놀라웠다. 청소년 시절 나는 남들이 나를 어떻게 생각할지, 내가 그들의 눈에 어떻게 비칠지, 잘 보이려면 무엇을 해야 할지 늘 신경 썼었다. 만약 내가 다른 사람들이 나를 어떻게 생각하는지 상관하지 않았다면 애셔를 키우면서 전혀 다른 경험을 했을 것이다. 한마디로 지금보다 훨씬 더 나았을 것 같다. 그동안 나는 애셔가 어떤 아이이고 무엇을 하는지 혹은 어떻게 행동하는지 그리고 나는 어떤 부모인지, 남들이 어떻게 생각할지 걱정하느라 시간과 에너지를 헛되이 써왔다.

이러한 일이 내게만 일어나는 것은 아니다. 아이의 식생활을 책임지고 휴대전화나 컴퓨터 사용 시간을 체크하는 일부터 학업 또는 특별활동 참여 같은 영역에 이르기까지 부모가 판단하고 결정해야 하는 모든 일에서 우리는 남들의 시선을 의식하기 십상이다. 이것은 학습장애가 있는 10대 청소년의 엄마가 보내온 이메일에서도 엿볼 수 있다.

"아이의 행동이 창피하고 나를 당황스럽게 만들어서 오히려 지나칠 정도로 아이를 엄하게 키웠어요. 양육에 도움이 될까 싶어 일반적인 미국 엄마들이 아닌 자식을 여럿 둔 엄마나 유럽계 부모와 어울리기도 했고요. 그들이 훨씬 더 온화하다고 생각했기 때문이죠. 그렇게 나는 남의 시선을 너무 많이 의식했어요."

어디에나 예외는 있지만 우리는 대개 남들에게 인정받는 일에 가치를 두고 심지어 그 정도에 따라 성공 여부를 판단하기도 한다.

◦ 우리가 신경 쓰는 이유는 무엇일까?

다른 사람들이 어떻게 생각할지에 신경 쓰는 건 애서에게 낯선 일일지 모르나 대부분의 사람들에게는 익숙한 일이다. 인간은 본능적으로 타인과 관계를 맺거나 어떤 집단에 소속되고 싶어 하는데 이는 남들에게 인정받고 받아들여지길 원하기 때문이다. 인정과 포용은 우리에게 안정감을 주고 자신감도 생기게 한다.

동시에 인정받는 것을 중요시하다 보면 잘못된 결정과 헛된 생각에 빠져들기도 쉽다. 실제로 엉뚱한 것에 초점을 맞추는 사람은 정작 중요한 것을 다 놓칠 수 있다. 가령 아이를 키울 때 다른 사람의 시선을 신경 쓸 경우 아이의 교육은 엉망이 되고 부모는 괴로움을 겪는다. 부모 역할을 하면서 다른 사람의 반응과 생각을 중요시하면 다음의 행동을 하기 때문이다.

- 자신이 지지하는 것에 목소리를 내지 않는다.
- 양육 태도를 정직하게 드러내지 않는다.
- 아이에게 무심코 "넌 뭔가 잘못되었어"라고 지적한다.
- 마음을 다해 양육하기보다 머리로만 한다.
- 후회할 만한 의사결정을 한다.

행동 전문가 라즈 라후나탄은 〈사이콜로지 투데이〉에 사람들은 대부분 남들이 자신을 얼마나 많이(얼마나 나쁘게) 생각하는지에

과하게 반응한다는 기사를 발표했다. 그에 따르면 약간의 걱정은 적절한 행동을 하도록 동기부여를 하지만 걱정이 지나치면 유익하지 않은 결과를 불러온다고 지적했다.

"남들이 우리를 좋아하는지 아닌지 계속 초조하게 눈치를 보며 살면 거기에 급급해하며 불안해하다가 결국 모두가 돌아서게 만든다. 나아가 자아 존중감을 잃고 사회적으로 소외당하는 악순환을 초래한다."

◇ 왜 그냥 내려놓는 일이 어려울까

몇 해 전 직관력이 뛰어난 친구를 알게 되었다. 그 친구는 심지어 내가 어떤 말을 꺼내기도 전에 무슨 생각을 하는지 정확히 알아챘다. 대화를 시작한 지 얼마 지나지 않아 그녀는 내가 사람들이 애셔를 어떻게 볼까 의식하며 걱정한다는 것을 알아채고는 그냥 내려놓는 것이 커다란 삶의 교훈이라고 했다. 나는 부정할 수 없었다. 그녀의 말을 듣고 나는 내가 다른 사람들이 어떻게 생각할지에 집착한 것이 나와 아들과의 관계에 부정적 영향을 끼쳤음을 깨달았다.

그때부터 나는 애셔가 얼마나 다루기 힘든 아이인지 남들에게 설명하는 나 자신을 돌아보기 시작했다. 나는 아이로 인한 힘든 문제 때문에 마음을 열고 이야기하는 것뿐이라고 장담하는 한편,

애셔는 그냥 힘든 아이가 아니라 총체적으로 도전을 던지는 아이라는 걸 알리고 싶은 마음에 부풀려 말했음을 알게 되었다. 이것은 그야말로 다른 사람들이 '알아주기'를 바라는 어리석고 충동적인 감정이었다. 그러면 나를 바라보는 그들의 인식을 내가 통제할 수 있다고 믿었다(적어도 그렇게 생각했다). 누구도 나를 형편없는 부모로 여기는 게 아니라 모든 것을 고려하면 내가 정말로 어려운 일을 훌륭하게 해내고 있다고 생각할 줄 알았다.

애셔를 키우는 나를 남들이 어떻게 생각할지 지나치게 걱정한 일은 나를 부끄럽게 만들었다. 체면 때문에 내가 저지른 몇 가지 예를 살펴보자.

- 주변에 다른 부모가 보고 있으면 애셔에게 눈을 찡그리며 눈치를 주었다. 내가 그들과 같은 교육을 받게 하는 부모라고 생각해 주길 바랐다(즉, 그들의 편을 들었다).
- 다른 부모가 내 어려운 처지를 이해하고 내가 왜 그렇게 행동하는지 알게 하려고 육아 문제를 지나칠 정도로 자세히 설명했다(즉, 나를 더 좋은 사람으로 보이게 하려고 상황을 아이 탓으로 돌렸다).
- 애셔에게 조금도 도움을 주지 않는 방식임을 알면서도 다른 사람들의 생각이 옳다는 것을 보여주기 위해 공개적으로 애셔를 질책했다(즉, 아이의 감정보다 다른 사람들의 시선을 더 중요하게 생각했다).

이외에도 많이 있지만 이 정도로도 무슨 말을 하려는지 짐작할 것이다. 나는 의식 있는 부모는커녕 터무니없는 자의식으로 가득 찬 부모였다. 두뇌회로가 다른 아이들은 이보다 나은 대우를 받아 마땅하다. 불안정한 방식으로 양육하고 아이의 모습을 있는 그대로 받아들이지 않는 태도는 비전형적인 아이의 행동에 손가락질하는 사람들의 대열에 서는 것과 마찬가지다. 우리는 아이들을 있는 그대로 받아들이고 인정해달라고 싸우기보다 인정받고 싶은 우리의 마음을 앞세운다. 만약 다른 사람들이 아이와 나를 어떻게 생각할지 신경 쓰고 있다면 앞으로 그런 걱정은 그만해야 한다.

◇자유로워지자

고백하건대 아들의 장애는 여전히 나를 힘들게 한다. 무엇보다 남들이 애셔가 어느 학교에 다니느냐고 물을 때마다 "애셔는 홈스쿨링을 해요"라는 내 대답을 그들이 어떻게 받아들일지에 예민해진다. 나는 그들이 눈을 깜빡거리거나 대답하기 전에 오랫동안 머뭇거리는 것 같은 미미한 반감 신호도 알아차린다. 내가 급진적인 부모인지 확인하려 하는 눈치도 알 수 있다. 다른 사람의 질문에 예민하게 반응하지 않으려는 내 노력은 아직 미약하고 또 진행 중이지만 나는 그럴 필요가 있다고 확신한다.

이 목표는 진실을 기본으로 한다. 날마다 진정성 있는 태도로 아이를 대하고 자신감과 신념으로 양육해야 한다. 나는 아이스크림 가게 콜드스톤 크리머리 같은 공공장소에서 애셔가 난리를 칠 때도 집에서 하던 것과 똑같은 육아 태도를 보이는 부모가 되기를 원한다. 우리 아이의 비전형성 때문에 절절매며 남들에게 사과하려 애쓰기보다 아이를 든든하게 지지할 줄 아는 부모가 되기를 원한다. 그러면 아이와 부모 모두 만족감을 느낄 뿐 아니라 기존 패러다임을 바꿀 존중과 수용의 자세를 만들어 갈 수 있을 것이다.

당신은 어떨지 모르지만 나는 이렇게 생각한다. 잘 해내려고 전념하되 중요한 것은 자유롭게 흐르는 대로 놔두어야 한다는 점이다. 만약 다른 사람들이 당신이나 아이를 어떻게 생각하는지 지나치게 신경 쓰고 있다면 지금부터 내가 하는 방법을 따라 해보길 권한다. 분명히 기분이 좋아질 것이다. 애니메이션 〈겨울왕국〉의 주제곡을 들으며 큰 소리로 외쳐보자. LET IT GO!

● 돌이켜보자

내 양육 방식이나 선택을 두고 남들이 어떻게 생각할지 얼마나 걱정하는가? 내가 생각하고 느끼고 알고 있는 사실보다 남들의 생각과 의견을 우선순위에 둘 때 내 마음은 얼마나 힘들까? 남들의 생각과 의견을 우선순위에 둘 때 우리 아이는 어떤 영향을 받을까?

신경 쓰이는 부분을 살펴보자

양육 코치 마거릿 웨브와 그녀의 남편은 자폐성장애가 있는 열네 살 아들과 함께 정기적으로 가족 외식을 한다. 일종의 '가족의 날'이다. 이때 아이패드를 가져가 마거릿과 남편이 이야기하는 동안 아이가 테이블에 함께 앉아 있게 하는 데 도움을 받았다. 그럴 때마다 다른 사람들이 쳐다보며 언짢은 표정을 지으면 화가 났다고 한다. 그러나 곧 낯선 사람들의 눈치를 보는 것은 쓸데없는 일이라는 것을 깨달았다. 남들의 따가운 시선은 멈추지 않았지만 마거릿은 상관하지 않기로 했다.

"우리는 항상 타인의 시선을 받지만 우리가 왜 그곳에 있고 무엇을 하고 있는지 분명하니 남들의 시선은 중요하지 않아요. 만약 사람들이 우리를 이상한 부모라고 생각하는 건 아닌지, 우리 아이를 어떻게 생각할지, 우리가 가족을 돌보는 방식을 어떻게 볼지 걱정하는 데 시간과 에너지를 쏟는다면 그건 정말 낭비예요. 그들은 남편과 내가 아들을 돕기 위해 한 팀이 되어야 하는 이유를 알지 못해요. 남들의 반응은 내가 '잠깐! 나 자신과 내 아이를 돌보는 데 더 쓸 수 있는 시간과 에너지를 다른 사람이나 그들의 말과 판단에 쏟고 있는 건 아닐까?' 하고 생각하게 만들어요."

어떤 종류의 판단과 언급, 시선이 당신을 자극하는가? 당신의 선택, 양육 방식, 어려움을 이겨내는 방법 그리고 아이의 행동을 본 다른 사람들의 생각과 판단에(그저 당신의 느낌이든 실제로 그렇든) 얼마나 민감하게 반응하는지 살펴보고 그것이 당신에게 어떻게 영향을 끼치는지 헤아려보자. 다른 모든 것에 앞서 가장 중요한 것은 당신의 정직한 마음이다. 양육에서 다른 사람들의 시선이 내게 어떤 의미가 있을까? 남들의 시선은 우리 아이의 양육과 무슨 상관이 있을까?

이 질문을 곰곰이 생각해보자. 만약 내가 5년 전에 내 마음을 정직하게 들여다봤다면 엄마로서 실패한 온갖 방법을 끝없이 이야기했을 것이다. 스스로 질문을 던지고 솔직해지기 전까지는 달라진 것이 없었다.

당신의 자아를 우선시하지 말자

당신의 자아를 보호하려는 이기적인 마음에서 아이 탓을 한 적 있는가? 만약 그렇다면 앞으로는 새롭고 긍정적인 방법으로 어렵거나 불편한 상황을 헤쳐가겠다고 약속하자. 예를 들어 예전에 한 엄마가 자신은 애셔의 진단을 믿지 않는다며 내가 홈스쿨링을 선택한 것은 과민반응이라고 지적했을 때, 나는 그 엄마의 인정을 받으려고 애셔에게 학교란 마치 '사고로 전복된 기차'와 같다는 것을 상세하게 설명했다. 사실은 그녀의 말을 가볍게 무시했어야 했다. 지금이라면 그렇게 했을 것이다.

다른 사람들이 당신과 당신의 아이를 어떻게 생각하는지 너무 신경 쓴 나머지 모든 것을 자세히 설명하려는 부담을 느낀다면 그런 상황에서 벗어나도록 몇 가지 답을 정해놓는 것도 좋다. 이를테면 우리가 선택한 홈스쿨링을 두고 다른 사람들이 못마땅하게 여기거나 딴지를 걸면 나는 이렇게 말하고 얘기를 끝낸다.

"애셔는 전통학교에서 성공할 수 있는 아이가 아니에요. 홈스쿨링은 우리 가족에게 정말 잘 맞아요."

우리가 선택하고 정해놓은 교육 방법을 두고 왈가왈부할 필요는 없다. 설명도 필요 없다. 그걸로 끝.

다음 단계로 가기 전에 한 가지 더 해야 할 얘기가 있다. 자신의 행동이나 감정이 다른 사람들의 영향을 받고 있다는 것을 어떻게 알 수 있는지 궁금할 것이다. 그것은 간단하다. 우리가 느낀다. 직감적으로 그 불편함을 느낄 수 있다. 구구절절한 변명이 쏟아져 나오는 동시에 이미 우리 마음 안에서는 멈추고 싶어진다. 그런 말을 하고 난 뒤에는 양심의 가책과 뼈아픈 후회로 마음이 무겁다. 그게 어떤 느낌이든 우리는 그것을 안다. 중요한 것은 그 상황에서 좀 더 자유로워지고, (혼자 자책하는 것은 아무 의미가 없으니) 가능하면 빨리 벗어나고, 다음에는 더 나아질 것이라고 스스로를 믿어주어야 한다는 점이다(알다시피 기회는 또 있다).

셀프 점검을 하자

남들의 판단과 시선이 우리에게 어떤 영향을 주는지 알면 우리도 남과 같은 생각을 하고 있을지 모른다는 것을 깨달을 기회를 얻는다. 〈투데이 쇼〉에서 최근 시행한 조사에 따르면 엄마들 중 90

퍼센트 정도가 모유 수유, 아이의 식단, 함께 자는 문제, 스크린 타임, 아이의 반항적 성향 등을 놓고 다른 엄마들의 양육 방법을 알게 모르게 평가한다고 한다.

우리 모두가 그렇다. 다시 말하건대 우리 모두가 똑같이 그렇다. 우리가 누군가를 평가하고 참견하려는 순간을 알아차리는 것은 매우 중요하다. 우리는 절대 다른 가정의 상황을 정확히 알 수 없다는 사실을 깨닫고 이제라도 그런 일을 그만두어야 한다. 다른 사람들이 우리 가족 문제에 개입해 무엇이 최선인지 말해주어도 별로 도움이 되지 않듯 우리도 남들의 선택에 이렇다 저렇다 할 필요가 없다.

그건 우리가 상관할 일이 아니다. 그래서 얻는 것은 무엇일까? 일단 우리가 남들을 판단하려는 본성에 제동을 걸면 다른 사람들이 우리를 판단해도 더는 영향을 받지 않는다. 그건 우리 일이 아니라 그들의 일이다.

친구들에게 솔직하게 말하자

남을 평가하기 좋아하는 사람은 사실 자신이 평가하고 있다는 것조차 모른다. 또 그들 중 일부는 자신의 믿음이나 생각이 잘못된 것이고 오히려 좋지 않은 결과를 낼 수 있다는 사실을 모른다. 그런 무책임한 말에 찔려 상처를 입기보다 연민의 마음으로 그들을 대하는 것이 더 좋다. 바꿔 생각해 그들이 무슨 말을 하고 있는지 스스로 깨닫도록 해줘야 한다. 그들이 하는 말이 어떻게, 왜 도움이 되지 않는지 알려주는 것도 좋다(반대로 무엇이 도움이 되는지도 설명해주면 좋다).

예를 들어 애셔의 행동을 보며 늘 이렇게 말하는 친구가 있었다.

“내가 볼 때 애셔는 아무 문제도 없고 괜찮아. 그냥 네 자식이라서 그럴 거야. 아들들은 원래 다 그래!”

이 친구가 우리 가족이 겪는 어려움을 ‘정상적인 것’이라고 위로해주려는 뜻은 알겠지만 나는 그 말이 부정적인 평가로 여겨졌다. 친구는 내가 과민반응하고 있고, 애셔는 다른 아이들과 특별히 다르지 않으며, 내가 긴장만 풀면 모든 것이 괜찮아지고 다 해결될 것처럼 말하는 듯했다.

처음에는 그냥 넘어가려 했지만 가까운 친구라 이야기하는 것이 좋겠다는 생각이 들었다. 그래서 나는 친구의 말이 내게 어떻게 받아들여지는지 설명하고 앞으로 그런 말을 피해주었으면 좋겠다고 조심스럽게 부탁했다. 친구는 내 말을 정확히 이해했고 더는 문제가 없었다. 어린아이와 마찬가지로 어른들도 모든 것을 정확히 알면 더 잘할 수 있다.

공공장소에서의 어려움에 미리 대비하자

쩔쩔매는 모습은 결코 좋아 보이지 않는다. 그런데 우리는 공공장소에서 아이가 ‘부적절한 행동’을 하거나 나를 혼란에 빠뜨리는 짓을 할 때면 행여나 남들이 쳐다볼까 봐 허둥댄다.

조금만 준비하고 계획을 세우면 심각한 사태를 막을 수 있다.

만약 내가 적절한 계획을 세웠다면 〈미스버스터스MythBusters〉(호기심 해결사. 미국의 대중 과학 프로그램-옮긴이) 라이브 행사에서 애셔가 무대에 불려 올라가지 못했다고 난리를 쳤을 때 좀 더 빠르게 잘 대처했을 것이다(우리는 경험으로 배우는 존재다).

미리 계획을 세울 때는 아이로 인해 어려웠던 예전의 일(언제 다시 일어날지 모르는)을 돌이켜보며 목록을 만든다. 그리고 그런 일이 다시 일어나면 어떻게 대응할지 계획을 세운다. 애셔가 지금보다 더 어렸을 때 사람들 앞에서 떼를 쓰면 내 계획은 언제나 같았다. 아이를 안전한 장소로 데려가 진정되길 기다리면서 책을 읽으며 스스로 마음을 가라앉혔다. 혹시 언젠가 시애틀의 벨뷰 스퀘어 몰 주차장에 서 있던 은색 프리우스 자동차 안에서 한 아이가 난리를 피우는 동안 차에 기대서서 잡지 〈뉴요커〉를 읽고 있던 여자를 보았다면 그건 바로 나다.

질은 이중으로 예외적인 아들이 어렸을 때부터 장소가 어디든, 다른 사람들이 어떤 생각을 하든, 어렵고 당황스러운 일이 벌어지면 무조건 재빨리 빠져나가는 것이 최선의 방법이라고 말했다.

"한겨울에 맥도날드 햄버거 건물의 실내 놀이터에서 신발, 양말, 코트까지 벗고 놀던 아이를 외투도 입히지 않은 채 농구공을 주워 들 듯 번쩍 끌어안고 나와야 했던 적이 여러 번 있었어요. 그런 일이 있을 때마다 나는 습관처럼 말해요. '어떤 일이 있어도 이 순간 나는 내 아이를 위해 최선의 선택을 해야 해. 남들의 이야기를 들어줄 여유가 없어. 나는 그저 내 아이에게 가장 좋은 선택을 해야 해'라고요."

사춘기에 이른 두 딸을 위한 마리의 계획도 간단하고 분명하다. "일단 소란스런 상황이 생기면 아이들에게 말해요. '자, 여기 차 열쇠가 있어. 나가서 차에 에어컨을 켜고 앉아 있으면 내가 곧 갈게.' 두 딸은 소란이 일어나면 무조건 밖으로 나가 차 안에 있어야 한다는 것을 알고 있어요. 아이들도 저도 다 알고 있는 규칙이지요."

놀이터에서 놀던 아이를 데리고 허겁지겁 나오는 일은 쉽지 않고, 아이의 등하교를 도울 때마다 불안한 마음에 눈물이 나기도 하며, 음식점에서 수시로 소란을 피워 편안히 앉아 외식하기도 어렵다. 하지만 우리를 정말 힘들게 하는 것은 아이의 행동 그 자체가 아니라 낯선 사람들의 빈정대는 시선과 모호한 지적이다.

그렇다면 그런 지적을 종이에 적어놓고 대꾸할 말을 솔직하고 과감하게 적어보는 것도 한 방법이다. 계획하고 준비를 갖추면 자신감이 생긴다. 이 경우 남들이 무슨 생각을 하든 상관하지 않는다. 함께 노력하면 서로에게 유리할 것이다. 윈-윈!

• 당장 시작하자

공공장소에서 끔찍하게 당황스런 일이 생겼을 때 자신의 체면을 세우는 일보다 아이의 상태와 감정을 먼저 생각하려는 결심이 필요하다. 어떻게 대꾸하고 행동할지 미리 예측해 계획을 세우면 잘 대처할 수 있다.

Tilt 4

아이의 현실을 거부하지 말고 받아들이자

○○○

"현실과 투쟁해볼 수 있지만 100퍼센트 질 것이다."

_바이런 케이티

홈스쿨링을 시작하고 나서 처음 몇 달 동안은 순조롭지 않았다. 마치 내가 학교에 다니면서 몇 가지 분야를 새로 배우는 것 같았다. 언제 터질지 모르는 아들의 예측할 수 없는 행동과 난리법석은 예정에 없던 쪽지시험이나 과제 같았고 날마다 애셔가 어떤 아이인지 배워 나가는 전일제 학교에 다니는 기분이었다. 첫 학기는 완전히 망했다고 해도 과언이 아니지만 결국 그렇게 배운 것에서 점차 도움을 받았다. 나는 이 모든 과제를 다 해내려 주변 사람들의 도움을 받으면서까지 몰두했다.

다행히 내가 깨달은 것을 믿기 시작하면서 '애셔학 개론Asher 101'

이란 홈스쿨링 과목을 제법 잘 해냈다. 때로는 아무리 험난한 날이라도 그날의 목표를 위해 침착하게 태연한 듯 버텨냈다. 또 다른 날은 '반드시 해야 할 일'과 '해야 할 일'을 모두 내팽개치는 쪽이 더 나았다. 농구에서 언제 '피벗(볼을 잡은 선수가 한 발을 축으로 해서 다른 발로 방향을 옮겨 디디며 기회를 만드는 플레이-옮긴이)'을 해야 하는지 터득하는 것처럼 직관적으로 감정과 생각을 정리하고 계획한 일을 바꾸는 것도 귀중한 배움이었다.

때로는 아주 나쁘게 시작하는 날도 있었다. 가령 전날 밤의 난리법석을 징벌하고자 스크린 타임(컴퓨터나 휴대전화를 들여다볼 수 있는 시간)을 줄이겠다고 선언하는 아침이면 그 순간 모든 것이 엉망진창이 되어버렸다. 그때가 바로 공격 형태를 바꿔야 하는 첫 번째 피벗 타임이었다. 나는 방을 나오면서 애셔에게 마음을 진정하고 서로를 존중해줄 수 있을 때 다시 수업을 시작할 것이라고 말했다. 애셔는 종이학을 포함해 종이접기를 몇 개 하고 나서 다시 수업을 받겠다고 했다. 그런데 상황은 조금 뒤 다시 나빠졌다. 두 번째 피벗 타임이 온 것이다. 나는 내 학생 애셔에게 좀 더 시간을 갖고 진정할 것을 요구했고 애셔는 30분 정도 지난 후 다시 공부하겠다고 돌아왔다. 세 번째 피벗 타임도 있었다. 그날 오후 상담치료를 받으러 2시 정각에 집을 나서야 했는데 시간은 벌써 정오를 지나고 있었다.

결국 '스크린 타임' 문제는 접어두고 수업을 시작하자고 제안했다. 나는 점심식사 준비를 하면서 약간의 쓰기나 수학 문제 몇 개, 짧은 독서 등 아이가 할 수 있는 것을 뭐든 하게 했다. 그리고 그날의 수업 시간표에 따르면 병원을 다녀온 후 수업을 조금 더 해야 한다는 말도 했다. 제안은 잘 받아들여지지 않았다(상담이 끝난 뒤 아이를 데리러 갔을 때 치료사의 표정을 보아하니 상담도 그리 잘된 것 같지 않았다).

병원에서 나와 버스 정류장까지 걸어가는 동안 시속 120킬로미터가 넘는 거대한 폭풍우가 밀려왔다. 우리는 비에 흠뻑 젖고 돌풍과 우박, 천둥, 번개에까지 노출되었다. 네 번째 피벗 타임이 필요했다. 그날은 생각대로 풀리지 않은 하루였고 도저히 계획대로 진행하기 어려웠다. 그래서 그날 수업은 그것으로 끝내겠다고 말했다. 그런 날 할 수 있는 유일한 일은 편한 잠옷으로 갈아입고 따뜻한 차를 마시는 것밖에 없다.

"집에 가서 핫초코 마실까?"라는 말을 꺼내자 애셔는 곧 기운을 되찾았다. 폭풍우를 피해 한시바삐 집에 들어가고 싶은 마음에 우리는 버스에서 내리자마자 한달음에 집까지 뛰어갔다. 비를 쫄딱 맞고 실컷 웃어대며 집을 향해 돌진했다. 현관에 들어서자마자 비에 젖은 옷을 몽땅 벗어던지고 애셔가 포근한 잠옷으로 갈아입는 동안 나는 우유를 데워 핫초코를 만들었다.

애셔는 그날의 나머지 시간을 행복하고 차분하게 보냈다. 즐겁게 마인크래프트 블록 쌓기 게임을 하는 아이를 바라보며 블록을 잘 만든다고 칭찬해주자 신이 나서 고맙다는 인사까지 했다. 나는 안도의 한숨을 내쉬었다. 갈등은 풀렸고 오늘 못 한 공부는 다음 날 만회할 수 있으니 괜찮았다(만회하려 하지 않을 수 있다는 것도 받아들였다). 그때 만약 애서에게 맞춰 조정하지 않고 내 계획대로 밀고 나갔다면 결국 아무런 소득 없이 아이와의 갈등만 더 심해졌을 것이다. 어떤 일에서든 자녀와 부모 모두를 위한 방법을 찾으려 할 때 가장 좋은 결과를 낼 수 있다.

받아들이기 힘든 현실

휘트니는 두뇌회로가 다른 딸의 현실을 받아들이지 못하고 한동안 싸우다가 결국 있는 그대로 받아들이겠다고 마음먹은 순간을 기억한다. 그 일은 아이의 개별화 교육 계획을 위해 처음 회의를 할 때 벌어졌다.

"나와 남편, 아이의 담임교사 그리고 여러 분야 평가자들의 발표를 듣고 난 뒤 회의를 이끄는 담당자가 더없이 친절하고도 격려하는 목소리로 말하더군요. '알고 있겠지만 따님은 정상적인 아이가 아닙니다.' 네, 그래요. 우리 딸이 '정상'이 아니라는, 그 생각을 받아들이는 건 정말 힘든 일이었어요. 그래도 아이가 다른 아이들과 다르다고 해서 아이가 나쁘다는 것을 의미하는 건 아니잖아요. 그저 우리 딸은 다르니까 다른 것이 필요하다는 것뿐이지요. 몇 년 동안 딸을 양육하는 일이 너무 힘들어서 죽을 것 같았어요. 내가 얼마나 힘든지 남들에게 알리고 위로받고 싶었어요."

비전형적인 아이를 키우는 부모가 부딪히는 가장 큰 어려움은 자녀의 현실을 있는 그대로 받아들이지 못하고 싸우려 드는 것이다. 내 아이를 있는 그대로 받아들이겠다고 다짐하고도 어쩌다 보면 좌절에 빠질 때가 종종 있다. 예를 들어 내가 다른 일에 몰두하고 있을 때 갑자기 애셔가 자기 머리에 떠오른 것을 즉시 말해야 한다며 나를 방해하는 경우, 애셔는 원래 그럴 수밖에 없다는 것을 알면서도 받아주기 힘들다. 아이가 그렇게 하는 이유는 ADHD 때문이란 것을 나는 알고 있다. 아이에게 그런 행동은 선택이 아니다. 하지만 나는 아이를 너그럽게 타이르지 않고 꾸짖으며 엄마가 하던 일이 다 끝날 때까지 기다리라고 할 때가 자주 있다. 애셔가 어떤 아이인지보다 무슨 짓을 했는지에 초점을 두고 이를 문제 삼아 언성을 높이기도 한다. 그럼 아이가 제멋대로 하도록 그대로 두어야 할까? 흠, 그건 아니다. 애셔에게 막무가내로 고집을 피우는 충동을 다스릴 방법을 끈기 있게 말해줘야 한다.

우리 아이가 어떤 아이인지 인정하지 않고 맞서면 우리는 아이들을 진심으로 지지해줄 수 없다. 우리는 가끔 아이들에게 필요한 것을 무시한다. 편한 잠자리를 위해 무게감이 있는 담요를 사주거나 영화관에 갈 때 소음을 못 견디는 아이를 위해 이어폰을 챙기는 것을 소홀히 한다. 때로는 아이에게 자주 나타나는 완벽주의 성향에 질리고 만다. 이는 아이들의 있는 그대로의 모습이지만 그것을 비난하고 바로잡으려 한다.

우리 같은 부모 중에는 아이가 다르게 태어난 것을 자기 탓으로 돌리는 사람도 있다. 사실 나도 애셔가 갓난아기였을 때 좀 더 엄마 노릇을 잘했다면 애셔가 신경학적으로 정상이었을지도 모른다고 생각했다. 애셔를 낳을 때 내 몸에 투입한 유도분만 약물 피토신이 아이의 ADHD를 유발한 것은 아닌가 하는 의심도 했다.

그렇지만 이렇게 분명하지도 않은 후회를 하는 것은 그 자체가 아이를 있는 그대로 받아들이지 않겠다는 또 다른 표현일 뿐이다. 우리 아이가 '정상'이기를 바라는 것은 현실을 받아들이지 않겠다는 뜻이자 다름은 곧 '나쁜 것'이라는 케케묵은 패러다임을 인정하는 꼴이다.

자폐성장애 활동가 짐 싱클레어Jim Sinclair는 이런 말을 했다.

"'우리 아이가 자폐가 아니길 바란다'는 말을 하는 부모의 진심은 '내게 자폐아 자식은 아예 없거나 자폐가 없는 아이가 내 자식이었으면 좋겠다'는 것이다. 다시 한번 말하지만 이것은 당신이 속상해서 부르짖을 때 들리는 내면의 소리다. 치료할 수 있기를 원할 때 들려오는 소리다."

◊ 받아들일 때 일어나는 일

우리 각자가 받아들이는 모습은 다르지만 핵심은 현실 인정이다. 자폐 스펙트럼 장애를 가진 아들을 둔 엄마에게 아이의 2학년 여름방학 때 있었던 이야기를 들어보면 알 수 있다.

"내 아이를 100퍼센트 있는 그대로 받아들이고 최선을 다해 아이가 필요로 하는 것에 맞추겠다고 마음을 다졌습니다. 내게는 그 아이 말고도 돌봐야 할 자식이 하나 더 있어서 많이 힘들었지만 그해 여름은 모든 일정을 그 아이의 관심에만 최대한 집중해 정리했지요. 나는 그것이 도움을 주었다고 생각합니다."

내 친구 카미는 자신이 아이들을 위해 뭐든 해내고 아이들이 원하는 대로 뒷바라지할 수 있을 거라고 믿었다. 하지만 비전형적인 아들이 태어나면서 그 믿음은 사라졌다. 카미가 말했다.

"첫딸이 대단히 품행이 반듯하고 사려 깊은 아이였기에 나는 내가 모든 것을 잘해서 그런 줄 알았어. 그런데 둘째가 태어나자 내가 통제할 수 있는 게 아무것도 없는 바보라는 사실이 분명해졌지. 가장 힘들었던 건 둘째 아이를 위해 내 모든 것을 바꿔야 한다는 것이었어. 첫아이와 완전히 다른 방식으로 대해야 했고 아들에게 아무것도 기대할 수 없었지. 그저 아이가 갖고 태어난 그대로의 모습으로 자라도록 해야 했던 거야."

부모가 거부하거나 맞서지 않고 현실을 그대로 받아들이면 갑자기 모든 것이 쉬워진다. 그제야 아이는 '네가 잘못했다', '실망스럽다', '답답하다'는 소리를 듣지 않고 지금 그대로의 자신을 받아들일 수 있다. 시간이 갈수록 아이는 더 자신감을 얻고 성장하면서 부족한 부분을 키우려는 용기를 내는 동시에 자신의 장점도 알아차리기 시작한다.

《따라잡을 수 없는 영리한 아이들Bright Kids Who Can't Keep Up》을 쓴 작

가이자 처리속도장애 전문가인 엘런 브라텐Ellen Braaten은 처리속도가 느린 자녀를 도와주는 방법을 이렇게 제안한다.

"3A, 즉 인정해주기Accept, 품어주기Accommodate, 편들어주기Advocate."

실제로 처리속도장애는 나아질 방법이 없는 분야다. 무엇보다 중요한 것은 '인정하기'다. 받아들여야 한다. 엘런은 이것 하나만으로도 많은 것이 달라진다고 했다. 예를 들어 아이가 신발을 신고 문밖으로 나가기까지 10분 정도가 필요하다는 것을 인정하고 기다려주면 훨씬 더 침착할 수 있을 뿐 아니라 우리가 짜증낼 이유도, 아이가 기죽을 이유도 없다. 그리고 부모와 자녀 사이도 긍정적이면서도 존중하는 관계를 유지한다.

• 돌이켜보자

내 아이의 어떤 면을 완전히 받아들이지 못하고 있는가? 신경다양성과 관련된 내 편견은 무엇인가? 혹시 언젠가 내 아이에게서 '떨어져 나가기'를 바라는 아이의 문제, 특성, 모습이 있거나 아이가 '정상'이 되는 날을 은근히 바라고 있지 않은가?

맘껏 슬퍼해도 괜찮다

아무리 사고방식이 현실적이어도 축구경기, 피아노나 댄스 발표, 웅변대회, 가족모임, 우등생 수상식, 동창모임에서 자신의 자녀가 잘하는 것을 꿈꾸지 않는 부모는 없다. 의심할 여지없이 모든 부모가 그럴 것이다. 그러나 어느 순간 그들 중 다수가 그들이 희망한 것과 전혀 다른 실제 결과를 접한다. 한술 더 떠서 비전형적인 자녀를 둔 부모는 아이의 특성상 어떤 선택권은 아예 주어지지도 않는다고 느낀다.

남들은 기대할 수 있는 이런 희망조차 품지 못하는 현실이 정말 슬프다. 이 표현이 지나치다고 생각할지도 모르지만 내가 볼 때는 딱 들어맞는 말이다. 꿈꾸던 것과 정반대로 흘러가는 인생 앞에서 아무런 죄의식 없이 슬퍼할 수 있는 시간과 장소를 만들어보자.

바로 지난주에 있었던 일이다. 카페에 앉아 일을 하다가 창밖을 내다보았다. 카페 앞 광장에서는 애셔 또래의 아이들이 방과 후에 술래잡기를 하며 놀고 있었다. 그 광경을 하염없이 바라보면서 나는 어릴 적의 숨바꼭질과 나무에 오르던 기억, 스케이트보드를 타며 동네를 누비던 순간을 떠올렸다. 그러다 문득 애셔에게는 그런 어린 시절이 없었고 앞으로도 없다는 생각이 (또다시) 떠올라 늘 그렇듯 가슴이 찢어지는 슬픔이 북받쳐 올랐다. 나는 그 슬픔을 억지로 참기보다 그대로 인정하고 오히려 받아들였다.

미셸은 두뇌회로가 다른 여덟 살 된 사내아이의 엄마다. 그녀는 아들의 현실을 인정하고 받아들이는 한편 슬픔이 북받치면 맘껏 슬퍼했다. 한번은 아이가 파티에 초대받아 참석했다가 다른 아이들과 잘 맞지 않는다며 돌아가겠다고 해서 마음이 아팠지만 일찍 나와야 했다. 그런데 그날 파티장소에서 나온 아이는 갑자기 길 건너편에 있는 분수(당시 그 집 아들은 특별히 분수에 관심이 많았다)를 보더니 얼굴이 환해지며 행복해했다.

"사실 나는 아이의 교우 관계를 대단히 소중하게 여겼는데… 내 말은… 내게는 그런 것이 인생에서 가장 중요한 것이었는데, 생명도 없고 움직이지도 않는 분수 같은 것에 그토록 큰 의미를 두고 있는 우리 아이의 상태가 너무 속상했어요. 그런데 그때 모든 사람이 내 생각과 같을 수는 없다는 것을 깨달았어요. 집으로 돌아가는 내내 한참을 울고 또 울었지요. 뭐라고 설명할 수는 없지만 그날의 일은 내게 정말 충격적이었어요."

두뇌회로가 다른 아이들이 남과 달라서 슬픔을 느끼는 때는 언제인가? 아들과 딸의 인생에서 무엇을 보았기에 지금 그토록 슬픈 것인가? 아이의 인생에서 당신이 궁극적으로 펼쳐주려 한 꿈은 무엇인가? 슬픔을 느끼거나 당신이 원하는 대로 되지 않아 슬퍼하는 것은 부끄러운 일이 아니다. 현실을 제대로 보고 있음을 표현하면 오히려 우리를 짓누르는 슬픔을 떠나보내고 현실을 좀 더 받아들이는 데 도움이 된다.

현실과 맞서야 할 때를 아는 것

양육 코치인 안젤라 푸르이스의 딸은 비전형적인 아동이다. 안젤라는 딸의 굳은 신념과 결단력, 강인한 성격 때문에 아이를 통제할 방법이 없다는 것을 일찍부터 알고 있었다.

"내가 아이에게 기대한 비전과 실제 아이의 본성을 따로 떼어 놓고 보기 시작하자 아이의 성격과 기질을 알아보는 것을 넘어 그 특성들을 북돋워주고 받아들일 수 있었어요. 내 인생의 연장선이 아닌 아이만의 인생길에서 아이의 독특한 면을 보니 서로 부딪치기보다 함께 무엇이든 헤쳐 나갈 수 있었죠. 그리고 모든 새로운 가능성이 열렸어요."

원치 않는 현실에 대항하는 것은 지극히 정상이고 인간적이다. 그렇다면 우리가 일관성 있게 맞서고 싶어 하는 것은 무엇인가? 우리가 못 보고 있는 것은 무엇이며 또 절대 받아들일 수 없는 것은 무엇인가? 그것을 알아보는 한 가지 방법은 아이의 행동, 기질, 성격을 두고 "절대 ~해서는 안 돼"라는 말로 꼬투리를 잡는 상황을 잘 관찰하는 것이다. 반대로 행동, 기질, 성격을 놓고 "(그러)해야 한다"는 잔소리를 하는 경우도 마찬가지다. 예를 들어 남편은 "애셔야, 게임을 끝낼 때 그렇게 화를 내면 안 돼"라거나 "어른이 그만하라고 하면 그만해야 한다"라고 말한다. 그러면 나는 남편에게 "그건 그렇지. 하지만 아이가 말도 안 듣고 화만 내잖아" 아니면 "애가 그만두지 않잖아"라고 대항한다. 이 모든 것은 남편이 원하는 대로 "해야 한다"는 것과 정반대로 실제 벌어지는 현실이다.

우리 가정에서는 이런 식의 싸움이 일어난다.

또 다른 예로 나는 애셔가 긍정적인 행동을 할 때 보상하는 것을 좋아하지 않는다. 아이의 내면에서 자발적으로 동기부여가 일어나기보다 외적 조건에 큰 비중을 둘 수 있어서다. 반면 애셔의 치료사는 내 생각과 다르다.

"무슨 뜻인지 이해하지만 그래도 이 방법은 애셔 같은 아이들에게 효과가 있어요. 이렇게 해야 부정적인 행동을 멈추게 할 수 있어요."

현실 속에서 벌어지는 또 하나의 전쟁이다.

지금 가장 중요한 문제가 무엇인지 생각해보자. 그 민감한 문제에 트위터 피드에서 유행하는 해시태그, 즉 '#현실 속의 전쟁'으로 표시해두자.

● 이렇게 해보자

한 번에 한 가지씩만 고쳐 나간다. 아이로 인해 좌절하고 무력감이 드는 순간을 일부러 찾아내 그것을 감싸주거나 받아들인다.

관점 바꾸기

아동발달학자이자 작가인 알피 콘은 그의 대표작 《자녀교육, 사랑을 이용하지 마라》에서 부모는 대부분 자녀가 있는 그대로 표현하기보다 순응하는 것에 더 큰 가치를 둔다고 강조한다.

"우리 사회는 어린이들이 지닌 관심이나 창의성, 높은 호기심

보다 단순히 말을 잘 듣고 품행이 바른 아이로 자라기를 바라는 경향이 있다."

콘의 책은 특별히 신경학적으로 남과 다른 아이를 양육하는 부모를 위해 쓴 것은 아니다. 그러나 처음 그 책을 읽었을 때 내면 깊은 곳에서 어떤 변화가 일어나며 나와 남편이 매일 '바로잡으려고' 애쓰는 애셔의 행동을 다시 생각하기 시작했다. 우리는 애셔를 독립적인 한 인간으로서 존중해주기보다 우리가 적절하다고 여기는 방식으로 행동하도록 가르쳐온 것이었다. 예를 들면 "네가 잘 듣고 있다는 걸 우리가 알도록 나를 쳐다봐줄 수 있겠니?" 하는 식이다.

남편과 나는 경직된 사고방식에 갇혀 우리가 생각하는 방향으로 양육한 셈이었다. 사실 애셔에게는 '잘 듣고 있다는 걸 보여주기 위해' 사람의 눈을 똑바로 쳐다보는 것이 어려운 일이다. 실제로 그 행동은 많은 집중을 요구한다. 따라서 눈을 마주치는 것 외의 어떤 것에도 주의를 기울이기 어려워 정작 말하는 내용에는 최소한의 집중만 가능할 뿐이다.

우리를 짜증나게 하는 아이의 행동을 적어보자(방해하는 행동을 하고, 안절부절못하고, 한없이 꾸물대고, 과잉반응을 하고, 큰 소리로 소란을 피우는 등). 그리고 관점을 바꿔보자. 의식적으로 잘하려 하지 말고 우리 애가 본래 가지고 태어난 것을 받아들이겠다고 선언해보자. 우리의 관점을 바꿀 때 아이들이 본래 타고난 모습을 제대로 바라볼 수 있다. 넓게 전체적으로 보면서 그리 중요하지 않은 임의적 사회규

범을 따르기를 기대하지 말자. 어떤 문화권에서는 상대방의 눈을 똑바로 쳐다보고 말하면 무례한 것으로 받아들인다.

우리가 관점을 바꿀 때 아이는 '방어 모드'로 지내는 시간을 줄이고 더 많이 안전함을 느끼며 본래의 자기 모습으로 시간을 보낼 수 있다. 알피 콘의 책에 쓰인 그대로 "중요한 것은 우리가 무조건 아이들을 사랑한다고 믿는 게 아니라 아이들이 그런 사랑을 받고 있다고 느껴야 한다는 것이다." 이를 위해서는 우리가 거는 기대의 관점을 바꿔야 한다.

• 이렇게 해보자

아이의 장점을 강조하면서 아이에게 이야기를 적절하고 효과적으로 조금씩 해보자.

적극 인정하기

나는 내 팟캐스트에 출연한 아동발달학자 로빈 실버만과 함께 처음 만나는 사람에게 우리 아이 이야기를 하는 게 얼마나 힘들고 잘하기 어려운 일인지 대화를 나누었다. 우리 중 많은 사람이 아이가 받은 진단으로 이야기를 시작하는데 그건 마치 우리 아이가 어떤 종류의 아이인지 규정하는 것으로 들릴 수 있다. '우리 아이에게 불안장애가 있어요', '우리 아이에게 심각한 시각처리 문제가 있어요', '우리 아이는 격렬하게 감정이 폭발할 수 있어요' 등은 모두 아이를 규정한다.

문제는 우리가 이렇게 말할 때 중요한 것을 놓친다는 점이다. 미국 우주비행사 스콧 켈리를 이야기하면서 그가 얼마나 나쁜 학생이었는지, 얼마나 심하게 부주의하고 산만했는지, 얼마나 아슬아슬하게 가까스로 고등학교를 졸업했는지 말하고는 갑자기 마지막에 생각난 듯 "오, 그는 우주비행사인데 최장 기간 우주 공간에 체류한 기록을 보유했어요"라고 보도하는 뉴스가 얼마나 우스울지 상상해보자.

우리는 흔히 아이의 부족한 부분을 먼저 말하기 시작한다. 또 부족한 것을 중심으로 세상을 바라보는 방식에 익숙하다. 그것은 남들이 우리 아이를 어떻게 생각하는가에 영향을 줄 뿐 아니라 아이의 장점을 진실하게 보고 감사하며 양육하는 것을 방해한다. 실버만은 이렇게 말했다.

"아이들의 장점을 먼저 꺼내는 것이 좋습니다. 심지어 아이들이 힘든 일을 겪고 있을 때조차 그렇게 하십시오. 긍정적인 것부터 시작하세요. 우리 아이는 믿어지지 않을 정도로 궁금증이 많아요. 두뇌가 탐험가 같아서 여기저기를 둘러볼 때면 제일 먼저 무언가를 찾아내고 다른 사람들도 찾도록 도와주지요. '우리 아이에게는 무언가를 찾아내는 멋진 감각이 있어요' 하고 말입니다."

우리가 세워야 할 목표는? 아이의 독특한 두뇌회로를 적극 인정하고 받아들이는 것이다. 아이는 있는 모습 그대로 존중받아야 할 존재이며, 존재만으로 특별한 선물이다.

● 당장 시작하자

아이의 독특한 두뇌회로와 관련해 특별히 거슬리거나 짜증나게 하는 습관 혹은 행동을 찾아내 그것을 진심으로 받아들이고 반응하겠다고 다짐하자(물론 때론 무대응이 가장 좋은 상황도 있다).

Tilt

5

두려워하지 말고 아이의 가능성을 바라보는 부모가 되자

○○○

"사랑은 우리가 가지고 태어난 것이고, 두려움은 우리가 여기서 배운 것이다."

_메리앤 윌리엄슨

이제 두려움을 이야기해봐야 하지 않을까? 두려운 마음으로 자녀를 양육하면 달라지는 것 없이 결국 아이를 확실하게 가둬놓고 만다. 이는 틸트가 근본적으로 추구하는 것과 상반된다. 우리 아이들과 가족, 사회를 위해 두려움이 우리를 망치는 것을 두고 볼 수는 없다.

닐 도널드 월시는 그의 베스트셀러 《신과 나눈 이야기》에서 이렇게 말한다.

"인간의 모든 행동은 감정의 가장 깊은 수준에 있는 두려움과 사랑에서 시작된다. 사실 영혼을 표현할 수 있는 말은 오직 이 두

가지 감정밖에 없다. 두려움은 우리의 모든 것을 감추고, 사랑은 우리가 가진 모든 것을 다 드러낸다. 두려움은 우리가 가진 모든 것을 움켜쥐게 하고, 사랑은 모든 것을 내어준다. 두려움은 얽어매고 사랑은 소중하게 여긴다. 두려움은 움켜쥐지만 사랑은 내려놓는다. 두려움은 괴롭히고 사랑은 달래준다. 두려움은 상처를 남기는 반면 사랑은 우리를 변화시킨다."

책을 읽은 지 20년이 넘었는데도 이 구절은 결코 잊을 수가 없다. 돌아보면 그때 나는 닐의 이론이 맞는지 확인해보고 싶은 마음이 컸다. 이제 와서 보니 그의 말은 정확히 들어맞았다. 두려움을 바탕으로 한 결정은 결코 내가 찾는 결과를 준 적 없는 반면, 사랑과 가능성을 보고 선택한 일은 비록 떨리긴 했지만 언제나 의미 있는 방식으로 내게 도움을 주었다. 그때부터 나는 결혼과 직장 문제, 해외 이주, 아이를 갖는 것 같은 중요한 일은 물론 커피 한 잔의 초대에 응하거나 프리랜서 프로젝트 계약서에 서명하는 사소한 일에 이르기까지 어떤 결정을 내려야 하는 순간이면 늘 내 동기가 무엇인지 확인하는 습관이 생겼다. 나이가 들수록 마음이 말하는 소리에 귀를 기울이고 거기에 따르는 방법을 배워왔다. 닐의 진정성 있는 이 의견은 내 삶에 계속 도움을 주고 있다.

그렇다 해도 두뇌회로가 다른 아이를 키우는 일은 사랑해서 하는 일조차 제동을 걸게 만들었다. 만약 아이에게 맞지 않는 학교를 선택한 것이면 어쩌지? 만약 진단 결과가 틀린 것이면 어쩌지? 이처럼 수백만 번의 '만약'은 매일 밤 나를 괴롭혔고 그 두려움으로 나는 점점 더 한계를 느꼈다.

이것이 독특한 아이를 키우는 많은 부모가 살아가는 모습이다. 나는 두려움으로 살아가는 인생이 얼마나 부담스럽고 고통스러운 것인지 깨달았다. 그렇지만 그것이 우리의 현실이다. 세상에는 두려움에 가슴이 꽉 막혀 답답하고 마치 거대한 돌덩이에 찍어 눌리는 듯한 느낌으로 살아가는 수많은 부모가 있는데, 그들에게 받는 수백 통의 이메일 내용은 거의 비슷하다.

- “내 딸에게 독립해서 살아갈 능력이 없을까 봐 걱정이에요. 우리 아이는 무슨 일이든 제대로 해내려면 아직 멀었거든요.”
- “아직 벌어지지도 않은 일을 미리 걱정하고 있는 줄 알지만 어쩔 수 없어요.”
- “새 학년이 시작되면 학교 가는 날을 어떻게 설명해야 할지 난감해요.”
- “세상 그 무엇보다 우리 딸을 사랑하지만 알 수 없는 모든 것이 그저 두려워요.”

이것이 무슨 말인지 나는 알고 있다. 우리 아이들에 관한 한 이런 종류의 고통은 현실이기 때문이다. 내 말은 겁나는 일이 너무 많다는 뜻이다. 예를 들면 이렇다.

- 내가 우리 아이를 망치고 있는 것은 아닌가?

- 우리 아이가 그 일을 해낼 수 있을까?
- 나는 아이에게 충분히 도움을 주고 있는가?
- 아이에게 들어가는 과외비나 상담료, 그 밖에 다른 비용을 감당할 수 있을까?
- 만약 내가 직장을 그만두면 아이의 특수학교 등록금은 어떻게 해야 하나?
- 내가 일에서 실패하면 우리 가족은 어떻게 될까?
- 우리 아이는 과연 고등학교나 제대로 졸업할 수 있을까? 대학에 갈 수 있을까? 직장에 다닐 수 있을까?
- 아이가 성장해서 어른이 되면 무슨 일이 일어날까?
- 아이에게 맞는 직업이 있기는 할까?
- 평생 이렇게 지금처럼 힘들까?

우리는 종종 전혀 알지도 못하는 미래까지 걱정하는 자신을 발견한다. 어느 엄마가 보내온 편지를 보자.

"아이가 어떤 모습으로 성장할지 걱정하는 것은 현재의 삶을 방해할 뿐 아니라 모든 불안의 근원이 되고 있어요. 실제로 아이의 불안장애는 나아지고 있는데 오히려 나는 그렇지 않아요. 당장은 상황이 좋아졌지만 언제 다시 나빠질지 몰라 살얼음판을 걷는 것 같아요. 마치 롤러코스터를 탄 것처럼요. 또다시 눈앞에 급경사나 급커브가 나타날 것 같아요."

부모는 자녀에게 어떤 일이 벌어질지 몰라서 어떤 선택을 해야 할지, 다음에는 또 어떤 일이 일어날지 걱정하며 두려움으로 괴로워한다. 그런 걱정은 전혀 이로울 게 없다. 두려워하며 아이의 인생을 바라보면 자신만의 멋진 방법으로 세상을 뒤흔들 수 있는 하나의 독립된 인격체로서 아이를 대하는 게 아니라 그 아이가 받은 진단명이나 병명 속에 아이를 가두고 만다.

두려움은 우리를 꼼짝 못 하게 하고 불안과 걱정으로 물들이며, 이미 대단히 민감하고 불안해하는 아이들 역시 자신을 점점 더 부정적으로 느낀다. 이 부정적 에너지는 아이가 자신의 잠재력을 발견하고 경험할 수 있는 기회를 없애버린다. 이는 생각하는 대로 일이 벌어진다는 자기 충족적 예언의 본보기다.

가능성의 힘

닐 도널드 월시는 두려움의 반대편에 사랑이 존재한다고 했다. 여기에 더해 나는 두려움을 대체할 만한 또 다른 단어를 소개하고자 한다. 자녀가 잘되도록 도와주는 것에 한계를 느끼는 부모에게 변화를 가져다주는 단어는 바로 '가능성'이다.

에밀리 디킨슨은 달콤하고 사랑스러운 그녀의 시 '나는 가능성 안에서 살아간다'에서 시인으로서의 무한한 본성을 다뤘다. 여기에 쓰인 네 단어, 즉 'I Dwell in Possibility'에서 우리는 강한 긍정의 힘을 느낀다. 가능성 안에서 살 때 걸림돌이란 없기 때문이다.

두려움이 아닌 가능성 안에서 살 때 우리는 어디에도 얽매이지 않고 우리가 무엇을 할 수 있을지 희망을 품는다.

작가이자 라이프 코치인 앨리슨 카르멘Allison Carmen도 그녀의 저서《'어쩌면'이 준 선물The Gift of Maybe》에서 비슷한 감정을 제시한다. 이 책에서 그녀는 '어쩌면'을 일상적으로 사용한 결과 모든 상황이 어떻게 변했는지 썼다. 나는 팟캐스트 방송에서 앨리슨과 인터뷰를 했는데 그녀는 이렇게 설명했다.

"내가 무슨 생각을 했든, 무엇을 계획했든, 무엇을 걱정했든 실제로 벌어지는 상황은 그것과 다른 경우가 많아요. 아주 단순하지만 '어쩌면'이라는 아이디어는 잘 풀리지 않는 우울한 인생을 살아가는 당신에게 더 나은 상황이 있음을 알려줄 거예요. '어쩌면 더 잘될 수도 있어', '어쩌면 내가 답을 모를 수도 있어', '어쩌면 모든 것이 다 괜찮을 수도 있어' 하고 말이에요."

네덜란드로 이주한 지 얼마 되지 않았을 때, 애셔는 우리처럼 미국에서 암스테르담으로 온 심리학자 케이트 버거Kate Berger의 도움을 받아 새로운 삶에 적응하기 시작했다. 애셔가 본격적으로 상담을 받기 전 나는 상담을 준비하기 위해 케이트를 미리 몇 번 만났다. 나는 그녀에게 암스테르담에서 두뇌회로가 다른 자녀를 키우는 외국인 부모들은 어떻게 아이가 새로운 삶에 적응하게 하는지 물었다.

"그런 부모들은 어디에 있는 학교를 선택해요? 주로 어디에서 시간을 보내나요?"

잠깐의 침묵 후 나는 다시 "나와 같은 부모들은 어디에 있나요?"라고 물었다. 지금 생각해도 그 이유를 잘 모르겠지만 케이트의 대답은 지금도 내 마음속에 남아 있다. 그녀는 비전형적인 아이를 키우는 부모는 대부분 아예 해외로 이주하지 않는다고 대답했다. 큰 변화와 함께 다가올 불확실성을 굉장히 두려워하기 때문이라고 했다. '어쩌면 잘될 수도 있어'라는 마음의 소리보다 두려움이 더 큰 것이다.

빙빙 돌려 말하지 않겠다. 아이에게 가장 큰 도움을 주려면 두려움에 이끌려 결정하는 일을 멈춰야 한다. 그럼에도 불구하고 가장 힘든 것은 두려움 없이 '사랑'과 '가능성'을 믿고 앞으로 나아가는 일이다(아이러니하지 않나?). 여러모로 두려움에 무릎 꿇는 일이 그나마 안전하다고 생각해서다. 두려움은 이미 우리가 알고 있는 변수다. 전혀 사실이 아니지만 두려움을 선택하면 마치 우리가 상황을 통제하는 것처럼 느낄 수 있다.

사실상 두려움 때문에 뭔가를 결정하고 나면 마치 그때 우리에게 선택의 여지가 없었던 것처럼 느낀다. 'X를 원하면 Y를 해야 한다'는 것처럼 말이다. 가령 '집중하는 법을 배우지 않으면 우리 딸은 인생에서 실패할 거야', '힘들어도 일을 계속하지 않으면 우리 아이의 치료비를 감당할 수 없을 거야', '내가 지금 아이 편을 들면 우리를 프로그램에서 쫓아낼지도 몰라' 등이 있다. 부모가 자신의 두려움이 무엇인지 알아내는 한편 사랑과 가능성을 선택할 경우 인생에 얼마나 많은 선택이 있는지 깨달을 것이다.

● 돌이켜보자

나와 아이의 인생 전반에 걸친 결정을 할 때 두려움을 우선시하는가, 아니면 잘될 가능성을 믿고 하는가? 내 아이에게 이익을 주거나 더 나은 도움을 줄 것 같은데도 불구하고 두려움이 앞서서 결정하지 못한 적이 있는가? 아이의 양육 방식을 결정할 때 미래를 걱정하면 무엇이 달라질까?

Embracing the Tilt
• 틸트 적용하기 •

모든 것을 탁자 위에 펼쳐보자

케이틀린의 딸은 양치질하기를 정말 싫어했다. 아무리 좋은 선물이나 예쁜 스티커를 주어도, 심지어 여러 종류의 예쁜 칫솔과 치약을 건네도 아이의 습관은 바뀌지 않았다. 아이가 이를 닦게 하려고 온갖 짓을 다 했지만 네 살이 되어도 여느 때와 마찬가지로 "칫솔질 안 해!"라고 했다. 그래도 케이틀린은 차분하게 칫솔에 치약을 짜주고 돌아섰는데 아이는 평소처럼 잔뜩 화가 나서 칫솔로 자신의 팔을 찌르고 있었다.

너무 화가 나고 도저히 어찌할 수 없는 지경에 이른 것 같다는 느낌이 드는 순간, 케이틀린은 그 '화'의 상당 부분이 두려움에 뿌리를 두고 있음을 알아차렸다. 하나는 강제로라도 이를 닦게 하지 않으면 아이의 이가 썩을 거라는 두려움이었고, 다른 하나는 아이가 폭력적인 사람으로 자라지 않을까 하는 두려움이었다. 이 두려움을 알아챈 케이틀린은 마음속 소용돌이를 제어했고 그 상황을 그저 아이가 이 닦기를 좋아하지 않는 것뿐이라고 받아들였다. 아이는 아직 분노와 절망을 적절히 표현할 줄 몰랐고 엄마가 왜 화를 내는지 이해하지 못해 속수무책이었을 것이다.

케이틀린처럼 우리의 두려움을 좀 더 분명히 알면 그런 상황에서 어떻게 대응해야 할지 더 좋은 방법을 찾아낼 수 있다. 자, 이제 모든 것을 탁자 위에 펼쳐놓자. 아이와 관련해 가장 두려운 것은 무엇인가? 지극히 비이성적이고 악몽을 꾸게 하는 생각이나 상황에서 최악의 시나리오는 무엇인가? 그 무시무시한 생각을 아예 피하고 싶겠지만 나는 오히려 그 반대다. 그런 일은 마음속에서 꺼내놓아야 한다. 그것을 말하고 글로 쓰는 일에 익숙해져야 한다. 두려움을 안고 살아갈 길을 찾는 것은 불편하지만 그것과 동맹을 맺을 필요가 있기 때문이다. 앞으로는 두려움을 절대 끊으려야 끊을 수 없는 과거, '다시 볼 일은 없겠지' 하는 순간 다시 튀어오르는 뾰루지 같은 것으로 받아들여야 한다. 반복해서 계속 나타나는 두려움을 환영하거나 축배를 들라는 뜻은 아니다. 그것을 곧바로 알아채고 두 눈으로 뚫어지게 쳐다보며 '보고 있으니 사라지라'고 명령해야 한다는 뜻이다.

나는 상담사이자 작가인 친구 케이트 스워보다에게 두려움과 맞설 때 도움을 줄 만한 이야기를 들려달라고 한 적이 있다.《나는 생각보다 용감하다》를 쓴 케이트에게는 두려움과 관련해 효과적인 의견이 있을 것 같았다.

“사람들은 대체로 두려움을 피하거나 달래거나 아니면 두려움과 정면충돌해. 아예 넋이 나가거나, 두려움을 느끼며 이유를 따지거나, 사라지라고 당당히 맞서기도 하지. 두려움은 논리가 없는 원초적 본능이라 일단 몸이 반응하니까 처음에는 몸으로 상대해야 해. 그런 다음 두려움 때문에 나타나는 모든 것을 물리쳐야 하지. 우선 잠깐 정신을 차리고 두려운 느낌을 어찌해보려는 생각도 하지 말고 깊게 심호흡을 해봐. 다음 단계로 마음을 다해 두려움의 소리를 들어보는 거지. 이때 두려움에 매이거나 그것이 사실일 수 있다는 착각을 하면 안 돼. 우리의 두려움이 말해주듯 모든 일에는 잘못될 가능성도 있으니까. 두려움 때문에 결정한 일은 다 다시 생각해봐야 해. ‘아이가 내 말을 듣지 않으면 모든 일이 걷잡을 수 없을 거야’라는 생각을 바꿔 ‘그래, 우리가 어떻게 하면 좋을지 끝까지 해보자’라고 마음을 먹는 거야. 기억해야 할 것은 이런 일은 누구도 하룻밤 사이에 가능하지 않으니 꾸준히 해야 한다는 것이지. 끝으로 사람들과 새로운 관계를 맺는 것이 얼마나 중요한지 강조하고 싶어. 우리가 홀로 격리되어 있으면 두려움은 더욱 커지거든. 지독히 견디기 힘든 상황에 있는 부모는 오직 우리만 그 일을 겪는다고 생각하거나, 우리가 이렇게 몸부림치는 것을 혹여 남들이 알면 어쩌나 하며 비참해할 수도 있어. 사실 모든 부모는 간혹 자녀에게 잘못된 교육을 하거나 실수할 수 있거든. 마음을 열고 그런 문제를 다른 부모들과 이야기해보는 것이 계속 같은 좌절을 반복하는 것보다 나을 거야."

● **이렇게 해보자**

아이를 양육하며 주기적으로 솟구치는 두려움을 틈틈이 기록해서 '가장 큰 두려움' 목록을 만들어보자. 써보는 것만으로도 거의 즉시 두려움의 영향이 줄어들고 있음을 경험할 수 있다.

'아, 이럴 수가'라는 생각에서 돌아서자

최근 나의 가장 큰 두려움은 홈스쿨링을 하다가 특별히 운이 없는 날 생기곤 한다. 그런 날은 어김없이 두려움을 안고 '이중으로 예외적인 아동의 홈스쿨링' 혹은 '아스퍼거 증후군을 가진 영재아동의 홈스쿨링'을 검색한다. 그러다 내가 애셔를 망치고 있다는 생각이 들면서 두려움의 소용돌이에 말려들기 시작한다. 한참을 헤매다 그것은 단지 두려움일 뿐이라고 생각을 바꾼다. 다시 마음을 가다듬고 운이 좋지 않은 날은 애셔가 자신을 더 많이 배우는 시간, 어려움을 견뎌보는 시간, 나도 아이와 함께 문제해결 방법을 알아채는 기회의 시간일 수 있다고 받아들이는 것이다. 어쩌면, 정말 어쩌면, 운이 나쁜 날은 실제로 운이 좋은 날의 다른 모습일 수도 있다.

'아, 이럴 수가!'라는 생각이 든다면 그것은 두려움에서 시작된 것이다. 예를 들어 '아, 이럴 수가! 우리 아들은 앞으로 절대 일반 학교에 다닐 수 없을 거야!', '아, 이럴 수가! 우리 애는 아직도 친한 친구가 없어!', '아, 이럴 수가! 우리 애는 아직 책을 한 권도 끝까지 읽지 못해!' 등이 있다.

이러한 생각에서 돌아서고 싶다면 '어쩌면' 혹은 '아마도' 같은 단어를 써서 하나의 가능성을 바탕으로 상황을 새롭게 보는 방법을 선택하자. '어쩌면 홈스쿨링은 우리 아이에게 최고의 선택일지도 몰라', '아마도 내년에는 특별한 친구를 만날 수 있을 거야', '어쩌면 우리 애가 처음부터 끝까지 혼자 힘으로 책을 읽을 수 있을지도 몰라' 하고 말이다.

마음의 소리에 귀를 기울이자

제시카의 여섯 살짜리 아들이 다니던 학교는 아동중심 철학과 훌륭한 명성을 지니고 있었지만 그곳에서의 첫해는 재앙이나 다름없었다고 한다. 험난한 한 해를 보내는 동안 학교는 아이의 독특한 두뇌회로를 이해하거나 존중하기는커녕, 오히려 제시카와 남편에게 아직까지도 아이의 태도를 '고쳐주지' 않았다며 드러내놓고 비난했다. 학교를 옮길까 하는 생각도 했지만 새로운 곳으로 보내는 것도 두려웠다. 그렇다고 학교가 아이에게 맞지 않는다는 느낌도 무시할 수 없어서 그들은 다른 학교를 찾아보기 시작했다.

신중하게 한 학교를 선택해 학교 심리상담사와 아이의 어려움을 두고 이야기한 뒤 교장이 직접 아이를 위해 선택한 담임교사를 만나러 갔다. 그런데 새 담임은 갓 발령받은 어린 교사였다. 좀 미덥지 않아 받아들이기 힘들었지만 우선 믿고 맡겼다. 결과적으로 그 일은 이제껏 해온 결정 가운데 최고의 선택이었다.

“새 담임교사는 아이를 수용하고 안절부절못하는 아이의 태도나 감정적 폭발까지 있는 그대로 받아주었어요. 담임은 같은 반 친구들에게 아이의 행동을 이해해야 한다고 가르쳤대요. 덕분에 아이는 좋은 친구 관계도 맺을 수 있었어요. 더 놀라운 일은 담임이 나와 남편도 아이를 좀 더 받아들이도록 도와주었다는 거예요. 담임은 아이를 참을성 있게 대해주었고 우리는 조용히 그 뜻에 따르면 되었지요. 참으로 훌륭한 학습 경험이었어요.”

변화가 필요하다는 것을 알면서도 익숙한 곳을 벗어나는 걸 두려워하던 제시카가 아이를 위해 단호히 새로운 가능성을 선택한 것처럼, 우리는 자신과 가족에게 무엇이 최선인지 본능적으로 알고 있다. 우리에게는 무엇이 잘못되었거나 반대로 옳다고 알려주는 직감이 있다. 사실 우리의 직감은 독서, 블로그, 팟캐스트로 배우는 그 어떤 것보다 나을 때가 많다. 우리에게 도움을 주는 것과 그렇지 않은 것을 가려내는 우리의 능력을 믿어야 한다. 심리치료사든, 아이를 평가하는 심리학자든, 교사든, ‘나와 똑같은’ 자녀를 둔 다른 부모든, 우리의 가능성이 무엇인지 아는 사람은 어디에도 없다. 우리 몸이 두려움과 사랑, 양쪽에 반응하는 것을 알아채는 직감을 받아들이고 믿는 연습을 해보자.

● 이렇게 해보자

마치 오프라 윈프리에게 마음 터놓고 이야기하듯 아이의 무한한 잠재력을 곰곰이 생각해보자. 내 아이에 대해 확실하게 알고 있는 것은 무엇인가?

용감해지자

애셔의 부모로서 가장 용감했던 행동은 아이의 교육이라는 부담을 떠안고 지구 반 바퀴를 돌아 낯선 나라에 정착한 일이다. 사실 무시무시하게 겁났기 때문에 용감한 것과는 거리가 멀었다. 당시 우리가 추진한 일생일대의 변화는 엄청나게 위험한 일이었다. 무모하고 바보 같은 짓이라는 말로밖에 설명할 길이 없다. 암스테르담에 도착한 뒤 나는 우리의 결정을 수천 번이라도 되돌리고 싶었다. 그렇지만 그것이 옳다는 내 결정은 흔들리지 않았다.

우리는 가능성을 믿었고 용감하게 부딪쳤다. 무섭고 불안한 가운데 일단 용기를 내면 이후에는 훨씬 더 용감해지고 더 많은 가능성을 키워갈 원동력을 얻는다. 마치 운동으로 근육을 키우는 것처럼 우리의 크고 작은 행동 하나하나로 단단함이 키워진다. 용감함은 한정된 자원이 아니고 우리 모두에게 있다. 살아오면서 힘든 선택을 했을 때나 남들이 모두 회의적으로 보는 일을 오로지 자신만의 신념과 용기, 결단을 믿고 밀고 나갔을 때의 용감함을 기억해야 한다.

• 당장 시작하자

아이와 관련해 크고 작은 결정을 할 때, 사랑과 가능성 측면에서 최선을 선택하고 그 선택을 받아들임으로써 무슨 일이 일어날지 믿고 기다리자.

Tilt

6

아이 맞춤형 시간을 가동하자

○ ○ ○

"낙천주의자: 앞으로 한 발 나아간 후 뒤로 한 발 물러서는 것은 실패가 아니라 라틴댄스의 스텝 같은 것이다."

_로버트 브롤트

진보적인 공립학교 내의 개별화 교육 계획이 있는 교실에서 공부하는 새디는 이중으로 예외적인 아이이다. 새디는 4학년 때부터 어려움을 겪기 시작했는데 새디의 엄마 제니퍼는 이렇게 회상했다.

"새디는 학교가 너무 싫다며 거의 매일 아침마다 울고 떼쓰면서 가지 않겠다고 법석을 피웠어요. 간신히 학교를 보내면 아이가 복통과 두통을 호소했다고 보건 선생님이 말했죠. 매일 밤 잠자리에 들 때는 '우리 반에서 내가 제일 멍청해'라고 했고 불안감에 시달려 수면장애까지 있었어요. 가족과 친구들에게 정말 못되게 굴었고요."

다행히 동네에 작지만 진보적인 예술교육 중심학교가 하나 있었다. 이 학교는 제니퍼의 딸에게 잘 맞는 것 같았고 마침 자리가 하나 있었는데 공교롭게도 4학년 학급이었다. 새디가 거기로 가려면 4학년을 한 번 더 다녀야 했다. 아이가 유급해야 하는 상황이라 제니퍼는 걱정을 했다. 딸아이의 마음은 어떨까? 고등학교에서 다시 친구들을 만났을 때 1년 뒤처져 있으면 어떻게 될까? 그런데 순간 뜻밖에도 깨우침을 얻었다.

"이제껏 새디의 인생이 너무 빠르게 움직이는 컨베이어 벨트에 묶여 있는 모습으로 떠올랐어요. 이어 내가 그곳에 있는 아이를 번쩍 들어내 서 있기에 적당한 장소에 내려주니 아이가 스스로 걸어가는 모습이 떠올랐죠. 그 모습은 멋졌어요. 그 순간 내 딸이 어떤 아이인지 똑바로 보고 아이가 진정 원하는 대로 해야 겠다는 생각이 들었죠. 아이를 힘에 겨운 속도로 억지로 밀어붙이는 게 아니라 아이에게 맞는 속도를 선택하게 된 것입니다."

그들은 새디를 새 학교로 보내기로 했고 아이는 든든한 마음으로 숨통이 트이는 한 해를 보낼 수 있었다. 그때부터 아이는 어리광도 덜하고 자립심과 자신감이 생겼다고 한다. 제니퍼는 아직도 그것이 가장 옳은 결정이었는지는 잘 모르겠다고 했다.

"그렇지만 그때 떠오른 모습을 다시 한번 떠올려봅니다. 어떻게 내가 아이의 앞길을 미리 내다보고 계획할 수 있겠어요. 아무튼 자유롭게 몇 걸음이라도 나아갈 수 있는 건 멋진 일이에요. 그런 다음 우리가 원하는 곳으로 가고 있는지 멈춰 서서 다시 생각하면 되는 거지요."

◇발달평가 기준이 필요한가

아이가 태어나는 순간부터 발달평가가 시작된다. 아프가 척도Apgar scale나 나이에 따른 성장 발달표로 측정된다. 일단 아이가 학교에 다니기 시작하면 발달평가는 거의 일상이 된다. IQ 테스트, 표준화한 각종 시험, 학급 평가, 등급 매기기, 심지어 체력검사까지 줄줄이 있다. 그 밖에 헤아릴 수 없이 많은 학문, 인지, 사회 기준이 있다. 가령 글 배우기, 두 발 자전거를 혼자 타기, 집에 혼자 있기, 스스로 아침식사 챙겨 먹기 등 정말 많은 일이 있다.

부모는 항목마다 '우리 아이는 제대로 하고 있나'에 '네'라고 하나하나 표시하면서 아이들이 잘 크고 있다며 안심하는 동시에 자랑거리로 여긴다. 이러한 기준에 의존해 모은 정보가 전혀 쓸모없는 것은 아니지만 이처럼 모든 것을 하나하나 재고 따져보는 것도 문제다. 말하자면 우리 아이가 일정 수준에 다다르지 않으면 걱정과 근심에 사로잡힌다.

부모라면 누구나 내 아이가 어떤 사람으로 자랄지 궁금해한다. 아이의 인생이 아무런 걸림돌 없이 순조롭고 아이가 유능하게 자라 성공한 어른이 되어가는 과정을 늘 확인하고 싶어 한다. 이때 공식 잣대는 아이들의 정보를 빠르게 평가해준다. 그 정보로 비교하면서 우리 아이가 남들에 비해 뒤처지거나 다른 발달 과정을 거치고 있음을 아는 순간 절망한다. 두뇌회로가 다른 자녀를 키우는 부모는 우리 아이만의 특별한 타임라인을 존중해 아이가 안전함을 느끼도록 해주는 일이 가장 중요하다.

우리는 장점보다 결점을 강조하는 사회에서 살고 있다. 학교는 일반적으로 아이의 결점을 찾아내 그것을 보완하려 하는 경향이 있다.

"이 아이는 작문 실력이 뛰어나네요. 그렇지만 수학은 어려워 합니다. 수학 공부를 더 시켜야겠습니다."

전통 교육에서는 아이의 결점을 확인하는 즉시 그 아이의 장점은 무시한 채 그저 결점을 '고치려고' 한다. 학부모 지젤 세구라는 딸이 다니는 특수교육 학교가 아이를 잘 자라도록 도와주기는커녕 아이의 장점조차 찾아내려 노력하지 않는 것을 알고 충격을 받았다.

"'이 평가서에는 장점이 어디에 나와 있나요?'라고 물어봤어요. 그런데 학교 심리상담사가 저를 쳐다보며 '장점이요? 우리는 장점은 보지 않아요'라고 하더군요. 저는 당연히 심리상담사가 아이의 전체적인 면을 보고 무슨 말을 해주려니 했는데, 그들은 아이의 전체가 아닌 한 부분만 본다는 것을 알게 되었어요."

지젤의 경험은 현행 교육 체계의 문제점을 그대로 보여준다. 잘하는 것에 집중해 아이의 재능을 끌어내기보다 그저 '잘못된 것을 고치는' 데 관심을 둔다. 그러나 우리가 아이의 약한 면에 초점을 맞출 때 우리는 너무 많은 것을 놓치고 만다. 안타깝게도 그 대가는 바로 우리 아이들이 치른다.

누구를 위한 타임라인인가

우리가 자주 듣는 이야기 중 하나는 아이들이 남들과 협동하는 방법을 배워야 한다는 것이다. 작은 그룹의 상황을 다룰 줄 아는 것이 미래의 성공을 예측하는 중요한 바탕이라는 이유에서다. 그래서 그런지 내가 홈스쿨링을 시작하고 나서 자녀를 일반학교에 보내는 많은 부모에게 가장 많이 듣는 질문은 "혼자 있으면 아이가 사회성을 어떻게 배우나요?"이다. 나도 애셔가 그룹 안에서 남들과 협동해 일을 해낼 수 있는 능력이 뒤처지는 것은 아닌지 심각하게 생각해본 적이 있다.

그런 질문을 받으면 좀 불안해진다. 심지어 당장 애셔의 사회성 발달을 키워줄 만한 여름캠프를 허둥지둥 찾아본다. 애셔에게는 그룹 환경이 재앙을 부르는 지름길이고 매번 어마어마한 어려움을 겪었음에도 불구하고 또 찾아보는 것이다.

몇 년 전 애셔를 방과 후 컴퓨터 수업에 보낸 적이 있다. 강사 중 한 명은 자폐 스펙트럼 장애아동을 가르쳐본 경험이 있었고 그들이 애셔가 잘 해내도록 애썼기에 아이가 좋아할 것이라고 믿었다.

몇 주 동안은 별일 없이 잘 지나갔다. 그러나 곧 애셔는 교실 안을 누비고 다니며 이상한 행동을 하기 시작했고 강사들의 노력도 통하지 않았다. 나는 이제 '끝내야 할 때'라는 것을 직감했지만 강사들이 그것을 말할 때까지 잠자코 있었다. 얼마 지나지 않아 강사 중 한 명에게 사려 깊은 이메일을 받았다.

"애셔의 프로그래밍 실력은 훌륭한 수준이지만 팀워크와 의사소통 기술은 더 노력해야겠습니다. 개인 과외 지도로는 이 문제를 해결하기 어려울 것이므로 그 방법을 권하는 건 아닙니다. 여하튼 기술 관련 직업은 팀워크와 협동하는 능력을 필요로 하기에 애셔의 미래를 생각하면 걱정이 됩니다."

나는 또다시 겁에 질려 어찌할 바를 몰랐다.

'이런 것을 제대로 해내지 못하면 애셔의 인생은 실패작이 될 거야!'

이런 두려움으로 그만두어야 할 시기라는 판단과 달리 프로그램 2주 연장을 등록해버렸다. 얼마 지나지 않아 나는 그만 다녀도 괜찮겠다는 생각을 했고 결국 그렇게 했다.

'맞아, 언젠가는 애셔가 그것을 배워야겠지만 꼭 지금이어야 할 필요는 없지.'

그러고 나니 나를 짓누르던 불안감이 사라졌다.

이런 일이 있을 때마다 무엇이 최선인지는 알 수 없지만 적어도 아이가 준비되지 않은 상태에서 억지로 하게 하면 끝이 좋지 않다는 것은 알고 있다. 어릴 때 강제로 인지 학습을 시키면 훗날 학업 능력에 좋지 않은 영향을 미치는 것은 물론 학습 자체에 보이는 열정도 사라지게 만든다는 연구 결과가 많이 있다.

준비되지 않은 아이들에게 학습을 강요할 경우 그 아이들의 자존감이 무너지고 자신감을 잃어버릴 뿐 아니라 성공에 부담을 느껴 비뚤어질 수 있다. 우리가 아이들에게 바라는 것과 정반대의 결과를 초래한다.

◊아이만의 타임라인 인정하기

내가 애셔의 컴퓨터 학습 사례에서 깨달은 것은 아이에게 정서적 고충을 주면서까지 해야 할 교육은 없다는 사실이다. 애셔가 안전한 환경에서 더 많은 시간을 차분하고 자제하며 지내다 보면 스스로 자신감을 얻어 또래 그룹 안에서 행동하는 방법도 터득하리라 판단했다.

딸아이가 자신만의 속도로 천천히 따라갈 필요가 있음을 제니퍼가 알게 되었듯 모든 아이는 배우는 방법도 다르고 자신에게 꼭 맞은 타임라인도 다르다. 빌과 멜린다 게이츠 재단Bill & Melinda Gates Foundation의 연구에 따르면 학생들에게 각자의 속도와 방법대로 배울 기회를 준 결과, 학생들의 수학과 읽기 점수가 현저히 좋아졌다고 한다. 다른 교육 개입 방법이 적용된 학생들에 비해 95퍼센트 높게 나왔다.

그 이유는 무엇일까? 아이들은 걱정 없이 안정된 상태일 때 가장 잘 배우기 때문이다. 안정을 찾으면 아이들은 자기 능력에 자신감을 보인다. 모험을 하더라도 자신이 원하는 것이면 안전을 느끼고 시련을 겪어도 회복할 능력이 생긴다. 우리 아이만의 고유한 타임라인을 존중해주면 아이가 날개를 펴고 날기 전에 먼저 자신을 믿을 기회를 주는 셈이다. 신경다양성을 가진 아이들은 세상을 살아가면서 자신의 '다름'을 매번 인정받기가 어렵다. 따라서 스스로 자존감을 유지하고 자신이 틀린 게 아니라는 생각을 굳게 갖고 있으면 반드시 좋은 결과를 얻을 것이다.

• 돌이켜보자

아이가 '뒤처지는' 부분을 놓고 어떤 걱정을 하고 있는가? 다른 아이들이 터득하는 속도가 아닌 우리 아이만의 속도로 나아갈 때 무엇이 잘못될 거라고 걱정하는가? 아이가 또래보다 느린 발달을 보일 때 어떤 면이 가장 염려스러운가? 그 걱정의 근원은 무엇인가? 이는 현실에 근거한 걱정인가?

Embracing the Tilt
• 틸트 적용하기 •

비교-절망 사이클을 인지하자

우리 아이들을 있는 그대로 존중해주고 싶다면 먼저 아이들을 자극하는 부족한 면이 무엇인지 파악해야 한다. 비교의 온상 중 으뜸은 페이스북이다. 그곳은 스포츠의 영광스러운 승리나 남들이 선망하는 성취, 이상적인 삶을 흠잡을 데 없이 표현한 완벽한 이야기로 넘쳐난다. 물론 비교와 절망은 어디에서든 볼 수 있다.

네덜란드에서 나는 대문을 열고 집을 나서는 순간부터 스스로 비교나 절망과 맞부딪친다. 애셔 또래 아이들이 혼자 자전거를 타고 학교와 친구들의 집을 오갈 때 활기 있게 시내를 활보하는 모습은 놀라울 만큼 독립적으로 보인다. 이런 네덜란드가 나는 참 좋다. 물론 그 순간 우리의 현실은 그들과 다르다.

어쩌면 애셔는 상대성 이론을 유창하게 설명할 수도 있을 것이다. 그럼 혼자 안전하게 길을 건널 수 있을까? 그건 아니다. 언젠가는 애셔도 배울 수 있을까? 물론이다. 언젠가는 혼자 자전거를 타고 시내를 돌아다닐 수 있을까? 그럴 것이라고 확신한다. 그렇다면 지금 당장 할 줄 알아야 할까? 그렇지 않다. 애셔는 자신만의 시간에서 자기만의 일에 몰두하고 있다. 아직 우리는 아이가 자신감과 관심을 갖도록 계속 도와주어야 한다. 그러면 결국 아이는 이뤄낼 것이다.

지금 당신을 자극하는 것은 무엇인가? 당신의 자녀가 어떤 사람이기를 원하는데 현재 그 모습을 볼 수 없어서 힘든가? 지금쯤은 아이가 무언가를 완벽하게 배워서 어떤 구체적인 활동을 하거나 결과를 내야 한다고 생각하는가? 이 문제를 깊이 생각하고 한 번 글로 써볼 것을 권한다. 비록 말로는 아이에게 완벽해지라고 강요하지 않아도 부모의 기대에 부응하지 못하는 아이라고 느끼고 있는 것은 아닌지 파악하는 것이 중요하다.

아이들이 타임라인에 뒤처지는 것 중 부모들로부터 흔히 듣는 몇 가지 예가 있다. 이 가운데 당신이 적은 내용도 있는지 살펴보자.

- 신발 끈 묶기
- 혼자서 양치질하기
- 자전거 타기
- 타인에게 공감과 연민 표현하기
- 운동하기
- 혼자서 도시락을 싸거나 밥상 차리기
- 혼자서 쇼핑하기
- 책을 처음부터 끝까지 읽고 끝내기
- 작문하기
- 스스로 숙제하기
- 혼자 집에 있기
- 혼자 빨래하기
- 안전하게 길 건너기
- 혼자 학교나 친구 집에 가기
- 주소나 전화번호 기억하기
- 늘 가는 곳에서 집 찾아오기
- 동생 돌보기

타임라인의 일반적인 관점에 도전해보자

당신의 아이가 다른 아이보다 뒤처진다고 여기는 부분이 있으면 그 생각에 어떤 문제가 있는지 살펴보자. 그보다 더 중요한 것은 뒤처진 시점을 두고 당신이 어떤 비관적 전망을 하는지 생각해봐야 한다는 점이다.

아이가 기대하던 타임라인에서 벗어나면 당신도 내가 그랬듯 아이들 미래의 꿈에 총이라도 맞은 느낌이 드는가? 아이들이 지금 그것을 배우지 않으면 평생 해낼 수 없을 거라고 생각하는가? 가장 걱정하는 몇 가지 영역을 골라 두 가지 질문으로 만들어보자.

- 왜 우리 아이가 이것을 지금 당장 배워야 할까?
- 이것을 나중에 배우면 어떤 '비관적인 일'이 일어날까?

자, 이제 질문에 대답해보자. 내가 할 수 있는 대답은 '별로' 또는 '그다지'이다. 우리 아이가 열여섯 살이 되도록 신발 끈을 제대로 매지 못해 찍찍이 운동화를 신는다 한들 무슨 상관인가? 그것으로 아이의 인생이 매우 고통스러울까? 우리 아이가 열세 살이 되어도 혼자 자전거를 타고 친구 집이나 가게에 다녀올 수 없다면 그것이 무슨 대수인가? 때가 되면 다 할 수 있다. 때가 되면 아이들은 훨씬 더 빠르게 배울 뿐 아니라 자신이 얻은 기술과 능력에 자부심을 느낄 것이다.

타임라인 문제를 정확히 이해하려면 걱정하는 부분을 다시 고민해야 한다. 그중 적어도 하나의 문제나 생각을 예로 들어보자. 아이 스스로 준비를 갖춘 시점에 그 기술을 배우는 것은 현실적으로 전혀 문제되지 않는다는 점을 알아야 한다. 한 가지 예를 들어 보겠다.

- 걱정거리: 애셔가 혼자 자전거를 타고 돌아다니지 못한다.
- 왜 문제되지 않는가: 많은 엄마들이 아이가 자전거를 타는 내내 안전 걱정을 많이 하는데 나는 지금은 그런 걱정을 하지 않아도 된다! 더구나 어릴 때는 내 자전거 뒷좌석에만 앉아 있던 애셔가 요즘 따로 자전거를 타고 나와 함께 나란히 달린다. 아이만의 페이스에 따라 해내도록 기다려준 결과 자신감이 생겼음을 볼 수 있다.

발달과 관련된 몇몇 타임라인은 그냥 넘기기 힘들다. 특히 미래에도 이어질 일이라 생각하면 두렵기도 하다. 이 경우 아이들이 자신만의 삶을 독특한 방법으로 살아가고 있음을 인정하고 존중해주기보다 아이에 관한 외적 기대에 얼마나 휘둘리고 있는지 생각해볼 일이다. 최근 팟캐스트 〈Mother's Quest〉 진행자 줄리 닐Julie Neale을 인터뷰하다 들은 말이 마음에 든다. 나는 줄리에게 아들이 다른 아이들과 타임라인이 다르다는 것을 알았을 때 부부가 그것을 어떻게 받아들였는지 물었다.

"남편은 이렇게 말해요. '미래가 어떨지 모르겠지만 우리가 집중해야 하는 것은 우리 라이언이 가능한 한 최고의 라이언이 되도록 어떻게 도와줄 것인가 하는 점이지'라고요. 정말 맞는 말이에요. 일단 아이에게 기대했던 것을 모두 내려놓고 할 수 있는 것에 집중했어요. 아이의 잠재력을 최대한 살려주려면 어떻게 도와줘야 할까? 아이의 미래보다 현재에 더 집중했더니 이미 아이에게 있던 훌륭한 자질이 눈에 보이게 되었어요. 그런 다음 우리 아이의 성장을 돕기 위해 어디서 지원을 받아야 하는가에 몰두했지요."

'시기'를 터놓고 이야기하자

두뇌회로가 다른 아이들은 전혀 주의를 기울이지 않는 것처럼 보이지만 실은 부모뿐 아니라 자신을 둘러싼 주변 세상에 곧잘 귀를 기울인다. 가끔씩 또래와의 비교에도 지나치게 의식한다. 특히 영재아동들이 심하며, 스스로에게 상당히 엄격하고 높은 기대를 가진다. 이 아이들의 재능을 키워주려면 각자에게 맞는 타임라인을 터놓고 이야기하면서 스스로 그 시점을 정하도록 도와줘야 한다.

아이들의 뛰어난 점, 또래보다 앞서 있는 분야, 학업과 인지 능력, 심지어 좋은 성격까지 찾아내는 것으로 시작해보자. 이를테면 '너는 레고 블록으로 상상 속의 멋진 우주선을 만들 줄 아는구나', '너는 작은 일에도 많이 신경 쓰는 소중한 마음을 지녔구나', '누군가가 속상해하는 걸 너는 잘 알아보는구나' 등이 있다. 때로 그 장점은 실제로 모든 성장이 일어나는 기초가 되지만 많은 경우 대충 지나친다. 로빈 실버만은 이렇게 조언한다.

"부모는 자녀의 장점을 기본으로 아이들을 재판단해야 합니다. 당신은 자녀에 관해 어떻게 이야기합니까? 자녀의 장점을 볼 줄 아는 사람이 주변에 모여들게 하십시오. 그들과 함께 당신의 단점과 그것을 고치기 위해 어떻게 노력했는지 이야기를 나누십시오."

의심을 꺾기 위해 준비하자

아이를 키우다 보면 좋은 뜻으로든 아니든 아이의 성장을 두고 "잘하네", "못하네" 하면서 강한 의견을 피력하는 사람들과 수없이 마주친다. 다른 사람들의 생각과 기대에 좌우되지 않고 내려놓는 것은 앞에서 이미 다뤘다. 남들이 우리 아이가 뒤처진 것을 두고 뭐라고 하면 우리는 할 말을 미리 만들어 그 상황에서 빠져나올 수 있다. 여기 간단명료하고 친절한 답변을 준비했다.

- 우리 아이는 지금 다른 능력을 기르는 데 집중하고 있어요.
- 아이에게 그 분야가 좀 부족했는데 지금 전문가의 도움을 받고 나아지는 중이에요.
- 관심을 보여주어 고맙지만 우리끼리 해결할 수 있어요.
- 다른 분야에 열정이 있는 아이라서 우리는 그 재능, 기술, 능력을 개발하도록 지원하고 있어요.

많은 사람이 다양한 의견을 낼 것을 미리 알고 준비해두면 상처받고 당황하는 대신 자신 있게 대응할 수 있다. 그 자신감으로 우리 아이들의 차이점은 다른 사람에게 더 멋져 보이고, 받아들여지고, 이해받을 것이다. 이것은 남들이 우리를 어떻게 생각하는지 신경 써서가 아니라 서로 다른 존재 방식을 불편해하는 사회적 낙인에 도전하는 아주 중요한 일이자 이 시대의 인식 체계를 바꾸는 일이기 때문이다.

인내하고 지지하는 사람들과 함께 나아가자

애셔의 친한 친구 샘은 폰델 공원 건너편에 살고 있다. 그곳은 푸른 숲이 드넓게 펼쳐진 안식처로 '암스테르담의 센트럴파크'라고 불린다. 우리 집과 샘의 집은 걸어서 20분 거리라 비록 두 블록의 차도가 있긴 해도 차 없는 공원을 가로질러 뛰어다닐 수 있었다.

몇 달 전 나는 폰델 공원의 환경이 애셔에게 독립심을 키워줄 완벽한 조건이라고 생각했다. 우리는 여름 전까지 애셔 혼자 샘의 집까지 걸어가는 것을 목표로 정했고 애셔는 준비를 갖추고 있었다. 그 일에 성공하도록 아이가 준비하는 동안 우리는 천천히 혼자 해낼 기반을 마련했다.

먼저 나는 표지판 인식을 돕는 동시에 자전거 타는 사람들을 조심해야 하는 지역을 알려주며 샘의 집까지 함께 걸어갔다. 그다음으로 공원 가장자리 길을 애셔 혼자 편안히 걷게 하고 아이가 불안해하지 않도록 나는 오십 걸음 정도 뒤에서 따라갔다. 그리고 오늘, 공원의 가장자리 길까지만 같이 걷고 그 지점부터 아이 혼자 걸어가기로 했다. 이때 아이가 잘 도착했는지 내가 걱정할 필요가 없도록 아이가 도착하면 샘의 엄마가 문자를 보내주기로 했다.

마지막 단계는 아이 혼자 집에서부터 공원을 가로질러 샘의 집에 가는 일이다. 그러려면 자동차와 자전거, 오토바이 등이 바글대는 길을 건너야 한다. 아직 이 단계에는 이르지 못했지만 머지않아 가능하리라고 본다. 애셔는 자신이 이미 준비되어 있음을 알고 있기 때문에 우리가 함께 하면 마음이 편안할 것이다.

아이와 함께 해보고 싶은 일을 목표로 삼아보자. 실제로 아이와 함께 특정 기술이나 습관, 능력을 갈고닦기 위해 현실적인 목표를 몇 가지 설정해보는 일은 놀라울 정도로 보람이 크다. 이때 핵심은 세상이 정해 놓은 타임라인을 따르지 않고 사랑과 인내로 아이들의 발달을 지지해주는 데 있다. 아이들이 스스로 리더가 되어 어떤 발판을 어떻게 만들지, 언제 그 발판을 치우고 앞으로 나아갈지 결정하도록 협력해야 한다.

• 당장 시작하자

아이가 어려워하는 일의 목록을 만들고 그것을 아이 스스로 향상시키도록 인내하자. 시간도 미리 정하지 말고 아이와 함께하는 데 전념하자.

Tilt
7

자녀의 언어에 유창해지자

○ ○ ○

“때로 인간은 아름답다. 외모도, 말하는 것도 아닌 그저 있는 그대로의 모습 때문에.”

_마커스 주삭

2013년 우리 가족이 네덜란드로 이주한 뒤 나는 암스테르담에 오기 전까지 한 번도 접해본 적 없는 네덜란드어를 배웠다. 실은 그 언어를 이해하기까지 거의 투쟁하다시피 했다. 목 뒷부분에서 나오는 ‘g’ 소리를 내는 일은 지금도 연습이 필요하다. 느리긴 해도 거의 비슷하게 소리를 내기 시작했지만 제대로 된 진전은 정기적으로 연습하면서 매번 실수를 기꺼이 받아들이고, 특정 언어의 표현방식과 특징과 뉘앙스에 깊이 관심을 보일 때 일어났다. 이 두 가지를 진심으로 받아들인 내 의지 덕분에 나는 네덜란드어를 배울 수 있었다.

아이를 양육하는 일도 그렇다. 아이를 효과적으로 이해하려면 충분한 헌신과 관심을 주어야 한다. 어떤 아이든 마찬가지지만 특별히 두뇌회로가 다른 아이의 독특한 언어에 익숙해진다는 것은 구글 번역기 없이 어느 외딴 나라의 모호한 방언을 완전 정복하는 것과 같다. 그러려면 아이들이 의미와 경험을 처리하고 전달하는 방법을 알아내기 위해 완전히 몰입하고 헌신해야 한다.

나는 틸트 페어런팅으로 많은 부모가 자녀의 언어에 유창해지기 위해 온 정성을 다하는 수많은 아름다운 방법을 들어왔다. 티아 스미스의 세 자녀는 모두 두뇌회로가 다른 아이들이다. 그중 이중으로 예외적인 딸은 예술 재능과 함께 난독증, 계산장애, 필기장애 등 여러 가지 학습 관련 장애를 지니고 있다.

티아는 예술로 아이와 대화하고 받아들이는 법을 배웠다. 딸아이가 화를 내거나 조절장애가 생길 때면 종이와 미술용품을 챙겨주어 그림을 그리게 했는데 이는 아이가 겪는 어떤 격렬한 감정이든 스스로 표현하고 치유도 하는, 표현과 치유 양쪽에 도움을 주는 방법 중 하나였다. 이 방법은 단순해 보이지만 일반적인 양육 방법이 통하지 않는 독특한 아이에게는 어려운 순간을 아이에게 가장 잘 맞는 방법으로 존중해준다는 면에서 특별한 의미가 있다.

◇통역 실패

두뇌회로가 다른 아이들에게 걸핏하면 나타나는 난처한 행동과 마주치면 허둥대다가 무슨 일이 일어났는지 중요한 것을 놓치기 십상이다. 영화 〈사랑도 통역이 되나요?〉에서 빌 머레이가 그랬듯 우리도 아이들의 언어를 알아듣지 못해 허둥댄다. 우리와 소통하는 아이들을 우리가 잘못 해석해 한없는 좌절만 남길 수도 있다.

ADHD 운동의 변혁을 이끌어낸 유능한 코치 안데르스 로나우는 어려운 순간에 놓인 아이의 언어를 재구성해 해석하는 방법으로 모든 것을 바꿔놓은 사례를 이야기했다. 어느 성대한 가족모임 저녁식사에서 ADHD를 가진 여섯 살짜리 꼬마가 손을 잘못 뻗쳐 우유팩을 엎었다. 우유가 쏟아지자 식탁에 둘러앉은 가족은 대부분 화를 내며 아이를 꾸짖기 시작했다. 그런데 오직 한 사람, 아이의 이모가 "무엇을 하고 싶었던 거니?"라고 물어보았다.

잠깐 그 질문을 생각해보자. 그 말은 '왜 그랬어? 도대체 무슨 생각이었던 거야? 뭐가 문제야?'가 아니었다. 진짜 무엇을 하려고 했는지 물어본 것이다. 다시 말해 '네 (긍정적인) 의도는 무엇이었니?'라는 질문이다. 물론 아이에게는 이유가 있었다. 얘기를 듣고 보니 이 꼬마는 아빠가 버터를 필요로 한다는 것을 알고 손을 뻗어 건네주려 한 것이었다. 안타깝게도 아이가 의도한 대로 되지 않은 것뿐이다.

만약 아이의 이모가 건넨 간단한 질문, '무엇을 하고 싶었던 거니?' 하고 물어볼 만큼 아이에게 충분한 관심을 기울이지 않았다면 어땠을까? 아마 아이가 오해를 받고 또 하나의 '짜증나는' 행동을 한 사건으로만 남았을 것이다. 안데르스의 설명은 이렇다.

"만약 자신을 제어할 수 있다면 단지 어떤 행동과 그 결과만 보지 말고 잠깐 멈춰 '오, 뭘 하려다가 그랬을까?'라고 생각해보십시오. 그러면 대부분의 부모가 겪고 있는 많은 분쟁이 사라질 것입니다."

아이들의 언어를 해석해주는 해설판을 만드는 일은 아이들의 몫이 아니다. 아이들이 행동으로 우리에게 전달하고 싶어 하는 언어를 이해하는 일은 우리의 몫이다. 우리 중 많은 사람은 아이의 있는 그대로의 모습을 부정하곤 한다. 특히 우리가 스트레스를 받을 때 아이들이 도전적인 행동을 보이면 우리를 공격한다는 느낌을 받는다. 하지만 그 순간 아이에게 '무엇을 하고 싶었던 거니?'라고 간단하게 묻기만 해도 우리는 부정적 감정이 다 녹아내리는 경험을 할 수 있다. 이때 부글부글 끓어오르던 부정적인 감정은 사그라지고 아이들을 더 잘 이해하는 축복을 받을 것이다.

아이의 언어에 유창해지는 재능

"모든 행동은 의사소통이다"라는 말을 생각해보자. 아이가 표현하는 모든 행동과 말, 심지어 울고 소리 지르는 것조차 아이들 나름대로 우리에게 중요한 정보를 전달하려는 방법이다. 그렇지만 대개는 잘 들으려고 하지 않는다. 우리는 아이를 돌보기에 너무 바쁘고 말썽 피운 일을 쫓아다니며 해결하다 지친다. 그러면서 아이를 잘 길러내기까지 해야 한다.

사실 아이들이 사용하는 독특한 언어로 의사소통하는 것은 그리 힘든 일이 아니다. 표현하는 내용을 조금이라도 이해하면 큰 도움을 받는다. 이해는 아이들이 우리에게 전달하려는 내용을 알아차리는 것에서 비롯된다. 아이들은 다음 나열한 것처럼 다양한 방법으로 의사소통을 한다.

- 몸짓
- 눈물
- 좌절감이 담긴 울부짖음
- 포옹
- 웃음소리와 기뻐함
- 아이가 우리에게 다가오는 방법과 시점(언제 어떻게 다가오는지)
- 가지고 노는 책, 게임, 장난감

그리고 우리가 아이들의 언어를 잘 이해한다는 것은 아래의 표현으로 나타난다.

- 아이를 꼭 껴안아주기

- 아이가 좋아하는 책 읽어주기
- 아이에게 필요한 것 예측하기
- 아이가 흥미를 보이는 것의 이야기를 잘 들어주기
- 아이가 화내고 트집 잡는 것이 무엇인지 예측하고 알아채기

그럼 '애셔 해설판'에 나오는 몇 가지 예를 살펴보자.

내 행동	애셔의 해석
공원에서 오랫동안 걸으며 애셔가 자신의 관심 분야를 마음껏 이야기하게 한다.	엄마는 내 말에 관심이 있다.
특별히 대우해주기 위해 카페에서 핫초코와 케이크를 사준다.	엄마는 나를 생각하고 즐겁게 해주기 위해 늘 무언가를 한다.
쉬는 시간에 애셔와 게임을 하거나 좋아하는 책을 큰 소리로 읽어준다.	엄마는 나를 위해 항상 시간을 내줄 것이다.

애셔의 행동	내 해석
좌절해서 점점 더 큰 소리로 투덜대고 징징거린다.	애셔가 힘든 시간을 보내고 있고 그 상황에서 벗어나는 데 도움이 필요하구나.
저녁식사 전에 잠옷으로 갈아입는다.	애셔가 오늘 힘든 하루를 보내서 빨리 편안해지고 안아주길 바라는구나.

전등을 끄고 난 뒤 내일 일을 더 이야기하고 싶다며 내게 조금 더 방에 있어달라고 한다.	애셔가 자신의 행동과 태도에 좋은 변화를 일으키려 하는데 내 도움과 지지가 필요하구나.

● 돌이켜보자

아이가 도전적인 행동과 상상하기 힘든 감정 반응을 보이면서까지 내게 전달하고 싶어 하는 것은 무엇일까? 어떻게 해야 아이가 전하고자 하는 언어를 유창하게 알아들을 수 있을까? 아이의 언어에 유창해지는 것은 어떻게 나와 아이의 관계 그리고 아이 자신에게 긍정적 영향을 줄까?

Embracing the Tilt
• 틸트 적용하기 •

기억해야 할 것: 언제나 이유가 있다

두뇌회로가 다른 네 살짜리 딸을 둔 엄마 휘트니는 로즈 그린의 《아이의 대역습》을 읽다가 아하! 하고 깨달은 것이 있었다. "아이들이 할 수 있었다면 잘 했겠지요"라는 그린의 멋진 말이 가슴에 와 닿았던 것이다. 휘트니는 그 순간을 이렇게 말한다.

"딸과 함께 지내면서 힘든 순간을 감당하지 못하던 나를 로즈 그린이 완전히 바꿔놓았습니다. 우리가 겪는 어려움 하나하나는 아이의 뒤처지는 능력 때문이고 그 문제에 어떻게 다가가야 할지 알려주는 훌륭한 발판이었어요. 비록 마법 같은 치료는 아니지만 우리가 어려운 문제를 함께 풀어가는 공동 해결사가 되었거든요. 이것은 그 다이내믹한 문제를 극적으로 바꿔 놓았지요. 내가 딸아이의 말에 좀 더 귀를 기울이면서 아이가 말하려는 것과 필요로 하는 것을 더 잘 알아듣게 되었답니다. 아이의 말을 귀담아듣는 일을 훨씬 더 잘하게 되었어요."

당신은 어떤지 잘 모르겠지만 나는 여러 해에 걸쳐 이런 생각을 했다.

'애셔가 정말로 노력했다면 더 나은 선택 기회가 있었을 텐데. 그리고 학교에서 그렇게까지 산만하게 굴지 않았을 텐데. 혹시 아이가 그런 행동을 하는 것은 내 인생을 더 고달프게 만들려고 작정했기 때문이 아닌가.'

극심한 고통을 당하면 마치 아이가 우리를 정서적으로 고문한다고 느낄 수도 있다. 하지만 아이들은 분명 자기 행동의 이유를 우리에게 전달하고 있다. 단지 우리가 아이의 행동에 충분히 귀를 기울이지 않을 뿐이다. 예를 들어 캐슬린의 아들은 이중으로 예외적인 아이로 초등학교에 다닐 때 쉬는 시간에 일어난 일을 명확히 설명했다. 나중에 캐슬린이 설명한 것을 들어보면 이렇다.

"나는 그 일이 정확히 어떻게 일어났는지 모르겠어요. 하지만 어느 시점부터 다른 사람들의 설명보다 우리 아이가 하는 말을 듣고 정말 믿어주기 시작했습니다. 아이는 놀이터에 있는 친구들이 무엇을 할지 예측하면서 친구들의 행동을 하나하나 똑같이 따라하고 말도 똑같이 해보려고 했다는 거예요(물론 제대로 되지 않았지만). 그 말을 들었을 때 남편과 나는 가슴이 아팠어요. 아이가 얼마나 당황스럽고 힘들었을까 하는 마음이 들었죠. 같은 상황을 교사는 애가 '갑자기, 아무 이유도 없이' 이상한 행동을 했다고 하더라고요. 아이는 잘 해보려 노력했지만 사람들에게는 그렇게 받아들여진 거죠."

앞의 사례를 간략히 정리해보자. 어떤 상황에서 아이의 행동이나 반응이 분별없어 보이고 완전히 바보 같은 짓처럼 보일지라도 그렇게 행동하는 데는 아이들만의 어떤 이유가 있다. 아이들이 우리를 화나게 하는 이유는 그들에게 필요한 것을 충족하지 못했거나 달리 어떻게 표현해야 할지 모르기 때문이다. 그린의 멋진 말을 반드시 기억해두자.

"아이들이 할 수 있었다면 잘 했겠지요."

이는 모든 것을 바꿀 수 있는 힘 있는 말이다. 이 말을 깊이 생각해보면 우리는 아이의 행동을 이해와 연민으로 받아들일 수 있다. 아이의 행동은 나를 힘들게 하려는 것이 아니며 다만 지금 당장 달라질 수 있는 능력이 부족해서 그럴 뿐임을 잊지 말아야 한다.

• 이렇게 해보자

"아이들이 할 수 있었다면 잘 했을 것"이라는 그린의 말을 아이의 상황에 적용해보고 교사나 다른 사람들과 의견을 나눠보자. 가령

"우리 애셔도 이 일을 할 수 있었다면 잘 했을 겁니다"라고 말하는 것이다.

마음의 짐을 알아채자

우리가 떠안고 있는 마음의 짐 때문에 아이들이 지금 원하거나 필요로 하는 것을 제대로 알아듣지 못할 수 있다. 만약 당신이 직장에서 좌절하는 이유가 상사가 다른 사람들 앞에서 당신을 습관적으로 무시하기 때문이라고 가정해보자. 상사의 잘못된 처우에 몹시 화가 나지만 직업을 바꿀 수 없어서 참고 견뎌야 하는 상황이라면 어떨까.

이제 방과 후에 아이를 데리러 갔는데 무례한 상사가 한 짓은 비교도 안 될 만큼 깽판이 기다리고 있다면? 구경꾼이 잔뜩 몰려 있는 식료품점에서 당신에게 용감무쌍하게 대드는 일곱 살짜리는 바로 당신의 자녀다. 지금 당신은 사각지대에 있고 침착하게 이성적으로 바른 판단을 해서 대응하기가 어렵다. 아이의 행동이 말하는 것은 자신이 지금 극도로 짜증이 나니 한시라도 빨리 그곳을 빠져나가자는 것인데, 당신은 그것을 알아채기는커녕 마음의 짐에 말려들어 아이의 언어를 제대로 해석하지 못한다.

우리 모두에게는 사각지대가 있다. 충분히 잘하지 못한다는 생각, 남들이 우리를 제대로 대접해주지 않는다는 느낌, 인정받지 못하는 느낌, 사기당하는 느낌, 오해받는 느낌, 똑똑하지 않아 실망스러운 감정 그리고 소외감 등이 우리의 사각지대다. 누가 뭐라고 해도 우리는 인간이고 우리 역사는 우리가 세상을 바라보고 경험하는 방식으로 구성된다. 그렇다면 우리의 목표는 사각지대를 알아내는 것에 두어야 한다. 그래야 이 사각지대가 아이가 보내는 의사소통 신호를 알아채지 못하도록 어떻게 방해하는지 더 잘 이해할 수 있다.

아이가 쓰는 핵심 단어를 알아듣자

나는 애셔가 무엇에든 쉽게 감정이 폭발하는 아이라고 생각해왔다. 아이의 충동적 폭발이 아무 때나 일어나고 또 무한 반복되는 것처럼 느꼈던 것이다. 애셔의 치료사 줄리 조지는 몇 번 상담한 후 애셔에게 가장 큰 문제인 '촉발 사건', 즉 순간적으로 아이의 불안, 분노, 슬픔, 그 밖에 다른 강렬한 감정을 자극하는 것을 요약해주었다. 그것을 읽은 뒤 나는 애셔의 행동 가운데 어떤 것도 이유 없이 일어난 건 없음을 깨달았다. 줄리는 내게 애셔를 이해할 수 있는 해석 열쇠를 준 것이나 다름없었다.

무엇보다 나는 애셔를 화나게 하는 중요한 이유 세 가지를 알게 되었다. 하나는 예측하지 못한 상황, 다른 하나는 일이 뜻대로 되지 않는 상황, 마지막은 사람들이 자신에게 뭔가를 명령하듯 요구하는 상황이었다.

그제야 나는 아이의 행동에 전후 사정이 있음을 알게 되었다. 행동 정보를 바탕으로 나는 어려운 상황을 미리 예측해 그 결과를 아이에게 설명하거나, 잘 대처하도록 역할극을 해보거나, 아이와 함께 해결책을 찾아내 보다 순조롭게 지나갔다. 무엇보다 좋은 것은 애셔 스스로 자신을 이해하는 폭이 넓어지고 자신의 기대치를 상황에 맞춰 어느 정도 조절할 수 있게 된 점이다. 자신이 왜 몇몇 특정한 일에 화가 났는지도 이해하고 그런 일을 맞닥뜨리면 스스로 누그러지도록 조절할 수도 있었다.

이러한 자기 이해는 삶을 더 단단하게 만들어준다. 나는 가끔 애셔에게 말해준다.

"예측할 수 없는 결과 때문에 네가 불안하다는 것을 알고 있어."

이런 이해는 불안감을 최소화하고 지나치게 극적인 상황을 헤쳐 가는 시작점이 될 수 있다. 그리고 한 단계 진전한 질문을 할 수 있다. 이 상황에서 어떤 결과가 나와도 괜찮다는 느낌을 갖도록 어떻게 도와줄 수 있을까?

아이의 언어에 익숙하거나 유창해진다는 것은 아이가 신체, 사회, 감정 요구를 전달하는 독특한 방식뿐 아니라 감정을 폭발하는 특정 계기를 아는 것까지 포함한다. 주의 깊게 관심을 기울이면 우리 자신과 아이만의 부모-자녀 해설판을 만들 수 있다. 다음에 제시하는 언어를 살펴보자.

- 당신의 아이는 사랑을 어떻게 표현하는가?
- 당신의 아이는 두려움을 어떻게 표현하는가?
- 당신의 아이는 불안함을 어떻게 표현하는가?
- 당신의 아이는 분노를 어떻게 표현하는가?

- 당신의 아이는 행복을 어떻게 표현하는가?
- 당신의 아이는 만족감을 어떻게 표현하는가?

자녀를 배움에 참여시키자

아이의 언어에 유창해지는 가장 중요한 목적은 결국 아이들이 자신을 잘 이해하게 하는 데 있다. 앞선 틸트에서 우리는 장점과 단점, 타임라인에 관한 대화를 가족의 일상 언어로 만드는 것을 언급했다. 여기서도 같은 말을 하고 싶다. 우리가 관찰로 알게 된 것을 분명히 말해주고 아이에게 어떤 의도로 그런 행동을 했는지 물어본 뒤 아이의 관심과 의미 있게 연결해 함께 이야기를 나눈다.

애셔는 다섯 살이 되었을 때 처음 자기 몸이 느끼는 감정을 표현했다. 그날은 특별히 '난장판'이었고 아이는 그것을 "바보 멍청이 같은 느낌"이라고 말했다. 나는 이를 놓치지 않고 아이에게 수없이 질문한 결과 애셔의 몸 안에서 강렬하게 솟구쳐 오른 이상한 기운과 아이가 말한 '바보 멍청이 같은 느낌'이 같은 것임을 알게 되었다.

그 말은 '애셔 해설판'에 특별히 자리 잡은 용어이자 애셔가 무언가를 느낄 때 표현하기 어려워하던 것을 더 깊은 언어로 표현하는 단초가 되었다. 아이를 참여시켜 자신의 행동을 돌아보게 하려면 스스로 궁금증을 풀어나갈 만한 질문으로 시작해야 한다.

- 지금 너한테 어떤 일이 일어난다고 생각하니?

- 지금 어떻게 도와줄까?
- 지금 어떤 감정이 느껴지니?

이들 질문은 선입견이나 판단 없이 아이가 스스로 자의식을 만들어가면서 생각하고 느끼는 것을 물어보는 내용이다.

● 이렇게 해보자

아이와 함께 나누고 싶은 정보를 아이가 알아듣게 해주는 효과적인 방법 몇 가지를 알아내자.

자녀가 이해할 수 있도록 당신의 언어를 바꿔보자

보내는 사람과 받는 사람이 있어야 소통이 가능하듯 유창함은 양방향이다. 다른 사람들이 이해할 수 있는 방법으로 의사소통을 해야 한다. 나는 오랜 세월에 걸쳐 문자메시지를 보내거나 애셔가 좋아하는 자연 속에서 한참 걷는 것, 큰 소리로 책을 읽고 나보다 아이의 이야기를 먼저 들으려 하는 것, 아이가 노력하고 성장하는 것을 말로 인정해주는 것, 우스운 행동이나 게임을 함께하는 것, 진심 어린 관심을 보여주는 것이 애셔가 나와의 소통을 받아들이는 실마리라는 것을 알게 되었다. 가족 내의 규칙, 하루 일과, TV 시청 규칙, 가사 분담하기, 정기적인 스케줄, 그 외의 많은 가족 내 '방침'을 글로 써서 소통하는 가족도 많다.

심지어 어떤 가정은 그 방침을 문서화한 계약서처럼 만들어 서명하기도 한다. 또 어떤 이들은 역할극을 하거나 지어낸 이야기를 동물인형에게 들려주고 레고나 인형으로 흥미진진한 놀이를 하기도 한다. 미디어 역시 효과적인 의사소통 수단으로 쓸 수 있다. 가능성은 무궁무진하다. 아이들 하나하나는 제각각 다르고 효과적인 방법도 아이에 따라 천차만별이다. 아이들은 끊임없이 바뀔 뿐 아니라 계속 진화한다. 우리가 해야 할 일은 탐정이 되어 아이의 언어를 가장 잘 해석하는 방법을 배운 뒤 우리의 메시지를 적절히 조정하는 것이다.

한번은 애셔에게 가족 휴가의 모든 세부사항을 몇 주에 걸쳐 말로 설명해주고 준비하게 했다. 그런데 여행을 떠난 지 한참 후 애셔가 그 말을 전혀 기억하지 못한다는 걸 알았다. 그다음 여행 때는 다른 방법을 써보았다. 여행의 사소한 부분까지 일일이 적고 그림까지 그려 넣은 15쪽짜리 여행 일정표를 만들어주고 여행 기간 내내 매일 밤마다 다시 확인하게 해서 당황스런 일이 생기지 않도록 했다. 애셔가 난장판을 벌이는 일은 일어나지 않았다.

• 당장 시작하자

아이가 우리를 힘들게 하고 화나게 할 때 왜 그런 행동을 했는지 조심스레 물어보자(혹은 "무엇을 하고 싶었던 거니?"를 사용하자). 그리고 열린 마음으로 아이의 이야기를 들어주자. 무엇이 되었든 그런 일로 배운 것은 개인수첩에 적어놓자.

Tilt
8
안전이 보장된 세상을 만들자

∘∘∘

"평화는 매일, 매주, 매달에 걸쳐 일어나는 과정이다.
그것은 점차 태도 변화를 일으키고 낡은 장벽을 서서히 무너뜨리며
새로운 구조를 조용히 이뤄낸다."

_존 F. 케네디

끊임없는 스트레스 상태에서 일생을 살아가야 하는 한 아이를 생각해보자. 이제 곧 닥쳐올 부정적인 공격(과다한 감각 정보, 시각이 편협한 교사, 놀리고 괴롭히는 친구들)에 대비해 마음을 단단히 먹고 부모나 다른 모든 사람 앞에서 계속 수치심을 느껴야 한다. 이 아이는 늘 이런 부정적인 생각으로 자신이 매사 일을 망친다고 느끼며 부정적 자기암시에 빠진다. 또한 자기 나름대로 치열하게 살아가면서 밀려오는 감정과 육체의 압력으로부터 자신을 지키고자 기를

써야 한다.

바로 이것이 우리 아이들의 현실이다. 불안장애나 감각처리장애가 있는 아동뿐 아니라 다양한 형태의 비전형적인 아이들은 항상 이런 식의 공격을 받는 느낌으로 살아간다. 이 문제를 반드시 다뤄야 하는 이유는 스트레스 과부하가 뇌를 정지시킬 수도 있기 때문이다. 이럴 때 무슨 수로 감정을 조절하고 좋은 결정을 내릴 수 있을까. 우리는 주저앉으면 안 된다. 아이들은 이 상황을 해결할 수 없다. 연구에 따르면 우리 아이들이 효과적으로 학습하면서 건강하게 성장하려면 안전하고 굳건한 지지가 필요하다. 무엇보다 고강도 스트레스와 불안이 이어지면 만성질환으로 발전해 급기야 정신건강 문제로 이어질 수 있다.

애셔를 위해 홈스쿨링을 시작하기 전까지 나는 아이의 마음이 얼마나 닫혀 있는지 몰랐다. 그런 아이의 마음을 달래고 열어주기 위해서는 해독 과정이 필요했다. 우리에게 홈스쿨링은 생소한 환경이라 처음 4개월 동안 애셔와 나는 새로운 변화와 규칙을 배우고 서로 간의 경계도 존중해주었다. 네덜란드라는 낯선 땅, 새로운 언어, 새로운 삶에 적응해가는 내내 우리는 실험 삼아 다양한 일정에 도전했고 우리에게 가장 잘 맞는 과정을 찾아내기 위해 노력했다. 무엇보다 학습과 휴식 시간, 프로젝트, 수업 시간, 휴대전화나 아이패드를 갖고 노는 시간 그리고 현장학습의 균형을 맞추려고 애썼다. 어느 날은 우리가 잘하는 듯했으나 또 어느 날은 아무 대책도 없이 만신창이가 된 느낌이었다.

생각해보면 나도 모르는 사이 내가 오히려 애셔의 불안감을 조성하고 방어적인 태도를 촉발한 측면이 있었던 듯하다. 과거의 기대와 구조를 언제 어떤 방식으로 작별하고 우리가 새롭게 세운 방식을 어떻게 받아들여야 하는지 확신하지 못했기 때문이다.

몇 달 동안 시행착오를 거치며 잘 짜인 구조를 따르는 것과 유연하게 대처하는 것 사이의 균형을 유지한 뒤 애셔에게 물어보기로 했다. 나는 마치 회사의 중역처럼 프로젝트를 짜서 아이에게 내놓았다.

"이 계획을 어떻게 생각하니? 이 일정이 마음에 들지 않으면 바꿀 수 있어. 그렇지만 일단 어떤 결정을 내리면 그건 꼭 지켜야 해. 그렇게 하루 일정을 계획하면 언제 무슨 일이 일어나는지 미리 알 수 있고 당황스러운 일은 없을 거야."

"완전 멋져요!"

신나서 소리를 지르며 소파에서 뛰어내려온 애셔는 미끄러지듯 거실을 휘젓고 다녔다(아이가 정말 좋아서 흥분할 때 하는 행동이다).

"진짜 학교하고 똑같네요. 학생이 나 하나라는 것만 빼고요!"

'애셔는 학교를 좋아하지 않았는데, 이게 뭐지?' 나는 혼란스러워서 애셔에게 다시 물었다.

"그런데 이게 그렇게까지 좋아할 일이야?"

"네, 그럼요. 좋아요!"

그 순간 나는 정신이 번쩍 들었다.

'애셔는 예측 가능한 상황을 간절히 원했던 거구나.'

아이는 마지막 순간 일정이 바뀌거나 이미 계획한 것과 달라지면 잘 해내지 못한다. 그럴 경우 반항하고 규칙과 규정을 무시할 수밖에 없었던 것이다. 아이는 잘 짜인 구조를 좋아한다. 잘 짜인 구조에서는 아이가 더 안정을 찾고 차분해지면서 더 잘 통제할 수 있었다. 반면 이렇다 할 목표가 없던 처음 몇 달 동안 나는 아이가 안전함을 느끼도록 도와주지 않았고 그것이 아이의 불안감을 높였다. 결국 아이가 계속 무너지면서 규제가 통하지 않았다.

안정감이 가져다주는 선물

지속적인 스트레스 상태에 있는 사람은 의미 있게 발달하거나 인지적 성장을 하기 어렵다. 일상생활에서 더 많은 평화와 만족을 경험하면 전반적으로 더 많이 행복해지고, 자극에 덜 민감해지며, 모든 종류의 학습을 자연스럽게 받아들일 수 있다.

아이들도 마찬가지다. 어려운 시기를 겪을 때는 누구에게나 마음 편히 쉴 장소가 필요하다. 안전한 곳, 즉 다시 일어설 수 있고 다른 사람들의 판단이나 비웃음으로 내 마음이 다칠 염려 없이 온전히 나 자신으로 있을 만한 공간이 절실하다. 그 안도감은 푹신한 소파에 앉아 종일 넷플릭스를 시청하거나 포근한 담요로 몸을 감싸거나 부드러운 와인 한 잔을 마시는 것으로도 충족할 수 있다. 또는 자신을 있는 그대로 좋아해주는 배려심 많은 가족이나 친구가 곁에 있어도 안도감이 느껴진다.

이것이 바로 우리가 아이들에게 해야 하는 역할이다. 아이들에게 가정환경은 안전하고 안심할 수 있는 곳이어야 한다. 아이들이 있는 그대로 온전히 존중받고 수치심을 느끼거나 외면당하거나 벌 받을 염려 없이 자신을 표현할 수 있는 그런 장소여야 한다. 우리는 아이들의 등 뒤에 든든하게 서 있어야 한다. 심지어 아이들이 우리에게 못되게 굴면서 덤벼들고 골치 아픈 일을 만들었을 때조차 우리는 늘 자기편임을 알게 해야 한다.

세상을 남들과 다르게 살아가는 아이는 가끔 자신이 세상에 제대로 들어맞지 않는다는 것을 느낀다. 그것은 흔히 '투쟁 모드' 또는 '회피 모드'에 갇히는 결과를 초래한다. 그러나 우리 부모들이 노력해 이 아이들이 마음 놓고 살 수 있는 환경을 만들면 아이들의 성장은 제한받지 않을 것이다. 학교에서 어떤 일이 있었든 가정은 안전하고 안심할 수 있는 곳이자 아이가 있는 그대로 받아들여지는 곳이어야 한다.

• 돌이켜보자

아이가 어떤 환경과 상황에서 자주 불안해하고 스트레스를 받는가? 스트레스를 유발하는 환경은 어떻게 아이들의 학습과 성장을 저해하는가? 만약 아이들이 더 안정되고 균형과 분별 있는 일상을 살아간다면 어떻게 자라날까?

자녀의 스트레스 유발 요인을 알자

몇 년 전 '아스퍼거 엑스퍼트Asperger Expert'라는 온라인 교육과 정보 사이트를 처음 알게 되었다. 나는 그 사이트의 공동 창업자 대니 리드에게 '방어 모드에서 탈피하는 법'이라는 비디오를 보라는 권유를 받았다. 아스퍼거 증후군을 가진 대니는 방어 모드는 "아스퍼거 증후군이 있는 사람이 겁내거나 좌절하고 혹은 화가 나 중단하고 물러나는 상태"라고 설명했다. 대니에 따르면 아스퍼거 증후군을 가진 사람의 방어 모드란 저항하는 상태 또는 동기부여가 되지 않은 상태를 말한다. 그것이 사실일 수도 있지만 어쩌면 그들이 '투쟁'과 '회피' 모드 중 하나로 자기 방어를 하기 때문인지도 모른다.

아스퍼거 증후군이나 고기능 자폐아동을 위한 치료적 개입은 보통 사회성 개발에 초점을 두고 있다. 그런데 이 비디오는 현실에서 안전함을 확보하고자 하는 아이의 기본 욕구를 아직 충족해 주지 못해 그런 사회성 기술 학습이 제대로 이뤄지지 않는다는 점을 지적했다. 이것은 내게 큰 충격을 주었다. 대니는 모든 것이 잘못되었다고 말했다. 즉, 제대로 된 개입이라면 아이들이 방어 모드에서 벗어나는 것에 초점을 두어야 한다는 것이었다. 그래야 학습이 이뤄진다는 말이다.

그럼 어떻게 해야 할까? 우리가 아이의 언어를 알아듣기 위해 노력하듯 어떤 상황이나 환경이 아이들을 힘들게 하고 학습이 불가능한 상태로 만드는지, 불안이 어떤 식으로 나타나는지도 알아들으려는 노력이 필요하다. 앞서 말했듯 애셔는 정규학교에 다닐 때 스트레스를 많이 받았다. 어찌나 스트레스를 받았는지 손톱을 하도 물어뜯어 남아나지 않을 정도였다. 그때부터 나는 이 아이에게 시간적 압박이 스트레스를 불러오는 또 다른 요인임을 알게 되었다. 스트레스를 받으면 아이는 성질이 급해지고 돌발적이며 세상 어떤 것도 눈에 들어오지 않는 듯하다. 안절부절못하고 흥분해서 행동하는데 그러지 말라는 말을 들으면 좌절감에 짓눌려 화를 내고 난리를 치며 일방적인 방어 모드에 들어간다.

아이에게 불안이나 스트레스를 유발하는 구체적인 상황뿐 아니라 어떤 식으로 불안이 나타나는지 이해하는 것은 아이들을 돕는 첫 단계다. 아이를 힘들게 하는 요인을 다 통제하는 것은 불가능하겠지만 집에서의 스트레스 요인만 완화해도 훨씬 나아진다.

스트레스 대처 전략을 개발하자

때로는 불안을 초래하는 상황을 피할 수 없다. 학교가 불안의 원인일 때는 더욱 그렇다. 따라서 아이와 함께 미리 대처 전략을 세우고 때가 오면 아이가 그 전략을 통합하도록 도와줄 발판을 세워야 한다. 많은 부모가 긍정적인 행동 체계를 설계하기 위해 교사와 의논하는데 힘든 순간 아이가 대처 전략을 기억해 이겨내면 교사가 상을 주는 방식도 있다.

앤의 경우를 보자. 앤은 자폐 스펙트럼 장애를 갖고 있는 다섯 살짜리 여자아이의 엄마다. 그녀는 어려운 상황을 다루는 방법을 딸과 함께 미리 상황극으로 해보고 학교에서 어려움을 겪을 때 크게 심호흡하는 방법과 그 시점을 학급 교사가 반드시 말로 해줄 것을 당부한다. 또한 앤은 아이의 책가방과 파일에 쪽지를 붙여놓아 아이가 눈으로 읽고 확인하게 하는 방법도 사용한다.

아이들이 해낼 수 있거나 공공장소에서 아이를 적당히 진정시킬 몇 가지 작은 요령을 모아서 만든 정서-조절 대처 습관 가운데 아이에게 맞는 것을 찾도록 치료사와 코치가 도와줄 수 있다. 그 외에 두 손 움켜쥐기, 심호흡하기, 손바닥으로 허벅지 문지르기, 스트레스 공 쥐기, 껌 씹기(옷깃을 깨무는 것을 막기 위해) 등을 시도해보면서 아이에게 어떤 것이 효과가 있는지 살펴봐야 한다. 아니면 아이가 이미 스스로를 달래고 감정을 가라앉힌 경험에서 힌트를 찾아본다. 가령 블록 놀이, 책 읽기, 인형 끌어안기, 그림 그리기 등이 있다. 나아가 아이들이 무엇을 하고 있는지 정확히 알고 특히 감정이 고조된 상황에서 잘 선택해 사용하도록 도와준다. 만약 한 번 효과가 있었던 것이 더 이상 도움을 주지 않으면 새로운 방법을 시도해본다.

아이들이 '그 순간을 벗어나도록 즉각적인' 스트레스 해소 전략을 세우게 돕는 것 외에 우리가 할 수 있는 일이 있다. 그중 가장 쓸모 있는 일은 아이들이 피할 수 없는 어려운 상황을 예측하고 미리 계획해 적극 도움을 주는 것이다. 이 분야의 권위자는 앞서 소개한 로즈 그린이다. 그는 '아이와 함께 협력해 문제 행동을 예방하기 위한 사전 해결책'을 모색하는 방안으로 CPS Collaborative and Proactive Solutions 모델을 개발했다. 그린은 CPS 모델을 설명하면서 우리 아이들에게 습관적으로 일어나는 힘든 상황을 확인하도록 우리를 격려한다. 또 그런 일이 벌어졌을 때 어떻게 대응할 것인지 아이들과 협력해 계획을 세우라고 조언한다.

해마다 있는 핼러윈 퍼레이드가 나이 어린 잭슨에게 스트레스를 주는 상황을 예로 들 수 있다. 행사 규모가 워낙 커서 퍼레이드 마차 위의 사람들이 구경꾼에게 무작위로 사탕을 던져주기 때문이다. 잭슨은 자신은 원하는 대로 사탕을 받지 못하는데 옆에 있는 아이들은 원하는 만큼 다 받는다고 생각해 화를 낸다. 잭슨은 느리기도 하고 심지어 받은 사탕도 놓치기 일쑤다. 그러면 정신이 쏙 빠지고 불안해지면서 맥이 탁 풀린다.

이 경우 잭슨의 부모가 선택할 수 있는 몇 가지 방법이 있다. 하나는 아예 퍼레이드에 가지 않는 것이다. 핼러윈 때 아무것도 하지 않는다고 해서 신경 쓸 필요는 없다. 아이가 안심하도록 돕는데 필요한 것이라면 우리는 그 일을 해야 한다.

만일 잭슨이 퍼레이드에 참석하고 싶어 하면 어떻게 해야 할까? 잭슨의 부모는 아이가 겪을 상황을 예측하고 이를 어떻게 다룰지 잭슨과 함께 브레인스토밍을 할 수 있다. 네가 좋아하지 않는 사탕만 받고 끝나면 어떻게 할 거니? 네가 사탕을 집기 전에 옆에 서 있는 친구가 다 가져가면 어떻게 하지? 아무도 네게 사탕을 주지 않으면 어떻게 하지? 네가 정말 화가 나기 시작한다는 것을 알게 되면 엄마와 아빠는 어떻게 할까?

그린은 해결책을 만들 때 아이들이 스스로 나서서 함께하는 것이 중요하다고 말한다. 그러면 아이들은 계획을 자기 것으로 받아들이고 앞으로 겪을 험난한 경험을 더 잘 조절할 수 있다.

가정은 안전한 곳이라는 확신을 주자

베카의 여섯 살 된 아들은 이중으로 예외적인 아이이다. 아이가 눈에 띄는 과잉행동을 하기 시작하면서 그들 가족은 학교나 이웃사람을 대할 때마다 쌓여가는 오해의 무게에 짓눌리고 있었다. 베카와 남편은 날마다 일어나는 문제가 자신들뿐 아니라 과잉행동을 하고 다니는 아들 자신에게도 좋지 않은 영향을 미친다는 것을 알고 있었다.

어찌할 바를 모르던 베카네 가족은 집을 팔고 좀 더 외딴 시골로 이사 갔다. 그곳에서 그들은 말 많은 이웃과 이러쿵저러쿵 시비를 거는 사람들로 인한 스트레스로부터 자유로워졌다. 베카가 이렇게 말했다.

"우리는 새로운 시골 생활에서 많은 치유를 받았어요. 이곳에서 지낸 2년 동안 가족으로서의 책임과 역할을 찾은 것 같아요. 아이의 정서를 지원하기 위해 항상 아이의 필요를 들어주려 노력하고 있어요. 아이의 흥미에 관심을 기울이며 우리 셋은 거의 모든 것을 가족으로서 함께하고 있지요. 이제 아이는 열 살이 되었고 잘 지내고 있어요."

물론 새로운 곳을 찾아 이사하는 것은 모든 사람이 할 수 있거나 하고 싶은 일은 아니다. 설령 이사하지 않더라도 아이가 안심할 만한 편안한 가정을 제공하기 위해 실질적인 변화를 일으킬 수 있다. 케이티는 신경다양성을 가진 딸이 울고 싶을 때 맘껏 울게 해주고 화가 나면 화를 분출하도록 해줌으로써 집을 편안하고 안전한 곳으로 느끼게 해준다. 또한 아이가 무엇이든 엄마에게 말할 수 있도록 아이를 '단죄하지 않는' 가정 분위기를 만들기 위해 애썼다. 그녀는 말했다.

"그때는 어떤 스트레스나 골치 아픈 일이 있어도 아이의 말을 잘 들어주는 것이 우리에게 가장 중요했어요. 덕분에 아이와 유대감이 생겼고 아이는 더욱더 안정을 찾았지요."

이중으로 예외적인 열 살 아들을 둔 다른 엄마의 이야기도 있다. 그 엄마는 아이가 학교에서 "너는 나쁘다"라는 말을 너무 자주 들어서 아이 스스로 자신이 '좋은 아이'라는 것을 인정하도록 하려고 많이 애썼다고 한다. 그녀는 아들을 있는 그대로 받아들이는데 온 힘을 기울였고 아이가 열정과 관심을 보이는 것은 무엇이든 따지지 않고 지지해주었다고 한다.

"아이에게 가장 중요한 것은 엄마인 내가 아이를 지지해주고 안심하게 해주는 사람이어야 한다는 것이었어요. 학교는 아이에게 안전한 장소가 아니었고 친구의 집도 마찬가지였죠. 공공장소는 더더욱 아니고요. 적어도 우리 집만큼은 안전한 장소여야 했지요."

메리는 두뇌회로가 다른 세 아이의 엄마다. 그녀는 아이들에게 집이 안전하다는 느낌을 주려면 강하게 밀고 나갈 때와 물러설 때의 차이를 알고 적절히 균형을 맞춰야 한다고 말한다.

"내가 아이들이 안심하도록 만드는 가장 좋은 방법은 아이들의 한계를 넘어서지 않는 거예요. 아이들은 일단 불안해지면 아무것도 배울 수 없어요. 부모가 자신이 기댈 수 있는 존재라는 사실을 아이들이 아는 게 가장 중요해요. 야구 연습을 놓쳤거나 숙제를 하지 않았다는 이유로 엄마나 아빠가 자신을 감정의 절벽으로 내몰지 않는다는 것을 알게 해야 합니다."

아래의 다른 방법들도 제안해본다.

- 언제든 쉴 수 있게 편안한 침실과 아늑한 공간을 아이와 함께 만든다. 그곳에는 베개, 쿠션, 부드러운 담요, 푹신한 이불, 좋아하는 물건, 편안한 실내화, 바라만 봐도 편안해지는 그림, 마음을 달래고 에너지를 주는 음악, 좋아하는 책을 갖다놓는다.
- 함께 피자를 먹거나 영화를 보고 게임을 하는 등 가족이 함께하는 시간을 갖는다.
- 하루를 규칙적이고 차분하며 사랑받는 느낌으로 시작하고 마치도록 아이가 정해진 시간에 잠자리에서 일어나고 잘 수 있는 분위기를 만들어준다.

매일 사랑의 힘을 실어주자

내 친구이자 동료 작가인 셰릴 킬로다비스Cheryl Kilodavis는 2011년 발표한 획기적인 어린이 책《마이 프린세스 보이My Princess Boy》에서 자신의 아들 다이슨의 이야기를 다루고 있다. 다이슨은 우리의 전통적인 성 고정관념을 깨는 소년이다. 분홍색을 좋아하고 드레스에다 공주 왕관 쓰는 것을 즐기며 발레리나처럼 춤추고 싶어 한다. 셰릴은 아들이 자신을 표출하는 방식이 처음엔 불편했지만 그녀가 그것을 받아들인 이후 아들은 안정을 찾았다.

셰릴은 아들이 엄마에게조차 받아들여지지 못하면 그 아이가 가는 길이 얼마나 어려울지 생각했다고 한다. 그녀는 아이가 받아들여지는 세상을 만들기 위해 뭔가 대담한 일을 하고 싶었다. 2011년 〈투데이 쇼〉 인터뷰에서 셰릴이 말했다.

"하루는 큰아들 디코베가 내게 '엄마, 다이슨이 행복하다는데 그냥 두면 안 될까요?'라고 말하더군요. 그때 정신이 번쩍 들었지요. 그 순간 나는 이것이 디코베도, 다이슨도, 남편도 아닌 바로 나 자신의 문제였음을 깨달았습니다."

셰릴은 자신의 감정과 행동을 깊이 생각해보는 자아성찰을 한 뒤 글을 쓰기 시작했다. 그리고는 마침내 배척의 대가와 진실한 수용의 힘을 다룬 책의 초안을 완성했다.

우리는 날이면 날마다, 심지어 아주 나쁜 날이나 더 지독하게 나쁜 날조차 아이의 모습을 있는 그대로 받아들이고 고마워한다는 것을 아이가 알 수 있도록 하고 싶다. 아이가 사랑받고 있음을 제대로 알아챌 기회를 만들어보자. 그것은 포근하고 사랑스런 잠자리 인사처럼 간단할 수도 있고, 냉장고에 붙여놓은 사랑의 메모나 우리끼리만 통하는 우스운 농담일 수도 있다. 방과 후 아이를 데리러 갔을 때 자동차 헤드라이트로 깜빡거리는 사인을 보낼 때일 수도 있고, 아니면 어스름한 새벽 잠결에 비틀대며 엄마와 아빠의 침대로 들어올 때 불을 밝혀주는 것일 수도 있다.

나는 애셔와의 관계가 몹시 긴장 상태에 있을 때나, 아이에게 방어적인 태도가 느껴지는 즉시 아이를 안심시킬 이야기를 찾아내려 애쓴다. 애셔에게 얼마나 너를 사랑하는지 알려주고 어떤 일이 생기든 엄마는 네 관점과 과정을 존중한다고 말한다.

• 당장 시작하자

아이가 반복해서 불안해하는 상황을 적어 목록으로 만들고 아이와 함께 각각의 문제에 의견을 내며 사전 대책을 강구해보자.

Tilt
9

큰 소리로 당당하게 현실을 외치자

◦ ◦ ◦

"내 목소리를 만들기까지 꽤 오랜 시간이 걸렸고
이제 갖게 되었으니 더 이상 침묵하지 않겠다."

_매들린 올브라이트

틸트 페어런팅 팟캐스트를 진행하면서 내가 좋아하는 것 중 하나는 신경다양성에 관한 인식을 바꾸기 위해 선구적으로 일하는 사람들과 만나는 것이다. 앤 더글러스도 그중 하나다. 최근 저서《폭풍우를 통과하는 양육》을 포함해 '부모 되기'를 주제로 여러 권의 책을 쓴 앤은 의미 있는 대화를 잘 이끌어내는 것으로 알려진 작가이자 연설가다. 앤은 가장 긴박하고 중요한 과제 가운데 하나는 신경다양성과 정신질환을 둘러싼 오명을 벗기는 일이라고 본다. 때로 앤은 자기 자신은 물론 비전형적인 네 자녀가 직접 겪고 있는 어려움을 공개적으로 말했다는 이유로 비난을 받는다. 그렇지만 앤은 말하지 않아서 치러야 할 대가가 너무 크다고 생각해 굽히지 않고 밀고 나가는 중이다.

앤은 책을 쓰기 위해 두뇌회로가 다른 아이들의 부모와 인터뷰를 했는데 익명임에도 불구하고 그들 중 다수가 혹시라도 남들이 자신을 알아볼까 봐 전전긍긍했다. 앤은 이렇게 말한다.

"끔찍할 정도의 본능적인 공포를 느끼고 있어요. 가족은 이미 아이들을 위해 가족 시스템이 역할을 다하도록 엄청난 스트레스와 불안이라는 부담을 짊어지고 있는데, 여기에다 행여나 그들에게 도움을 주는 지원을 찾아내지 못할까 하는 걱정도 해야 합니다."

앞선 틸트에서 우리는 고립에서 벗어나 관계를 맺는 것이 얼마나 중요한지 이야기했다. 이제 한 단계 더 나아가보자. 우리 아이들의 신경학적 차이를 바라보는 세상의 시선이 바뀌길 진정 바란다면 우리와 아이들을 위한 진실을 솔직하게 함께 나눌 필요가 있다. 그것이 오랜 침묵으로 계속된 오해, 낙인, 수치심에서 벗어나는 유일한 방법이다.

◊ 침묵의 대가

'낙인'을 구글에서 검색해보면 제일 먼저 뜨는 것은 '특별한 상황, 성질 혹은 사람과 관련해 치욕스러운 판정이나 평판'이다. 이럴 수가! 그야말로 '치욕'이라는 단어가 모든 것을 말해주는 것 같다, 그렇지 않은가? 실제로 누구도 가족 안에서 벌어지는 일을 바깥 세상에 드러내고 싶어 하지 않는다.

다른 모든 것에 앞서 중요한 것은 '낙인'이 실제로 존재하는 우리의 현실이다. 사람들은 다양한 종류의 신경다양성에 주로 부정적인 고정관념, 고립되거나 시대에 뒤떨어진 경험, 낡고 잘못된 정보를 기초로 만들어진 선입견을 보이는 경우가 많다. 또는 그와 관련을 지어 생각한다. 그들도 신경다양성을 정확히 알면 우리 아이들을 다른 식으로 대할 것이다. 우리 아이들은 이런저런 일에서 제외되기 십상이다. 다정하고 너그러우며 창의적인 아이들의 좋은 성향을 무심코 넘기거나 놓친다. 부정적인 '낙인'으로 모든 것이 가려지기 때문이다.

사실 남편 데린도 처음에는 그런 이유로 애셔의 교사들에게 애셔의 상태를 말하길 꺼려했다. 남편은 교사에게 사실을 말하는 것은 애셔의 등에 '장애아동'이란 딱지를 붙여주는 셈이라고 했다. 또 교사는 애셔를 비판적으로 바라볼 것이고 아이와 전혀 상관없는 문제조차 아이 탓으로 돌릴지 모른다고 걱정했다. 이러한 걱정은 당연한 것이었다. 나는 그 마음을 충분히 이해한다.

그러나 바로 그런 이유로 우리는 더욱더 분명하게 목소리를 내야 한다. 그렇지 않으면 각 가정에서 우리가 아이들을 사랑하고 지지하는 것과 별개로 아이들 스스로 괜찮지 않다고 생각할 수 있다. 더구나 자라면서 자기주장을 해야 할 기회가 많아질 텐데 그때 아이들이 자기 목소리를 내지 못하고 당황하거나 두려움에 떨 수 있다. 우리가 경험하는 일에 목소리를 내지 않으면 그런 일을 겪을 때마다 몸서리치면서도 아무 말 없이 계속 낙인을 달고 사는 꼴이다. 아무것도 하지 않고 마냥 움츠러든 채 소극적인 태도로 살아가겠는가. 우리 아이들은 분명 그보다 더 나은 대우를 받아 마땅하다.

⸰주장해야 모든 것을 바꾼다

이 주제를 놓고 최근 나는《소녀다움 재정의하기Redefining Girly》를 쓴 멜리사 워디Melissa Wardy와 대화를 나누었다. 멜리사는 불안장애가 있는 딸의 수영 팀에서 만난 어느 여자아이 이야기를 들려주었다. 멜리사가 여느 날과 마찬가지로 수영하는 아이들을 바라보고 있는데 그중 한 명이 다가오더니 손을 내밀며 이렇게 자기소개를 했다.

"안녕하세요? 저는 소아당뇨와 약한 아스퍼거 증후군 증세를 갖고 있어요. 그래서 제가 감정이 폭발할 때 증세가 나타나요. 그것 말고는 다 좋아요."

멜리사는 자신과 딸아이를 그 아이처럼 간결하고 설득력 있게 소개하지 못했지만 그 여자아이의 자신만만한 태도에 빙그레 미소가 지어졌다고 한다. 자신이 어떤 사람이고 자신을 공개적으로 어떻게 지켜야 하는지 알고 있을 뿐 아니라 어떤 것에도 흔들림 없는 것이 몹시 사랑스러웠다. '나는 이런 사람이고 내게 필요한 것은 이러이러한 거예요. 감사합니다!'라는 뜻이 아닌가.

바로 그것이다. 그게 바로 우리가 하려는 일, 즉 '차이'의 정상화다. 차이란 누군가가 어떤 사람인지 보여주는 여러 측면 중 하나일 뿐이다. 아이의 잘못을 따지기보다 그들이 경험한 것을 먼저 이해해줄 길을 열어야 한다. 아이들 이야기를 하는 우리 목소리에 담긴 확신이 우리 아이들에게 전해지길 바란다.

사람들은 애셔가 어쩌면 저렇게 밝고 자신감이 넘치느냐고 묻는다. 그러한 애셔의 모습 뒤에는 언제나 가족은 물론 친척, 친구, 의사, 교사와 모든 것을 터놓고 이야기해온 노력이 자리하고 있다. 애셔의 신경학적 차이는 그 아이가 지닌 하나의 특징일 뿐 감추거나 창피해야 할 이유는 당연히 없다.

• 돌이켜보자

아이가 받은 진단을 말하는 것이 편안한가? 내게 일어난 일을 터놓고 말하면 어떤 좋지 않은 일이 일어날까? 우리가 겪고 있는 일에 목소리를 내는 것이 어떻게 나 자신과 아이를 도와줄까?

Embracing the Tilt
• 틸트 적용하기 •

자신에게 솔직해지자

아이의 훈육 방법부터 우선순위를 따지며 찾아내는 교육의 종류에 이르기까지 부모의 역할은 아이의 두뇌회로에 관계없이 개인적인 신념, 생각, 가치 그리고 삶에 보이는 견해에서 비롯되는 경우가 많다. 아이가 신경다양성을 가진 경우에도 신념, 생각, 가치관, 견해는 두말할 나위 없이 중요한 역할을 한다. 두뇌회로가 다른 아이를 키우는 부모가 개인적으로 신경다양성에 어떤 견해를 보이는지 헤아려보는 것은 중요한 일이다. 아이가 비전형적이라고 해서 신념, 생각, 가치, 견해가 없을 수는 없기 때문이다.

어쩌면 당신은 영재아동이 자신의 인생을 인정받지 못하고 잠재력을 허망하게 낭비하며 살아가는 모습을 떠올릴지도 모른다. 또 내가 과거에 그랬듯 '과잉행동'으로 정신이 쏙 빠져 제대로 판단하지 못한 채 아이가 난리치기 시작하면 짜증이 확 차오르는 상태를 경험할 수도 있다. 누군가는 아이들이 받은 '진단명' 자체와 씨름하면서 자폐성장애, 학습장애, 느린 처리속도 같은 말에 불편함을 느낄 수도 있다.

이유가 무엇이든 우리는 솔직해질 필요가 있다. 이는 아이가 받은 진단을 놓고 자신의 온갖 부정적인 생각을 밝혀 드러내야 한다는 것을 의미한다. 현재 품고 있는 부정적인 생각에 죄책감이나 창피함이 느껴져 이 단계를 건너뛰고 싶을지라도 그러지 않기를 바란다. 현실을 부정하는 것은 아무리 좋은 의도라도 우리나 우리 아이들에게 도움이 안 된다. 일단 부정적인 생각과 믿음이 있음을 인정하면 우리와 우리 아이들을 위해 더 긍정적이고 진실한 방식으로 재구성할 수 있다.

침묵이 필요한 순간을 파악하자

애셔가 세 번째 생일을 맞을 무렵 아이가 책을 읽는 것을 보고 남편과 나는 깜짝 놀랐다. 비록 아이가 좋아할 만한 책이 집 안 여기저기에 있었고 남편과 내가 책을 많이 읽어주기도 했지만 당시 우리는 애셔에게 아직 글을 가르치지 않았고 가르칠 생각조차 하지 않았다. 기대하지도 않던 그 조그만 꼬마가 느닷없이 글을 읽다니! 세 살배기 우리 애셔는 손이 닿는 곳에 있는 어린이 책을 모조리 읽기 시작했다. 가히 '책 읽는 기계'라 할 만했다.

애셔보다 더 나이든 아이를 키우는 친구들은 아이에게 글 읽는 법을 가르치는 것도 큰 과제인데 애셔가 대단하다고 했다. 사실 그것은 책과 문학이라는 전혀 새로운 세상으로 도약한 일이다. 이것은 남들에게 신이 나서 자랑 삼아 떠들 만한 가치 있는 사건이었다. 그런데 애셔가 유독 일찍 글을 깨우친 것을 주변의 다른 부모들이 별로 달가워하지 않는 눈치였다. 애셔보다 더 큰 아이들이 있는 부모는 애셔처럼 어린애가 글을 읽으면 마치 자기네 아이의 성취감을 깎아내리고 기쁨을 앗아가기라도 하는 것처럼 반응했다. 그래서 우리는 누군가가 먼저 언급해도 화제를 다른 쪽으로 돌려 행여 자랑한다는 티를 내지 않으려고 애썼다.

어느 부모든 자녀가 남들과 다를 때 경우에 따라 입을 다문다. 때론 그것이 다른 사람들을 불편하게 만들 수 있는 아이의 놀라운 재주나 기발함, 능력 같은 재능일 수 있다. 이럴 때 우리는 가끔 그 능력이 대수롭지 않은 듯 넘어가려 한다.

이는 아이들이 겪는 어려움도 마찬가지다. 자신이 불편해지는 것이 싫어서 아이들의 어려움을 과소평가할 때가 있다. 구체적으로 말하면 우리 가운데 많은 사람이 아이의 신경학적 차이를 아이에게 직접 말하지 않을뿐더러 아이 앞에서는 아예 이야기를 꺼내지도 않는다. 아이들의 진단 결과를 처음 받았을 때는 더 심하다. 이제 막 진단명을 확인한 정신없는 상황에서 무엇을 해야 할지 모르기 때문이다.

애셔가 처음 전반적 발달장애와 ADHD 진단을 받았을 때 나는 임상의에게 진단명을 생략한 소견서를 요청했다. 서둘러 그 자세한 내용을 세상에(어쩌면 나 자신에게도) 밝히고 싶지 않았기 때문이다. 짐작건대 당신도 그랬을 수 있다. 수치심, 당혹감, 두려움, 불안함을 억누르기 위해 잠자코 있는 방법을 택했을 수 있다. 먼저 현실에서 긍정적 혹은 부정적으로 반복해서 침묵하는 부분이 무엇인지 생각해봐야 한다. 일단 그것을 알고 나면 우리와 자녀를 정직하고 진실하게 대하기 위해 먼저 스스로를 내려놓아야 한다.

소셜미디어에서 말해보자

2017년 봄 어린아이 손에도 잡힐 정도로 작게 만든 피젯스피너(손가락으로 돌리며 스트레스를 푸는 장난감)가 전 세계에서 선풍적인 인기를 끌었다. 거의 하룻밤 사이에 일어난 일처럼 갑자기 모든 아이가 피젯스피너를 학교에 가져왔다. 이 장난감의 발상은 스트레스 해소와 집중력 유지에 도움을 준다는 것이었다. 홈스쿨링 중이던 애셔와 나는 〈네덜란드 청소년 뉴스Jeudgjournal〉에서 피젯스피너의 사회적 열풍을 읽기 전까지 그 사실을 전혀 모르고 있었다. 사실 애셔는 그 전부터 피젯큐브를 가지고 놀았다. 킥스타터 크라우드 펀딩으로 산 이것은 손가락을 재빨리 움직여 집중하는 것을 도와주는 작은 큐브 모양의 장난감으로 피젯스피너와 유사하다.

나는 피젯스피너의 폭발적인 인기가 잘 이해가 가지 않았다. 그러나 온라인 사이트 '싱킹 오티즘 가이드Thinking Autism Guide'에 아이야나 바이린Aiyana Bailin이 올린 글을 읽고 나서 그 장난감을 정확히 이해했다. 그녀는 피젯스피너를 두고 "장애인이 갖고 놀 때는 완전히 병적인 것으로 여기며 하지 말라더니 이제 비장애인의 손에 들어가자 완벽한 장난감으로 받아들인다"라고 썼다. 나도 그녀와 똑같이 생각한다.

애셔 같은 아이들이 그것을 갖고 놀 때는 문제로 여기지만 '정상' 아이들이 갖고 놀 때는 갑자기 완벽한 장난감으로 받아들인다는 얘기다. 물론 피젯스피너를 출시한 후 처음 몇 주 동안은 수업을 방해한다는 이유로 대다수 학교에서 사용을 금지했다고 한다. 이후의 일은 앞의 이야기와 같다.

나는 아이야나의 글을 페이스북과 트위터에 올려 많은 사람과 같이 나누었다. 그처럼 잘 쓰인 글은 사람들이 '설마, 이건 뭔가 잘못된 것 같은데?'라고 생각하게 하는 힘이 있다. 우리는 소셜미디어에서 수용과 거부 혹은 우리와 다른 경험을 하는 사람들에 관해 이런저런 방식으로 대화할 수 있다. 특히 게시글을 공유할 경우 아이디어나 새로운 시각을 간단하고 안전하게 널리 알리는 것이 가능하다. 더 솔직한 비평을 아끼지 않는 사람은 사회적 논쟁거리를 비평하고 대화에 참여할 수 있다.

소셜미디어에서 번번이 신경다양성을 주제로 부정적 낙인을 남기는 스레드(하나의 주제 아래 사람들이 게시판에 올린 일련의 의견-옮긴이)나 밈(인터넷에서 패러디, 재창작의 소재가 되며 유행하는 사진이나 영상-옮긴이) 등을 찾아본 뒤 잘못된 것이 있으면 반대 의사가 담긴 분명한 목소리를 내야 한다. 좀 더 책임감 있게 말이다.

우리만의 방식으로 드러내자

나는 말할 대상과 시점을 찾는 아이디어를 오래전 양육 코치인 마거릿 웨브의 그룹 프로그램에 참여하면서 알게 되었다. 상담 중이던 어느 엄마는 딸의 친구가 집으로 놀러왔을 때 아이의 진단명을 밝혀야 할지 고민이라고 했다. 나는 그때 마거릿이 해준 대답이 마음에 들었고 지금도 그 지침을 따르고 있다.

마거릿은 자신의 자폐성장애 아들을 예로 들며 누군가에게 무언가를 말하는 것은 '알 필요가 있을 때 알려주는 방식'을 택한다고 했다. 이는 누군가가 특별히 아들의 남다른 두뇌회로를 이해해야 하는 중요한 상황이면 밝히고 그렇지 않을 때는 하지 않는 것이다. 우리와 상관없이 그저 참견하길 좋아하는 이웃에게는? 당연히 말하지 않는다. 간혹 우리 아이의 위험한 행동을 다뤄야 하는 축구 코치라면? 당연히 알려야 한다.

솔직하게 진실을 말했을 때 문제가 생기는 경우는 그것이 지극히 개인적인 내용일 때다. 많은 사람이 그런 이야기를 할 때 당황하거나 상처받는다. 아이의 타임라인을 평가하는 사람들에게 대응할 만한 말을 미리 준비하듯 신경다양성을 설명하는 것뿐 아니라 누구에게 어떤 내용을 어떤 방법으로 밝힐지도 지침을 만들어야 한다.

만약 진단명을 말하는 게 불편하다면 주요 특징만 간단하게 말하는 것도 괜찮다. 가령 "우리 딸은 놀라울 정도로 에너지가 넘쳐서 절대 가만히 앉아 있는 순간이 없다", "우리 아들은 정해진 규칙에서 조금이라도 어긋나면 어마어마하게 화를 낸다", "우리 딸은 공부를 잘해서 늘 한 학년 정도를 앞선다"라고 말할 수 있다. 내가 '두뇌회로가 다른'이란 용어를 좋아하는 이유가 여기에 있다. 이는 자세한 내용이 필요하지 않은 상황에서 아이의 비전형적인 성향을 간단히 설명해주는 방법이다.

지난 몇 년에 걸쳐 나는 무엇을 어떻게 누구에게 터놓고 이야기할지 방향을 정했다. 요즘에는 애셔의 신경학적 차이를 상당히 개방적으로 이야기하는 편이다. 특히 새로운 사람을 만날 경우에는 더욱 그렇다. 애셔를 잘 모르면 당황할 수 있기 때문이다. 많은 사람들이 ADHD와 아스퍼거 증후군, 영재성에 따르는 많은 것을 완전히 이해하지 못해도 짧게나마 설명해야 하는 이유는 적어도 애셔가 전형적인 방식으로 활동에 참여하길 기대하지 않도록 하기 위해서다. 또 애셔가 새로운 일을 시작할 때 쉽게 안정을 찾는

데 도움을 주기 때문이다.

애셔의 두뇌회로가 남들과 다르다는 것은 우리 가족에게 매우 중요한 부분이라 터놓고 말하지 않으면 솔직하지 못한 기분이 든다. 터놓으면 우리가 처한 현실을 제대로 인정하기가 쉽다. 이것이 우리의 모습이자 우리가 살아가는 방법이다.

과연 어떻게 적절히 균형을 맞춰야 할까? 다른 부모나 친구, 교사에게 아이의 진단을 숨기지 말자는 것은 확실하지만 그렇다고 확성기를 들고 이 사실을 세상에 알려야 하는 것은 아니다. 그렇게 하지 않고도 터놓고 지낼 방법이 있다고 생각한다(내가 진행하는 팟캐스트 같은 곳에서 당신 가족의 이야기를 수천 명의 청취자와 함께 나눌 수도 있다).

아이의 이야기를 솔직하게 나누는 것과 관련해 나만의 방향을 정하는 것은 두려움 때문이 아니라 사랑과 가능성을 위해서라는 믿음과 확신이 중요하다.

• 당장 시작하자

이번 주에 새로운 이들과 함께하며 무슨 일을 겪었는지 솔직하게 나눔으로써 부정적인 낙인에 맞서보자.

Tilt

10

자기돌봄을 끈질기게 실천해보자

○ ○ ○

"다른 사람을 위해 그곳에 있을지라도 절대 너 자신을 내버려두지 마라."

_도딘스키

1년 전쯤 애셔와 나는 우리가 더 계획적으로 하루를 시작할 필요가 있다는 생각에 새로운 일과를 정해 매일 아침 실행하기로 했다. 이는 할 엘로드의 책《미라클 모닝》을 읽고 생각한 것이다. 이 책에서 그는 아침에 일어나 먼저 운동하고, 명상하고, 쓰고, 읽고, 시각화해 다짐하는 것까지 여섯 가지 다른 활동을 의식적으로 해볼 것을 권했다. 그런데 그 새로운 습관을 들이는 데 30일이 걸린다고 했다. 우리는 날마다 잘 실천하도록 일일 계획표를 만들어 표시하면서 한 달 동안 해보자고 결심했다. 지금 우리는 일 년 넘게 원래 계획한 것과 엇비슷하게 지낸다. 즉, 아침 시간을 내 꿈을

꾸고 설계하면서 계획성 있게 하루를 시작한다.

우리의 아침 일과는 애셔가 목표에 더 신중해지고, 성찰의 힘을 알고, 고요히 앉아 있는 데 도움을 주었고 나는 그것이 참 좋았다. 또 아이에게 신체, 지성, 정신, 감정상 좋을 뿐 아니라 아무 이유 없이 하는 활동도 중요하다는 것을 가르쳐주었다는 점은 더 좋았다.

자기돌봄은 선택이 아니다

세상에는 배우자나 자녀, 친구, 직장상사 같은 다른 사람의 욕구를 자신의 욕구보다 우선시하며 사는 사람이 많다. 나는 아니다. 오히려 나는 내 신체와 정서, 정신건강을 위해 내가 해야 할 일을 하는 데 거리낌이 없다. 과거에 내가 나 자신을 덜 챙겼을 때 많은 것이 무너지는 걸 경험했기 때문이다. 내게 자기돌봄은 절대 이기적인 것이 아니다.

자기돌봄 개념을 잘 생각해보자. 이것을 균형이나 자기본위처럼 '새 시대' 개념으로 보는 사람은 불신의 눈빛을 던지기도 한다. 또 자기돌봄을 실천하면서 자기 자신에게 에너지를 쏟는 것에 죄책감을 느끼는 사람도 있다. 심지어 자신을 전혀 돌보지 않고 자기 욕구를 모르는 척하면서 자신이 누구에게도 아무 이익도 주지 못한다며 절망하는 사람도 있다.

나는 어떤 사람이냐고? 나는 자기돌봄을 긍정적으로 생각한다.

자기돌봄은 모든 사람에게 도움을 주지만 특히 비전형적인 자녀를 키우는 부모에게 더 이익을 준다. 자기돌봄은 선택이 아니다. "만약 내게 시간이 있으면 하겠다"가 아니라 반드시 해야 한다. 그것은 먼 길을 떠나면서 자동차에 기름을 잔뜩 채우는 일과 같다. 예상치 못한 급격한 변화나 소모적인 과정, 살아가면서 겪는 일반적 감정 손상 상황에서 우리에게 활력을 준다. 자기돌봄은 정신건강에 관한 것이자 개인 행복을 실천하는 일이다. 자기돌봄은 우리 스스로를 돌보는 것이기 때문에 우리 아이와 자신, 가족에게 가장 잘 맞는 방법으로 어려운 일을 처리하는 데 도움이 된다.

나는 이중으로 예외적이면서 까탈스러운 아이의 성공적인 홈스쿨링을 위해 내 능력을 제대로 펼치고자 자기돌봄을 신뢰한다. 우선 나는 매일 뛰거나 걷는 운동을 한다. 또 짧지만 깊은 낮잠으로 자주 기운을 되찾고 도움이 필요할 때면 언제든 동생에게 전화한다. 여기에다 혼자만의 소중한 시간을 누릴 기회도 만든다.

날씨가 좋은 날에는 홈스쿨링 장소를 놀이터나 옥상으로 옮긴다. 태양과 자연이 나를 재충전해주기 때문이다. 매일 점심식사 때는 휴식을 취하며 에너지를 채운다. 팟캐스트를 듣거나, 재미있는 일일 드라마 재방송을 보거나, 빨래를 개면서 80년대 음악을 튼다. 무엇이 되었든 날마다 할 수 있는 자기돌봄을 매일 한다.

나는 나를 돌보는 데 어떠한 죄책감도 없다. '우리 자신을 돌보지 않으면 다른 이들을 돌볼 수 없다'는 말은 흔한 인용구 정도가 아니다. 언젠가 한 부모가 내게 보내온 글을 여기 소개한다.

"내 아들을 돌보기 위해 나는 나 자신을 돌볼 필요가 있었어요. 밑줄까지 그어가며 책을 읽으면서 방법을 찾아보았지만 내가 스스로 중심을 잡고 나를 통제하는 시간을 일부러 만들기 전까지는 내가 원하는 것을 제대로 실천할 수 없었지요. 자기돌봄은 자신을 편애하는 게 아니라 올바른 자각과 연민을 가진 사람으로 우뚝 서기 위해 시간을 쓰는 방법임을 이제야 알았답니다."

자기돌봄의 진실

내가 말하는 자기돌봄은 두 가지를 위한 일상적 활동이다. 첫째, 마음과 신체, 영혼을 위해 선택한 의도적인 활동이다. 둘째, 오로지 자신이 좋아서 하는 활동이다.

자기돌봄은 반드시 혼자 해야 하는 것이 아니다. 나는 가끔 남편과 함께 뛰는데 이것 역시 자기돌봄이다. 의도적이면서 나 자신을 위해 하는 일이기 때문이다. 때로는 오후 서너 시경 마이클 잭슨의 브레이크 댄스를 추는데 이때 애셔가 함께하기도 한다. 이것도 자기돌봄이다. 음악과 춤을 내가 고르고 완전히 나를 위한 것이므로 괜찮다(애셔가 합류하면 더 재미있다).

우리가 의도한 것이 차이를 만든다. 날마다 행하는 자기돌봄은 의식적으로 자신을 선택하는 일이다. 자신이 가치 있고 중요하다는 메시지를 자신에게 보내는 셈이다. 우리 자신은 중요하다. 그 생각은 우리에게뿐 아니라 많은 이에게 커다란 이익을 준다. 우리에게 여유가 생기면 건강하고 책임 있는 어른이 어떤 사람인지 좋은 본보기가 될 수 있다. 또 어떤 스트레스를 받아도 늘 밝게 웃을 여유가 있음을 아이들에게 보여줄 수 있다.

자기돌봄은 한 번 하고 끝내는 일이 아니며 어찌 보면 '훈련'이라 할 수 있다. 자기돌봄은 자신과 가족 안에서 하나의 문화처럼 지켜져 어려운 일을 당했을 때조차 기쁨과 만족으로 각자의 복주머니를 채우는 일이다. 더 나아가 자기돌봄을 일상 속에 제대로 자리 잡게 해보자. 그래야 갑자기 예상치 않은 퇴행적 행동이나 학교에서 겪는 좌절 혹은 어려운 일이 한꺼번에 몰려올 때조차 자기돌봄을 계속할 가능성이 높기 때문이다. 그럴 때는 더더욱 재충전이 필요하므로 다시 앞으로 나아갈 방법을 찾아내야 한다.

• 돌이켜보자

지금 나는 신체, 감정, 정신, 영적으로 욕구를 얼마나 충족하고 있는가? 욕구 충족이 미흡하다면 내가 나를 제대로 돌보지 못한 것이 아이를 효과적으로 양육하는 데 어떤 부정적 영향을 미칠까? 생활 속에서 좀 더 많은 자기돌봄을 실천하는 것은 나와 아이, 가족 모두에게 어떤 긍정적인 영향을 줄까?

자기돌봄 상태를 평가해보자

사만다 에투스Samantha Ettus는《인생 조각The Pie Life》의 저자이자 강연자로 충만한 삶을 만드는 틀을 이야기한다. 그녀는 인생을 직업, 건강, 인간관계, 자녀, 공동체, 친구, 취미라는 일곱 가지 다른 '조각'으로 이뤄진 하나의 파이로 설명한다. 따라서 여성이 양육에 모든 에너지와 시간, 신경을 쏟아부어야 하는 시기에도 한 인간으로서 인생이라는 한 판의 파이를 만들기 위해 한두 조각이 아니라 여러 조각에 규칙적으로 관심을 배분할 방법을 찾으라고 권한다.

"이들 조각이 항상 같은 크기여야 하는 건 아닙니다. 취미생활은 미세한 조각인데 비해 육아는 40퍼센트의 비중을 차지할 수도 있습니다. 그럴 수 있지요. 괜찮습니다."

사만다는 특히 두뇌회로가 다른 아이를 키우는 부모일수록 더욱더 파이 조각을 점검해 자기돌봄에 힘쓰는 것이 중요하다고 말한다. 그녀는 이렇게 설명한다.

"여가를 즐기는 것처럼 일상에서 나를 위한 계획을 세우면 훨씬 더 좋은 부모가 될 수 있습니다. 자신의 파이를 보면서 '오늘은 내 취미에 쓴 시간이 아주 적군. 이번 토요일에는 골프를 하루 종일 칠 수 없겠네. 그래도 한 달에 한 번은 기타 레슨을 받고 있으니 그걸로 충분히 행복해. 잘하고 있는 거야. 괜찮아'라고 말할 수 있기를 바랍니다. 자신에게 맞는 현실적인 계획을 세우면 됩니다."

자기돌봄을 실행하는 현 상태를 평가하는 한 가지 방법은 자신의 파이를 세심하게 살펴 각 조각의 크기를 잘 헤아리는 것이다. 일주일에 한 번씩 일상을 되짚어보면서 시간을 어떻게 썼는지 파악하는 방법도 있다. 들쑥날쑥했던 한 주의 흐름을 다시 살펴보면 어떤 틈새가 눈에 띌 것이다. 쉬지 않고 열심히 일만 했는지, 자신을 위한 시간은 거의 제로에 가까웠는지 바로 알 수 있다. 자기돌봄을 얼마나 하고 있는지, 자기돌봄이 아닌 다른 어떤 부분이 큰 범위를 차지하는지 알아야 균형 있는 삶을 살 수 있다.

자기돌봄을 방해하는 장애물을 조심하자

애셔에게는 목표가 많다. 현재든 미래든 자신이 이루고 싶은 것을 계획하기 때문이다. 예를 들면 3D 모델 예상도 완성, 커벌 스페이스 프로그램에서 새로운 우주선 만들기, 자신만의 글씨 폰트 만들기, '애셔 주식회사' 로고 만들기 등이 있다. 그런가 하면 자주 옆길로 빠져 '해야 할 일'에 체크 표시를 하나도 못 하고 하루를 마친 뒤 좌절하는 날도 많다.

얼마 전 애셔와 함께 애셔의 개인적인 방해물을 생각해보았다. 그 결과 시도 때도 없이 뜨는 알림창, 좋아하는 만화 〈돼지 앞의 진주〉를 보는 일, 서로 다른 브라우저 창에서 열리는 게임에 빠져드는 것 등이 아이를 산만하게 하거나 정해진 컴퓨터 사용 시간을 낭비하게 만든다는 것을 알아냈다. 이제 자신을 방해하는 것이 무엇인지 아는 애셔는 그 방해물을 미리 알아차리고 대처하는 방법을 배우고 있다. 이를테면 자신이 사용하는 앱과 프로그램에서 알림창이 꺼져 있는지 확인하는 것, 지금 해야 하는 일과 관계없는 모든 창을 끄는 것, 간혹 산만해지더라도 탈출하기 어려운 상황에 너무 깊이 빠지지 않도록 타이머를 설정하는 것을 실천하고 있다.

이러한 전략은 우리의 자기돌봄을 지키는 데도 적용할 수 있다. 만일 어떤 사람이 자신의 자기돌봄이 불규칙적이라 불만을 보인다면 나는 무얼 하는 데 시간이나 에너지, 생각을 충분히 쏟지 않아서라고 말하고 싶다. 아래 열거한 '핑곗거리' 안에 숨겨진 것은 자기돌봄을 실천할 때 주기적으로 방해하는 것들이다. 이 가운데 당신에게 해당하는 것이 무엇인지 알아보자.

- 너무 늦게 잔다.
- 소셜미디어에 시간을 낭비한다.
- 휴대전화를 늘 켜놓고 모든 전화와 문자에 응답한다.
- 매번 예정보다 늦어진다.
- 나를 제외한 모든 사람에게 헌신한다.
- 봉사 의무에 스스로 얽매인다.

일단 방해물이 무엇인지 알고 나면 대처할 수 있다. 휴대전화 벨소리 끄기, 컴퓨터에서 페이스북 뉴스 피드 감추기, 잠자리에 들 때 휴대전화를 다른 곳으로 치우기, 밤 열한 시에 전등 끄기 등이 있다. 또 정신건강에 이롭지 않은 각종 위원회 활동이나 봉사

의무에서 자연스럽게 빠져나온다.

칩 히스와 댄 히스는《스위치》에서 '길을 만들어갈' 때 중요한 것은 방해물을 차단하는 개개인의 '행동 조종 장치'라고 말한다. 애셔는 확실하게 좋은 하루를 보내고 싶을 때 전날 밤 필요한 모든 것을 계획하고 준비한다. 슬리퍼, 행운의 모자, 좋아하는 이불, 한스 짐머의 음악을 듣는 용도인 아이팟, 일기책과 볼펜, 책 그리고 내일 목표를 써놓은 포스트잇까지 말이다. 그래서 나는 아이가 뭔가를 제대로 하려고 하는 때를 안다. 아침에 일어나 제일 먼저 그것들을 보고 뭘 하려고 했는지 기억해 동기부여가 되면 아이는 하루를 자신이 의도했던 대로 보낼 수 있다.

자기돌봄도 이렇게 해보자. 다음 날 운동을 위해 전날 저녁 운동복을 준비하고, 자신이 좋아하는 요가 비디오를 유튜브에서 미리 찾아놓고, 침대 옆에 일기와 펜을 준비해 아침에 일어나자마자 몇 분 동안 글을 써보는 것이다. 자신의 '길을 만들어가는' 데 이보다 더 좋은 방법이 또 있을까?

이상적인 자기돌봄을 실천하자

브랜디는 혼자 자폐가 있는 딸을 키우는 데 혼신의 힘을 다하는 동시에 대학 과정을 마쳤다. 그녀는 자기를 돌볼 생각조차 할 여유가 없었다. 그런 생활 방식과 속도로는 한부모인 그녀가 오래 지탱할 수 없음을 깨닫기 전까지는 말이다.

"인생에서 만나는 많은 분들이 나 자신을 돌봐야 한다고 조언했어요. 나를 돌보지 않다가 만약 무슨 일이 생기면 저 어린 딸을 누가 돌보겠느냐는 것이었지요."

브랜디는 매일 실천할 자기돌봄 전략을 세웠다. 결국 30분에서 2시간 동안 책을 읽거나, 30분에서 45분 정도 명상을 하고 산책을 다녀오는 것으로 모든 게 달라졌다. 가끔 딸아이도 함께 산책을 했다. 브랜디의 설명대로 일상생활에 자리 잡은 자기돌봄은 이제까지의 모든 상황과 생활 방식을 완전히 바꿔놓았다.

"내가 전혀 다른 사람이 된 느낌이었어요. 하루를 시작하면서 세상을 다르게 보게 되었지요. 동시에 나설 준비가 되었고요. 목록에 적힌 대로 다 하지 못해도 상관없어요."

아무리 바빠도 일상생활에 자기돌봄을 끼워 넣을 방법은 언제나 있다. 자기돌봄을 삶에 끼워 넣는 것은 자기돌봄이 무엇인지 재정의하는 것만큼 간단한 것일 수 있다. 앞서 이미 다뤘듯 자기돌봄은 거창하거나 큰 비용이 들거나 완전히 빠져들 필요가 없다. 내가 보기에 아침 출근 시간에 팟캐스트나 라디오 듣기, 스타벅스 드라이브 스루에서 카푸치노 한 잔 건네받기, 따뜻한 물에 몸 담그기도 의식적으로 하면 자기돌봄이 될 수 있다.

나는 거의 매주 주말 틸트 페어런팅 팟캐스트 작업을 하는데 그때도 자기돌봄을 끼워 넣을 방법을 찾아낸다. 운동 삼아 15분 정도 자전거를 타고 갈 만한 거리에 있는 분위기 좋은 카페를 찾아본다. 새로 올라온 팟캐스트를 아이팟에 업로드해 자전거를 타는 동안 듣고, 작업하는 동안에는 헤드폰을 끼고 음악 다운로드 사이트에서 명상음악을 들으며 기분전환을 한다. 그리고 달짝지근한 모카커피를 마신다. 심지어 친구와 일 때문에 만나는 날에도 우리끼리 잡담을 나누는 시간을 낸다. 이 모든 것은 의도적이고 나를 위한 것이며 나를 행복하게 한다. 자기돌봄 기회는 찾으려고만 하면 어디에나 있다.

틸트 커뮤니티의 부모들에게 일상 속에서 실천하는 자기돌봄을 나눠달라고 했을 때 간단하면서도 창의적인 아이디어가 넘쳐났다. 거기에 내 것도 몇 개 추가했다. 독서클럽에 참여하기, 잠을 충분히 자기, 일기쓰기, 기도하기, 10분 동안 쉬면서 명상하기, 잠자기 한 시간 전에 휴대전화 끄기, 요가하기, 정원 가꾸기, 맛있는 커피 마시기, 우쿨렐레 연주하기, 뜨개질하기, 옷장과 방 정리하기 등 몇 가지만 예로 들어도 이 정도다.

당신에게 자기돌봄은 어떤 것인가? 넷플릭스 영화의 밤? 친구와 한 잔 하는 일? 책을 읽으며 뒹구는 것? 5분간의 명상? 지금 하고 있는 일 중에서 조금만 조정하면 자기돌봄이라 할 수 있는 일이 있는가? 당신의 인생에서 새롭게 하고 싶은 자기돌봄은 무엇인가?

• 이렇게 해보자

생활 속에서 실천할 만한 자기돌봄 활동으로 좋은 것, 즉 손쉽게 할 수 있는 것부터 조금 특별한 것까지 찾아내 목록을 만들어보자.

책임감 있게 실천할 수 있는 계획을 세워보자

나는 책임감의 힘을 믿는다. 내 말과 행동을 설명해야 할 사람 혹은 상황이 주어진다면 더욱 효과적이다. 만약 내가 공원에서 산책하기 위해 친구와 만날 약속을 했다면 꼭 지켜야 한다. 별일 없으면 몇 분 일찍 도착할 수도 있다. 만약 달리기를 약속했는데 너무 피곤해서 하고 싶지 않다면 소셜미디어에 글을 올리거나 온라인 커뮤니티에 어떻게 해야 하느냐고 물어볼 수도 있다. 예닐곱 명의 페이스북 친구가 격려의 댓글을 올리면 나는 피곤해도 달리기를 하러 집을 나설 것이다. 이 두 가지 전략은 모두 내가 하고 싶던 일을 끝까지 해내는 데 도움을 준다.

내가 처음 의식적으로 자기돌봄 습관을 들이기 시작했을 때 애셔는 네 살이었다. 나는 내가 날마다 했던 자기돌봄 활동을 알아보도록 일람표를 만들었다. 그 표는 대여섯 개의 활동 목록으로 이뤄졌다. 뮤지컬 〈렌트〉의 음악 듣기, 따뜻하게 샤워하기, 20분 정도 산책하기 등 목록 중 적어도 하루에 두 가지를 실행하고 체크하자는 개인적인 목표도 세웠다. 특히 그 표를 책상 위에 두고 내가 무엇을 향해 노력하고 있는지 계속 기억하게 했다. 또 저녁 식사 전에 체크해보고 만약 그날의 최소치에 다다르지 못했다면 리스트에서 한 가지를 선택해 그날이 끝나기 전에 채우도록 했다.

물론 책임질 수 있는 방법은 수없이 많다. 어떤 사람은 '체중 감시자Weight Watcher'나 '인생 도전자Whole Life Challenge' 같은 프로그램 혹은 페이스북 커뮤니티처럼 목표를 격려해주는 지원 그룹에 보고하는 방법을 좋아한다. 반면 어떤 사람은 오로지 스스로에게 다짐하거나 자신만의 글을 써보길 선호한다. 나도 그렇고 내 친구 중 상당수는 목록표를 만들어 책임지는 것을 좋아한다. 무엇이든 효과가 있으면 그것을 해보자. 여기 건강한 자기돌봄 습관을 기르면서 책임도 질 수 있는 몇 가지 좋은 생각이 있다.

- 자기돌봄 활동을 일기나 도표, 일람표에 기록해둔다.
- 온라인이나 오프라인으로 '인생 도전자' 같은 프로그램에 참여해 상황을 보고하고 지원을 받는다.
- 친구, 배우자, 가족에게 자신의 자기돌봄 목표를 말하고 해내도록 도와달라고 부탁한다.
- 운동, 사회적 행사 등을 통해 사람들을 만날 계획을 세운다.
- 하고 싶은 것을 제공하는 활동에 등록한다(끝까지 해내지 않으면 돈을 낭비하기 때문에 동기부여가 된다).
- 개인적인 목표(예를 들어 30일 동안 연속해서 운동하기)를 정하고 일단 목표에 다다르면 즐길 수 있는 보상을 생각해둔다.
- 배우자와 자녀에게 내 결심을 말하고 새로운 습관을 들이도록 그들에게 지원을 요청한다.

• 당장 시작하자

적어도 아주 작은 한 가지의 자기돌봄을 매일 실천해보자. 우리에게는 자기돌봄을 할 능력이 있다.

Tilt
11

부모로서 '~해야 한다'는 불가능한 기대를 내려놓자

○○○

"다른 사람의 기대로부터 우리를 자유롭게 해주고 우리를 자신에게 돌려줘야 한다. 그곳에는 '자존감'이라는 위대하고 뛰어난 힘이 있다."

_조앤 디디온

당신은 자신이 모든 일을 잘 해내고 별로 좋지 않은 날에도 언제나 품위 있고 우아하게 하루를 마무리하는 사람이라고 생각하는가? 글쎄, 나는 아니다. 다음 글은 2014년 내 일기에서 발췌한 것이다.

이게 대체 무슨 일일까? 다른 사람이 내가 방금 전 애셔에게 말한 것과 똑같이 한다면 나는 엄청 화를 낼 텐데 내가 애한테 그러고 있네. 아이에게 비꼬는 말투로 성질을 내다니. "오, 그래. 엄마한테 덤

벼든다 이거지. 좋아, 좋아. 그래, 아주 고맙다!" 아이에게 소리 지르고 바보라고 말하는 것 말고 내가 뭘 한 건가? 남들이 그러는 것은 욕하면서 내가 그 짓을 했다. 오늘은 내가 정말 싫다. 엄마로서 나 자신이 싫다. 애셔와 다툰 오늘 아침을 남들이 봤다면 나를 끔찍한 인간이라고 결론 내렸을 것이다. 나는 더 잘할 수 있는 방법을 알고 있다. 하지만 잘 해내지 못했다. 나 자신을 함부로 판단하면 안 되겠지만 난 정말 형편없는 것 같다. 어떻게 내 아들 옆에 있는 것마저 싫을 수 있을까? 다른 사람들이 애셔를 예뻐해주길 바라면서 정작 내가 소리를 지르고 아들을 미워하면 어떻게 되는가?

휴, 이것은 셀 수 없이 많은 날 가운데 일부일 뿐이다. 매번 거의 같은 말만 되풀이한다. 내 부모 노릇은 젬병이었다.

이건 놀랄 일이 아니다. 비전형적인 아이를 가장 소리 높여 비판하는 사람은 바로 부모인 우리다. 내가 그랬다. 나는 아이 때문에 주저앉을 정도로 힘든 상황에서 남편에게 이런 말을 자주 했다.

"내 아이가 저렇지만 않았어도 난 정말 훌륭한 엄마였을 거야!"

그러고 나면 우린 둘 다 그저 웃을 수밖에 없다. 너무 어이없는 말이란 걸 뻔히 알고 있으니까. 나는 내가 대략 좋은 엄마지만 더 나아질 필요가 있다거나 더 잘해야 한다고 생각했다. 주변의 몇몇 친구가 자녀들이 하지 말라는 짓만 골라 해도 차분하고 평화롭게 대처하는 것을 보고 나 자신을 반성하기도 했다. 나 자신이 모순 덩어리로 느껴졌다. 애셔의 행동을 참을성 없이 대하는 교사, 코치, 다른 부모에게 화를 내면서 나 역시 애셔를 참을성 있게 대하지 못했다.

부모로서 자책하고 좌절하고 회의에 빠져 있을 때 들려오는 내면의 목소리는 '너는 좋은 부모가 되기엔 부족하다'이다. 인내심이 부족하고 사랑도 충분하지 않으며 잘해주지도 못한다. 우리는 부모로서 모자란 사람일 수 있다. 그러나 우리를 그처럼 가혹하게 판단하는 것은 시간과 에너지를 낭비하는 짓일 뿐 아니라 나약하고 두려움에 빠진 부모가 되는 길이다. 힘든 일이 생기면 스스로를 비난하는 일이 늘어난다. 아이들이 필요로 하는 것을 줄 수 있는 우리의 능력 자체를 의심하고 앞으로 일어날 일을 두려워하며 '~하면 어쩌지?' 하는 생각에 이끌린다. 자책하기에 바쁘면 사실 우리가 얼마나 지혜로울 수 있는지 잊게 될지도 모른다.

스스로를 부정적으로 판단하면 이보다 훨씬 더 큰 대가를 치러야 한다. 우리 자신에게 완벽을 요구할 경우 아이들에게도 완벽을 기대한다는 메시지가 무심코 전달되기 때문이다. 이럴 때 우리는 결점, 실패, 성장의 좋은 본보기가 될 기회를 놓치고 만다.

◊ 완벽을 기대하는 것

캐미는 세 아이의 엄마인데 그중 아들 한 명의 두뇌회로가 남과 다르다. 그녀는 자신이 잘한 일도 별로 인정하지 않고 실패한 것은 실제보다 훨씬 더 크게 느낀다고 한다.

"다른 부모, 특히 두뇌회로가 다른 아이를 키우는 부모를 보면 이런 생각이 들어요. 도대체 저들은 어떻게 하는 걸까? 어떻게 하면 나도 저들처럼 내 아이에게 더 많은 에너지를 쏟을 수 있을까? 나도 저들처럼 내 아이를 충분히 응원해주고 있나?"

캐미가 다른 부모들과 자신을 비교하며 완벽함을 바랄 때, 캐미의 남편은 그 생각을 바로잡도록 도와주었고 그것은 정말 행운이었다. 그녀는 말한다.

"내가 그렇게 느낄 때마다 남편은 내가 더 큰 그림을 보도록, 다르게 마음을 먹도록 도와줬어요. 지금도 내가 잘하고 있고 많이 나아지고 있음을 알도록 도와주고 있어요. 그래도 여전히 나는 나 자신을 제법 힘들게 하는 경향이 있어요."

구글에서 '육아 완벽주의'를 검색하면 1초도 되지 않아 50만 개 이상의 결과가 올라온다. 많은 부모들은 자신에게 완벽함을 기대한다. 단 한 번의 학교모임이나 현장학습도 놓치지 않으려 하는 수백만 부모가 이를 입증한다. 자신을 위한 시간을 내거나 자녀 앞에서 화내고 슬퍼하는 감정을 드러내는 것조차 허락하지 않는다. 비록 그 선택이 자신의 행복을 줄일지라도.

완벽한 육아에 집착하는 것은 또 다른 부작용을 수반한다. 일명 '헬리콥터 양육'이다. 어떠한 어려움이나 고통, 삶에 따르는 모든 도전으로부터 자녀를 보호하기 위해 지나치게 간섭하는 부모를 가리킨다. 한마디로 인생의 모든 것을 막아주려는 행동이다.

두뇌회로가 다른 아이를 키우는 부모 역시 이 현상과 무관하지 않다. 안타까운 일이다. 우리는 '불완전함'에 대응할 일이 많기 때문이다. 아이와 부모 모두 불완전함에 잠식될 기회가 남들보다 훨씬 더 많다. 비전형적인 아이의 부모는 대부분 아이가 부모를 잘 따르고 감정을 통제해 과잉성취자로 성장하게 만드는 '타이거 맘'처럼 할 수 없다. 그렇게 해보려고 해도 곧 좌절하고 만다.

정신분석 의사 데이비드 스타인David H. Stein은 〈페어런트Parents〉 잡지와의 인터뷰에서 부모의 완벽주의는 아이들에게 악영향을 끼칠 수 있다고 했다.

"자신의 결점을 참아내지 못하는 부모는 자녀의 결점도 참을 수 없습니다. 그 결과 아이들은 말로 표현하지 않아도 부모가 자신에게 불만일 거라고 느낍니다. 아이들은 찾아내기 어려운 미세한 단서도 잘 알아채지요."

이 말을 두뇌회로가 다른 아이들을 키우는 맥락에서 본다면 어떨까? 우리 아이들은 이미 매일 '너는 잘못된 아이다'라는 메시지를 미세하기는커녕 드러내놓고 받으며 살아가고 있다. 따라서 부모인 우리가 자신에게 완벽을 요구하는 것은 더욱 심각한 문제를 일으킬 수 있다.

기대를 내려놓을 때

우리가 최고의 부모(혹은 최고의 사람)가 되기 위해 노력하는 것에 나는 전적으로 찬성한다. 개인의 성장은 내 삶에서 핵심 가치 중 하나다. 동시에 우리 아이의 양육과 관련해 불가능한 기대를 내려놓고 스스로를 토닥이는 것도 매우 중요하다고 생각한다. 결점이 있는 우리 자신을 따뜻하게 대하면서 더 나아지기 위해 노력할 수 있다. '우리 애가 난리를 칠 때 나는 절대 침착할 수 없어' 같은 감정을 '아이가 난리를 칠 때 나는 침착하려 노력해'로 바꿔보자.

우리가 이것을 해내면 가족에게 마법 같은 일이 일어날 발판이 생긴다. 갈등이 있을 때도 우리가 얼마나 잘 해내고 있는지 남에게 보여주어야 할 일이 없어서 훨씬 더 느긋해질 수 있다. 자신을 너그럽게 대하면서 지금 이 순간 최선을 다하고 있음을 기억하면 아이의 요구를 다 들어줄 수 없다는 생각에 기분이 급격히 가라앉는 것을 막을 수 있다. 가장 강력한 것은 우리가 완벽하지 않아도 건강하고 아름다운 본보기가 될 수 있다는 점이다. 서툴지만 스스로를 가다듬고 다시 시도하는 우리를 아이들이 보게 해야 한다.

나는《언테임드》를 쓴 작가 글레넌 도일이 Oprah.com에 기고한 에세이에 나오는 표현을 좋아한다.

"우리 아이들이 싸우고 넘어질 때 생길 온갖 혹과 멍을 막아주는 것이 우리가 해야 할 일이 아니거나 우리에게 그럴 권리조차 없다면 어떨까? 대신 우리의 임무는 아이들이 살아가면서 피할 수 없는 온갖 고난을 똑바로 가리키며 이렇게 말하는 것이다. '사랑하는 아이야, 그 도전은 너를 위한 거야. 아프겠지만 한편으로는 지혜와 용기, 성품을 키울 수 있는 일이야. 네가 겪어내는 것을 내가 옆에서 바라볼게. 엄마도 그걸 바라보는 게 쉽지 않겠지. 그러나 네겐 힘이 있어. 쉽진 않겠지만 우리는 힘든 일도 해낼 수 있어'라고."

• 돌이켜보자

부모로서 실패라고 느끼는 부분은 무엇인가? 죄책감이나 수치스럽다고 느끼는 것은 무엇인가? 육아와 관련해 다른 사람들에게 "더 잘해야 하는데"라고 자주 말하는 부분은 무엇인가? 아이와의 관계에서 자주 엉망이 되는 부분은 무엇인가? 지금 상황이 나쁘다고 생각한다면 무엇을 완벽이라고 보는가?

Embracing the Tilt
• 틸트 적용하기 •

'내면 비평가'로부터 나를 놓아주자

라이프 코치 겸 작가인 안드레아 오언은 그녀의 저서 《어쨌거나 마이웨이》에서 사람들이 '내면 비평가'를 다루는 법을 익히도록 도와준다. 우리 내면에는 우리가 인생을 어떻게 바라봐야 하는지부터 무엇을 했어야 하거나 하지 말았어야 하는지에 이르기까지 모든 일에 관여하는 비평가가 있다. 내면 비평가가 가장 좋아하는 것은 우리는 결코 충분하지 않다는 사실을 곱씹는 일이다. 안드레아에 따르면 특히 여성은 몸매에 관한 내면 비평가의 목소리가 크다. 많은 여성이 너무 뚱뚱하다 혹은 말랐다, 키가 크다 혹은 작다 등의 소리를 귀 기울여 듣는다. 그 뒤를 잇는 두 번째 화젯거리는 육아다. 내면 비평가는 사소한 모든 것도 트집을 잡기 때문에 이런 마음이 발동하면 주의 깊게 관찰하는 것이 중요하다.

안드레아는 내면 비평가와 대립했던 자신의 경험을 묘사하며 어떤 일이 일어났는지 들려주었다. 초등학교 2학년인 아들의 개별화 교육 계획 회의에 참석했다가 아이가 여러 가지를 제대로 해내지 못하는 것을 알고 기분이 별로 좋지 않던 터였다. 더구나 같은 회의에서 안드레아는 자신 같은 부모를 도와주는 지지 단체 얘기를 들었는데 그것 역시 기분이 별로였다. 왠지 모르게 흠씬 두들겨 맞고 패한 기분으로 집에 돌아가는 차 안에서도 회의 중에 나온 말들이 자꾸 마음을 어지럽혔다. 차가 빨간 신호등에 섰을 때 그녀는 내면 비평가가 맘껏 판치도록 내버려두었다.

"나 자신에게 속으로 중얼거렸지요. '아직껏 그 단체를 모르고 있었다니 믿을 수가 없네. 믿어지지가 않아. 당연히 알고 있었어야지. 나는 이보다 훨씬 똑똑해야 하는데. 자폐아동을 위한 5킬로미터 마라톤을 아직 알지도 못하고 참가하지도 않았다니! 도대체 난 뭐하는 부모야?' 엄마로서 자식을 망쳐버린 것 같은 기분에 온통 휘말렸지요. 그런 다음 신호등이 초록색으로 바뀌자 혼자 생각하기를 '이건 전혀 좋은 생각이 아냐. 더 나은 부모가 되는 데도 그렇고 내 아들한테도 마찬가지야. 내게 시간을 줄 필요가 있어. 나는 최선을 다하고 있어. 더 잘할 수 있고 이게 그 방법이야.'"

신호등이 바뀌는 동안 안드레아를 어지럽히던 내면 비평가의 목소리는 서서히 가라앉았다.

사실 안드레아처럼 내면 비평가를 길들이려면 의식적인 작업과 많은 연습이 필요하다. 특히 수치스러운 감정의 소용돌이에 말려들 때는 그렇게 하기가 더 어렵다. 하지만 안드레아가 설명한 과정은 바로 우리가 원하는 작업이다. 실패했다거나 제대로 해내지 못했다거나 아니면 아이를 망치고 있다는 말은 진실이 아닌 머릿속에서 들려오는 소리임을 알아채는 작업을 시작해야 한다.

안드레아가 말한 것처럼 그 순간 스스로를 부여잡고 이미 일어난 일을 인정한 뒤 다른 방향으로 나아가는 길을 선택해야 한다. 내면 비평가의 목소리에 더 많이 관심을 보일수록 그것이 미치는 영향을 줄이기 더 쉬워진다. 일단 부모로서 하는 결정이나 순간적인 반응, 망쳤다고 생각하는 어떤 일을 스스로 판단하고 부끄러워하는 시점을 인지한 다음 내면에서 들려오는 비평의 목소리를 잘 다스려보자.

자신을 괴롭히는 짓은 그만하자

나는 예전에 엘리자베스 길버트의 저서《먹고 기도하고 사랑하라》나 그것과 비슷한 책을 읽은 것이 아닌가 생각할 정도로 나 자신이 영적으로 더 진화해야 한다고 확신했다. 아니면 애셔가 그 아이 자체로 완벽하고 우리는 전생부터 엄마와 아들의 인연으로 맺어졌다고 생각했기 때문에 그랬을 수도 있다. 이유야 어떻든 나는 애셔가 맹렬하게 난리를 치는 순간에도 달라이 라마 수준의 참을성, 평정심, 깨달음을 갖기를 나 자신에게 기대했던 모양이다. 나는 자격증이 있는 공인 라이프 코치이고 읽어야 할 책을 다 읽었으며 내 감정의 짐을 극복했다. 그러니 나는 더 잘할 수 있어야 한다고 생각했다.

이것은 몇 년 전 내가 마거릿 웨브에게 전화 상담을 받으며 쏟아부은 내용의 기본 요지다. 나를 가장 힘들게 하는 것은 애셔의 통제 불능 행동보다 나 자신에게 건 기대감이었다는 사실이 점점 더 분명해졌다. 만약 내가 좀 더 나은 사람이었다면 애셔가 힘들어하고 퇴행하는 것을 내 영적 기운으로 더 빨리 알아챘을 텐데. 내가 그렇게 할 수 없었다는 사실은 글자 그대로 내가 '실패자'임을 의미했다. 망상이었을까? 그럴 수도 있다. 하지만 그때 나는 세상의 짐을 다 내 어깨 위에 올려놓은 것 같았다.

20대 시절 나는 앨버트 엘리스 연구소에 상담을 받으러 간 적이 있었다. 그때 '자신을 그만 괴롭히세요'라고 프린트한 티셔츠가 접수처에 걸려 있었다. 당시에는 그 감상적인 말을 우스꽝스럽게 여겼고 20년 후, 그러니까 지금 그 말이 내 인생과 관련이 있으리라고는 상상조차 하지 않았다. 대체로 '~해야 한다'는 말은 크게 도움을 주지 않는다. 그 말을 쓸 필요가 없는 곳에서도 요구하고 기대하고 판단하게 만들기 때문이다. 그렇다면 내 제안은? '~해야 한다'와 '자기 판단' 언어를 당신이 알고 있는 어휘에서 영원히 금지하자. 앞으로 당신이 그 단어를 그리워할 일은 없다. 내가 보장한다.

자신에게 휴식을 허락하자

내가 비전형적인 아이들의 부모에게 자주 듣는 말 가운데 하나는 아이들이 힘들어하는 것을 더 일찍 알아주지 못한 게 슬프고 미안하다는 것이다. 한 엄마는 이메일로 영재성을 가진 딸 이야기를 보내왔다.

"내가 가장 크게 후회하는 것은 딸아이의 두뇌회로가 달라서 남과 다른 교육 방법이 필요하다는 사실을 내가 인정하지 않아 아이를 힘들게 했다는 거예요. 직접 아이의 교육 계획을 세우고 내 인생도 바꿔야 했는데 나는 힘들어서 그걸 피하고 싶었어요."

모든 부모가 자신을 더 힘들게 할 수 있다는 것을 안다. 그런데 내 경험상 비전형적인 아이의 부모는 더욱더 자신을 실패자로 보거나 다른 부모에 비해 자신이 충분하지 않다고 여긴다. 왜냐하면 우리의 레이더 안에 포착된 다른 대부분의 가족에 비해 우리 일이 제대로 돌아가지 않는다는 것을 날마다 확인하기 때문이다. 그러한 생각은 건강하지 않다. 더구나 그것은 아무런 도움을 주지 않는다. 이것은 진실이다.

하루하루 내 목적은 애셔에게 옳은 일을 하는 것인데 그러다 보니 내 스스로 망칠 여지가 생겼고 실제로 그런 상황을 많이 겪는다. 바로 이틀 전에도 그랬다. 애셔가 버릇없는 태도로 하루 종일 나를 괴롭힌 그날 나는 완전히 냉정을 잃고 아이에게 퍼부었다. "이런, 젠장!" 같은 욕이 저절로 나왔고 모든 것이 엉망진창이 되었다. 상황이 끝난 뒤 애셔는 내가 화가 나서 내뱉은 욕설로 충격을 받았고 그것은 나도 마찬가지였다. 내 방에 들어가 숨을 돌린 뒤 나는 '사건 현장'으로 가서 사과하고 분위기를 띄우기 위해 농담을 했다. 그리고 한바탕 웃고 끝내기는 했다.

당신도 나와 같은 상황을 겪은 적이 있는가? 확 끓어올랐다고? 뚜껑이 열렸다고? 소리쳤다고? 그 순간 절대 하면 안 되는 말을 했다고? 아이에게 벌을 주고 속으로 무너져 내렸다고? 만약 그렇다면 같은 상황이 아이들에게도 일어난다는 것을 기억해야 한다. 지금 우리는 아주 인간적인 경험을 하고 있는 것이다. 완벽과 거리를 둔 채 날것 그대로 다 드러내는 모습이다. 양육에서 그리 영리하지 못한 순간이다. 내 친구 코트니는 때때로 "인생은 그럴 때 더 인생답지"라고 했다. 금방이라도 무너져 내릴 것 같을 때 우리는 의식적으로 쉬고 행동에 책임을 지면서 앞으로 나아가야 한다. 누가 알겠는가, 아이들이 그러한 상황에서도 무언가를 배울지.

할 수 있는 것은 하고 나머지는 흘려보내자

나는 서로 다른 육아 철학과 새로 나온 육아 방법을 연구하고 신간 서적을 읽거나 양육과 관련된 최신 연구를 찾아보는 걸 좋아한다. 동시에 회복력이 강한 아이로 키우는 방법, 굳세고 씩씩한 어린이로 자라게 해주는 방법, 실패를 받아들이게 하는 방법, 비판적 사고력이 있는 아이로 만드는 방법 등 수많은 접근 방법이 전형적인 아이라면 몰라도 우리 아이들에게는 적용할 수 없는 것임을 깨달았다. 결론은 우리 아이들이 다르다는 것을 인정하고 받아들여야 한다는 점이다.

제시카 레히의 저서 《똑똑한 엄마는 서두르지 않는다》는 내가 특히 좋아하는 책이다. 이것은 왜 우리 아이들의 실패 경험이 결국 성공에 중요한 도움을 주는지 분석한 좋은 예다. 나는 제시카의 책이 주는 메시지와 철학을 굳게 믿는다. 그 책에 나오는 대로 회복력 향상에 도움을 주는 방식으로 애셔를 키우는 것이 내 목표다. 애셔가 자라면서 어떤 일을 겪더라도 감당해낼 수 있는 수단과 능력, 자신감을 갖길 바라기 때문이다.

그러나 책에 나오는 것을 모두 적용할 수 있는 것은 아니다. 예를 들어 제시카는 아들이 학교 숙제인 중요한 프로젝트를 잊어 제출해야 하는 날짜에 내지 못한 이야기를 했다. 제시카는 오후에 학교에 갈 일이 있었음에도 불구하고 아이의 과제물을 가져다주지 않았다. 물론 아이를 돕고 싶은 충동이 일었지만 그것은 아이의 정서적 이익보다 학교 성적 때문이라는 생각이 들었고, 아이가 책임감, 자존감, 앞으로 위기 상황을 피해갈 방법을 배울 기회를 놓칠 거라고 생각해 가져다주지 않았다고 제시카는 설명한다. 과제물을 제출하지 못해 낮은 점수를 받으면 기분이 나쁘겠지만 지금 교훈을 배우는 것이 아이가 성인이 되어 중요한 임무를 해내지 못해 직장에서 쫓겨나는 것보다는 낫다는 얘기다.

이 이야기를 읽었을 때 내게 든 생각은 우선 '맞는 말이야'였다. 나는 제시카가 말하고자 하는 것을 정확히 이해했고 그것이 내 안에서 깊은 울림을 준 것도 사실이다. 그러나 두뇌회로가 다른 아이에게는 그 방법이 통하지 않을 것이다. 이 아이들에게는 과제를 파악해 숙제를 하고 제시간에 제출하는 것을 기억하는 실행기능이 작동하게 해줄 도움과 지원이 절실히 필요하기 때문이다.

제시카의 이 시나리오가 우리 집에서 벌어진다면 어떻게 될까? 애셔가 과제 제출을 잊어 중요한 프로젝트에서 낮은 점수를 받으면 아이는 엄청 난리를 피울 것이다. 이는 의미 있는 학습을 위한 이상적인 출발점이라 볼 수 없다.

물론 애셔도 제시카가 말하는 회복력을 높이도록 최선을 다해 돕겠지만 우리 가족은 제시카의 가족과 똑같은 결과를 얻으리라고 기대하지 않는다. 내가 감탄하며 바라보는 사람들의 육아 기준을 좇아가기보다 아이가 살아가야 하는 세상에 맞게 내 기대를 조절할 수 있어야 한다.

비슷한 예가 아주 많다. '타이거 맘'이 되고 싶진 않지만 논란을 불러일으킨 에이미 추아의 《타이거 마더》를 읽고 난 뒤 애셔에게 악기를 가르칠 필요가 있다고 느낀 것은 인정한다. 그리고 파멜라 드러커맨의 《프랑스 아이처럼》을 읽고 까다로운 애셔가 잘 먹는 몇 가지 음식을 원하는 대로 주면 애셔를 버려놓는 것은 아닌지,

아이가 다른 모든 사람이 먹는 것을 먹어야 하는 것은 아닌지 의문을 가졌다.

우리는 날마다 페이스북, 트위터, 블로그, 서점에 진열한 책을 보면서 남들을 따라 하고 싶은 작은 충동을 느낀다. 부모로서 어떤 사람이 되어야 한다는 기대를 내려놓는다는 것은 주변의 온갖 잡음 속에서도 우리 내면이 편안해질 수 있다는 걸 이해했음을 의미한다. 미디어가 우리가 부모로서 일을 잘 해내지 못하고 있다는 메시지를 은근히 내보내는 때가 언제인지 알아내는 것은 중요하다. 주스를 만들 때 과육을 걸러내듯 육아 미디어를 필터에 넣어 우리 상황에 긍정적이고 유용한 것만 취하고 나머지는 그냥 흘려보내야 한다.

• 당장 시작하자

지금 최선의 방법으로 아이를 양육하겠다는 당신의 확신을 글로 적어보자. 예를 들어 이용 가능한 정보와 자원으로 필요한 것을 찾아내는 데 최선을 다하면 날마다 더 나은 부모가 되기 위해 노력하고 있는 것이다.

Tilt
12

필요하다면 소동을 벌이자

○ ○ ○

"제발 우두커니 앉아 있지 말자. 소란을 좀 피워야 할 때가 있다."

_세스 고딘

일주일간 열리는 해양탐사 여름캠프에 애셔를 보내려고 신청할 때만 해도 우리는 아이가 거기서 쫓겨날 거란 생각은 아예 하지 않았다. 아쿠아리움은 애셔가 매우 좋아하는 장소 중 하나이기 때문이다. 일은 캠프를 시작한 첫날, 교사가 아이들에게 줄을 서라고 했을 때 벌어졌다. 다른 아이들이 애셔를 자극했고 애셔도 아이들을 밀쳤다. 때는 월요일로 그날의 일정 끝에 생긴 일이었다. 당시 애셔는 여섯 살이었다. 아이를 데리러 갔을 때 캠프 측으로부터 설명을 들으며 많이 화가 났다. 캠프 책임자가 다른 부모와 아이들은 물론 바로 애셔 앞에서 설명했기 때문이다. 그 책임자는 애셔의 행동이 얼마나 부적절했는지 아주 상세하게 설명했다. 내가 말했다.

"부탁하는데 제발 목소리를 낮추면 안 될까요? 아이 앞에서 이러시면 안 되지요. 아이가 받는 상처가 너무 큽니다."

그 책임자에게는 그런 일이 처음일지 모르지만 나는 아니다. 나는 이야기를 간단히 끝낸 뒤 애셔의 겉옷과 가방을 챙겨 지저분해진 아이의 손을 잡고 나왔다. 주차장에 가서 차의 운전석에 앉기까지 다리가 조금 후들거렸던 것 같다. 애셔는 내일 다시 캠프에 가도 되느냐고 물었다. 잠시 눈을 감고 마음을 다잡은 나는 애셔에게 내일부터 다른 계획을 찾아보자고 했다. 아이는 기운을 잃고 풀이 죽었다. 당시 애셔의 가장 큰 관심 영역 중 하나가 바다였기 때문이다.

애셔는 자신을 미래의 해양생물학자라고 여기며 지구에서 가장 깊은 해구인 마리아나 해구의 바닥에 제일 먼저 가본 사람이 되기를 꿈꾸고 있었다(2012년 영화감독 제임스 카메론이 이곳에 도달했을 때 아이는 엄청나게 실망했다). 마침내 해양캠프에 참석할 수 있는 나이가 되어 잔뜩 흥분하고 있었는데 오자마자 하루 만에 끝나버린 것이었다.

나는 그대로 그냥 넘어갈 수가 없었다. 물론 캠프 입장에서는 참여한 아이들의 부모와 유쾌하지 않은 얘기를 할 경우도 있겠지만 이런 식이어서는 안 된다고 생각했다. 다음 날 나는 캠프 책임자에게 전화해 과거보다 훨씬 숙달된 행동을 했다. 한마디로 소동을 피웠다. 캠프 책임자는 나를 불러 이야기를 나눴고 나는 뭐가 문제였는지 전달했다. 내가 속상했던 것은 애셔가 캠프에서 쫓겨났다는 사실보다 캠프 측의 허술한 일처리 방법이었고 그 점을 설명했다.

캠프 책임자는 내 말을 주의 깊게 듣더니 다음에도 이와 비슷한 상황이 생기면 잘 처리하겠다고 약속했다. 나는 애셔가 해양생물학에 얼마나 큰 관심이 있는지, 아이가 어쩔 수 없는 일로 이번 기회를 놓친 것에 얼마나 속상해하고 있는지도 설명했다. 그들은 일을 바로잡겠다고 했다. 그 결과 애셔와 나는 몇 달 뒤 개별적인 아쿠아리움 투어를 할 수 있었다. 그때 애셔는 생물학자와 함께 밀물과 썰물의 흐름, 해양식물, 해양생물 이야기를 신나게 할 기회를 얻었다. 나는 최선을 다해 일을 바로잡아준 직원에게 감사했다.

아이를 옹호해야 하는 이유

두뇌회로가 다른 많은 아이들은 불안과 스트레스, 불행에 빠른 속도로 휘말리기 쉬운 환경 속에서 매일 버겁게 살아가고 있다. 불행하게도 많은 비전형적인 아이가 부정적인 경험을 정상처럼 여기기도 한다. 학교에서 당하는 놀림이나 괴롭힘은 그저 매일 반복되는 일일 뿐이다. 교사들에게 공개적으로 망신을 당하는 것도 그저 일상이다. 학교를 싫어하도록 만드는 그 모든 일은 이 아이들에게 새로운 규범이 된다.

몬태나주 미줄라에 있는 학교 LEARN Inc.는 신경다양성을 존중하고 사회적 협력을 장려하며 전인적 성장을 추구한다. 학교 창립자 재커리 모리스Zachary Morris는 학교에 오는 학생들에게서 매일 이런 모습을 본다. 학생 중 대다수는 두뇌회로가 다른 아이들이며 많은 아이가 전통학교에서 한 번 이상 부정적 경험을 한 후 이곳으로 전학을 온다. 재커리는 말한다.

"초등학교 학생들이 이전의 교육 경험에서 '외상 후 스트레스 장애Post-Traumatic Stress Disorder, PTSD' 진단을 받고 이곳으로 옵니다."

PTSD가 있는 아이들은 우리를 간절히 필요로 한다. 이들은 아직 너무 어려서 자신을 방어하기 위해 싸울 수 있는 위치에 있지 않기 때문이다(적어도 '받아들여질' 수 있다고 생각하는 방식으로 자신을 조정하기도 어렵다). 이럴 땐 우리가 싸워줘야 한다. 우리가 해야 하는 일 중 하나는 아이들에게 어떻게 자기주장을 해야 하는지 가르치는 일이다. 그러나 아이들이 더 어릴 때는 우리가 그들을 구체적으로 대변하는 목소리가 되어야 한다.

우리는 아이들의 지지자로서 이들을 이해해줄 학교, 자원, 사람을 찾아내야 한다. 힘을 내고 애를 써서라도 그렇게 해야 한다. 아이들에게 힘이 되어주고 아이와 상호작용하는 모든 사람, 즉 가족, 교사, 다른 어른들까지 일깨워주기 위해 필요할 땐 목소리를 내야 한다. 아이들을 위해 안전한 세상을 만드는 방법 중 하나다.

간혹 수선이나 소동을 피우는 것도 우리가 잘 해야 하는 일이다. 원래 나는 모든 것에서 충돌을 피하는 유형이지만 지난 몇 년에 걸쳐 천천히 내 목소리를 찾았다. 그 부분적인 이유는 실전을 치룰 기회가 많아서였다. 아직도 익숙하진 않지만 점점 할 만하다. 내가 할 수 있으면 당신도 할 수 있다. 믿어도 좋다.

아이를 지지하고 옹호하는 것은 지나치게 관여하는 헬리콥터 부모가 되는 것과는 크게 다르다. 많은 학부모가 대학교수에게 전화해 점수를 올려달라고 사정하거나, 자녀의 취업 면접에 같이 가거나, 아이가 나쁜 점수를 받지 않게 숙제를 대신 해준다는 기사를 많이 읽었다. 나는 이런 것들과 내가 말하는 것은 전혀 다르다고 분명히 말할 수 있다.

아이들이 보다 온전히 그들 자신이 될 수 있도록 도와줄 방법을 찾아보길 제안한다. 아이들의 어려움과 관련해 어설픈 해결책을 받아들일 게 아니라 의미 있는 해결책을 적극 추구할 것을 권한다. 이는 대화에 진전을 보이고 우리 아이들의 선례를 뒤따를 모든 두뇌회로가 다른 아이들을 더 좋게 만들어주는 종류의 해결책을 말한다.

• 돌이켜보자

아이 인생의 어느 한 부분이라도 내가 강력하게 옹호하거나 지지해준 적이 있는가? 혹시라도 아이를 위해 소동을 일으키는 일이 불편하거나 피하고 싶은가? 아이의 인생, 학교, 활동 그리고 친구와 가족 사이에서 더 많이 지지해주면 아이가 어떤 혜택을 받을까?

아이들을 지지하는 우리 안의 목소리를 찾자

어떤 사람은 정말로 목소리를 높여야 하는 상황에서도 어려워하고 고심한다. 사람들을 구석으로 밀어붙이거나, 혼란과 짜증을 유발하거나, 성가실 법한 일을 시키거나, 남의 기분을 상하게 하고 싶지 않아 어떤 대가를 치르고라도 충돌을 피하려 한다. 또한 학교 직원이나 캠프 책임자에게 호감을 얻기 위해, 모든 사람이 눈을 마주치는 걸 피하는 성가신 학부모가 되지 않기 위해 애쓰기도 한다.

또 다른 부모는 아이를 위해 목소리를 높이는 것에 불안감을 느낄 수도 있다. 그러다가 바보처럼 보일까 봐, 아이들을 더 망칠까 봐 두려워한다. 이미 아이들의 옹호자 역할을 하는 부모도 마지못해 자신감 없이 그렇게 하고 있을 수 있다. 이 가운데 당신이 어떤 경험을 했든 아이들을 옹호하는 역할을 하는 걸 망설이게 하거나 불편하게 만드는 생각 혹은 자세가 무엇인지 알아볼 필요가 있다.

비록 모든 사람이 처음부터 옹호자로 태어나는 것은 아니지만 모든 사람은 그러기 위한 바탕을 갖고 있다고 믿는다. 어쨌든 옹호자는 공개적으로 특별한 명분을 위해 싸우거나 지원하는 사람이다. 우리의 경우 그 명분은 우리 아이들이 가치를 인정받고 지원받으며 존중받는 것을 보장하는 일이다. 이보다 더 중요한 것이 있을까?

남들과의 충돌을 피하고 싶어 하는 모든 사람이 공감할 만한 메리의 이야기를 들어보자.

"나는 그렇게 하기가 너무 어렵더라고요. 내 아이를 제대로 도울 방법을 알아내는 것은 확실히 하나의 '학습 곡선'이었어요. 내가 정말로 하고 싶던 일은 내가 학교를 실제로 어떻게 느꼈는지 말하는 것이었죠. 그런데 그렇게 하면 좋지 않을 줄 알았어요. 그들이 내가 하는 말을 모두 무시할 테니까요."

메리는 이 일을 제대로 하기 위해 다양한 방법으로 수많은 학교 관계자와 소통하고 이메일을 보내거나 내용을 공유하는 방법 등으로 의사소통을 원활히 하고자 노력했다. 그 결과 학교와 간결하고 예의를 갖춘 의사소통을 하는 능력을 갖추게 되었다.

"이것도 다른 일들과 같아요. 하면 할수록 쉬워져요."

한 친구의 딸은 영재아동이었는데 그녀는 딸이 교육 과정이 맞지 않아 배움에 흥미를 다 잃어갈 때까지도 아이를 어떻게 도와주어야 하는지 몰랐다. 그러던 그 친구는 학교에 딸의 지적 욕구를 충족해줄 만한 해결책을 마련해달라고 주장하기 시작했다. 처음에 그녀의 의견은 무시당했지만 끈기 있게 밀어붙인 결과 딸아이는 결국 한 학년을 건너뛰고 진급했다. 아이와 관련된 모든 사람들이 만족한 해결책이었다.

두뇌회로가 다른 두 자녀를 포함해 세 아이의 엄마인 아만다 모린은 understood.org에 올린 글에서 아이들을 위해 학교를 상대로 대응하는 열 가지 방법을 소개했다. 이미 아는 것도 있겠지만 목록을 읽으며 당신이 어떤 부분에서 차원을 한 단계 높일 수 있는지 살펴보기 바란다. 한 가지 확실한 것은 자녀 양육이란 안전하고 편안한 지대에 안주하기보다 밖으로 뻗어 나가야 하는 것이라는 점이다. 아이들을 위해 주장하는 것은 어려워 보이지만 실천하다 보면 쉬워진다. 아래는 아만다가 제시한 열 가지 목록이다.

- 돌아가는 상황을 알아야 한다.
- 문서를 정리하고 보관한다.
- 관계를 쌓는다.
- 질문한다.
- 침착하고 냉정함을 유지한다.
- 내게도 의사결정 권한이 있음을 기억한다.
- 자녀의 권리를 안다.
- 자녀에게 상황을 이야기한다.
- 아이들의 상태와 관련된 용어를 습득한다.
- 규칙적으로 의사소통한다.

요구해야 얻는다

브랜디 스티븐스는 딸 브리아나가 행동하고 배우는 방법이 뭔가 다르다고 짐작하면서도 그 정확한 답을 찾는 데 어려움을 겪었다. 아이가 ADHD 진단을 받았을 때조차 뭔가 꺼림칙했다. 브랜디의 직감으로는 아이가 자폐 스펙트럼 장애인 듯한데 친구, 가족, 교사, 심지어 의사마저 동의하지 않고 그저 ADHD로 인한 잘못된 행동이나 반항이라고만 했다. 그래도 브랜디는 딸과 자신을 위해 꾸준히 답을 찾으려 애썼다.

"잃어버린 그 한 조각을 찾아 모든 것을 한데 모아야 아이에게 다가가 말하는 방법을 알 수 있을 거라 생각했어요. 뭔가 일이 벌어지고 있음을 느꼈지요. 그리고 끝까지 파고들어 마침내 '이거였네'라고 말하게 되었죠. 모두들 그제야 '그래요, 당신 말이 맞았네요. 따님은 아스퍼거 증후군입니다'라고 인정했어요."

브랜디는 알고 있었고 필요한 정보와 도움을 구할 때까지 꾸준히 밀고 나갔던 것이다.

내 친구 티아는 여러 사람과 소통하며 이중으로 예외적인 딸의 해답을 찾아낸 일을 들려주었다.

"나는 그들이 어떤 거창한 자격증을 갖고 있는지, 아니면 전문가 경력이 얼마나 오래되었는지 그리 상관하지 않아. 그들과 내가 우리 아이와 연결되어 있는 게 중요한 거야. 우린 우리 아이에 관해 많은 걸 알고 있지."

나도 그것이 진실이라고 생각한다. 아이들을 도와주려는 강한 본능에 이끌려 아이의 말을 들어주고 아이가 필요로 하는 것을 해줄 때 아이들은 성장한다.

이러한 생각은 교실에서도 마찬가지다. 내가 전에 만난 커리큘럼 담당교사이자 다년간 교사와 행정가 경험을 쌓은 앨리슨 바워도 두뇌회로가 다른 자녀들을 키우고 있다. 앨리슨은 부모가 고정관념을 깨고 자녀들이 학교에서 겪을 수 있는 문제에 대안적인 해결책을 추진할 것을 권한다. 교육자들은 어떤 것이든 할 수만 있으면 시도하는 것에 제법 개방적이기 때문이다. 앨리슨은 나와의 팟캐스트 인터뷰에서 이렇게 말했다.

"당신의 자녀를 옹호할 수 있는 상황은 당신이 알고 있는 것보다 훨씬 더 많을 것입니다. 아이의 개별화 교육 프로그램을 논의하는 회의에 들어가기 전에 교사나 학교 관계자와 대화해 어떤 종류의 질문을 해야 할지 미리 알아보세요. 말할 내용을 적은 것을 들고 가 이야기의 방향이 다른 곳으로 흐르지 않게 해야 합니다. 무엇이든 받아들일 수 없는 것은 확실히 아니라고 말하세요."

아이들에게 필요한 올바른 진단과 그에 맞는 적절한 도움, 기회, 자원을 확보하는 것은 궁극적으로 우리에게 달려 있다. 우리 아이들이 그것을 갖게 하려면 우리가 요구해서 얻어내야 한다. 요구할 때는 꾸준한 인내와 부지런함이 필요하다. 우리 아이가 최고 수준으로 발전하는 데 필요한 지원을 받도록 끝까지 계속 주시해야 한다. 이런 일에 마음이 끌리지 않는다면 대체 어떤 일에 끌리겠는가?

강압적인 태도는 No! 친절하되 명확하게 하자

바리는 자녀의 학교에서 신경다양성 학습자를 위해 앞장서서 강력하게 투쟁하는 편이다. 그녀는 곧잘 자신을 고위 행정직에 입후보하는 학교 행정관들과 비교한다.

"나는 우리 학군의 교육감이나 장학사에게 회의를 요청해요. '이 점이 우리가 생각해야 할 것이다' 혹은 '학군을 더 좋게 만들기 위해 이 기회를 잡아야 한다'는 식의 말을 하지요. 사실 그것은 투쟁에 가까워요. 당신도 알다시피 그런 일을 하다 보면 정치에 상당히 가까워지죠. 미소를 짓고 머리를 끄덕이는 모습을 많이 볼 수 있으면 일이 성사됩니다."

불행히도 부모와 교사는 때로 적대적 관계에 놓인다. 아이가 학교에서 어려움을 겪고 있거나 아이가 겪는 문제를 어떻게 풀어가야 할지 몰라 힘들 때는 더욱 그런 느낌이 든다. 가끔은 교육자가 우리에게 불리한 방향으로 일하는 듯 보이지만 그들도 아이들을 사랑하고 아이들이 잘 자라기를 진심으로 원하기 때문에 대다수는 그들이 마땅히 해야 할 일을 한다.

한번은 차터 스쿨의 통합교실 2학년 반에서 주로 두뇌회로가 다른 학생들을 가르치는 교사 베카 베르테임을 만났다. 나는 그녀에게 부모가 아이의 강력한 지지자 역할을 감당해야 하는 상황에서 때로 담임교사와 관계가 껄끄러워질 수 있는데 이때 방향을 잃지 않고 잘할 수 있는 방법을 물었다. 베카는 교사와의 관계에서 의사소통 창구를 계속 열어두고 존경과 정직을 바탕으로 조성한 관계를 유지해야 한다고 제안했다.

"아이의 성장을 보려면 한 팀으로 함께해야 합니다. 성공하려면 한 팀 같은 관계가 필요합니다. 학부형 입장에서 하고 싶은 질문이 있을 수도 있고, 양쪽 모두 어떤 것을 알고 싶을 때도 있습니다. 그러면 저는 교사로서 학교 교원들이 지원하도록 요청해 답을 찾으려 노력하고 학부형은 학교 밖에서 다른 종류의 방법을 찾아볼 수 있습니다. 이후 다시 모여 서로 무엇을 찾았는지 의논하고 무엇이 최선인지 공통점을 찾아봅니다."

부모와 교사의 관계가 항상 베카가 설명한 것처럼 역동적이고 협조적인 것은 아니다. 그렇지만 노력해볼 가치는 충분하다. 교사뿐 아니라 코치와 상담사, 아이들을 돌보는 다른 모든 사람이 함께 노력하도록 만드는 것 역시 부모가 해야 할 가치 있는 일이다. 이들은 모두 아이들에게 옳은 일을 하고 싶어 하지만 어쩌면 방법을 모를 수도 있다. 우리가 아이에 관해 알고 있는 것을 예의 있게 존중하는 자세로 분명히 말하고 도움을 구하자. 우리 아이들에게 이익을 줄 뿐 아니라 전문가에게 비전형적인 아이가 도움을 받도록 해주는 일반적인 방법이 무엇인지 알려줄 수도 있다.

마지막으로 하나 더 조언하고 싶다. 자녀 문제로 교사와 어떻게 대화하면 좋을지 막막하거나 두렵다면 understood.org에 들어가 '교사와 대화할 때 사용할 만한 첫 문장 8가지'라는 제목의 기사를 읽어보자.

'안 된다'라는 대답은 받아들이지 말자

아이를 위한 지원이나 조정을 요구할 때 처음에는 무시당할지도 모른다. 현실을 직시하면 우리의 요구가 언제나 쉽고 간단하게 해결할 수 있는 문제는 아니기 때문이다. 우리가 아이들을 위해 요구하는 것은 대개 비용이 든다. 때로는 더 많은 시간이나 자원을 요구하는 것일 수도 있다. 제대로 힘이 실리지 않을 경우 그들은 우리의 요청을 거절하거나 딱 봐도 부적절해보이는 '해결책'을 바로 제공하려 할 수도 있다.

그럴 때 한 가지 할 일이 있다. '안 된다'는 대답을 바로 받아들이지 말자. 내 경험상 인생에서 힘들지 않게 곧바로 뭔가가 이뤄지는 상황은 거의 없었기 때문이다. 나는 '안 된다'는 말을 '아직'이란 말로 바꿔 생각한다. '아직'이라는 말은 창의성을 발휘해 어떤 종류의 대안을 만드는 데 필요한 도전일 수 있다. 그런 상황에서 우리는 아이가 필요로 하는 것을 계속 존중하며 사려 깊게 추진할 수 있다. 그러면 원하는 진전이 이뤄질 것이다(만약 우리가 그렇게 할 수 없다면 또 다른 계획을 찾아낼 때가 된 것이다).

• 당장 시작하자

학교나 다른 어떤 기관, 운동팀, 단체, 조직 같은 곳에서 아이에게 일어나는 일과 관련해 불만이 있는 일을 한 가지 이상 찾아본다. 성심성의를 다해 원하는 변화를 일으키고자 정중하고 강력하게 아이를 옹호해보자.

Tilt
13

배우자와 상의하자

○ ○ ○

"사랑은 지배하려 하지 않는다. 소중하게 가꾸려 할 뿐이다."

_요한 볼프강 폰 괴테

나는 우리 아이가 신경다양성을 갖게 된 것이 나 때문이 아닌가 싶어 뼛속 깊이 죄책감을 느낀 적이 있다. 모체에 있는 높은 수준의 피토신과 ADHD 사이의 상관관계 연구는 애셔의 주의력 장애가 어쩌면 내 잘못일지도 모른다는 생각이 들게 했다. 더 문제였던 것은 애셔가 받은 진단 중 적대적 반항장애Oppositional Defiant Disorder, ODD의 한 형태로 평가자가 판단한 '파괴성 행동장애'였다. 이 진단은 애셔가 여덟 살 되던 해에 받았는데 그때 나는 엄청난 죄책감에 빠졌다.

ODD는 보통 반항적이고 순응하지 않는 행동을 압축해서 내리는 광범위한 진단이다. 간혹 부모나 교사 또는 권위 있는 다른 사람들에게 무례한 행동을 보이지만 아무도 그 정확한 원인을 알지 못한다. 문헌에 따르면 양육 방식과 어느 정도 관계가 있다고 한다. 존스 홉킨스 의과대학 도서관 사이트에는 이렇게 적혀 있다.

"ODD의 부정적 특성은 대개 학습된 태도다. 부모와 권위적인 사람들이 사용하는 부정적 강화 방법을 습득해 반항 행동 속도와 강도를 높이는 것으로 보인다."

대단하네. 나는 이렇게 반응할 수밖에 없었다. 그렇다면 남편과 내가 갈팡질팡하면서 아이를 양육하는 바람에 우리도 모르는 사이 반항적인 아이가 된 셈이다. 남편과 내가 일관성 있게 양육을 잘했다면 애셔가 좀 더 유순했을까? 자신이 요구받는 거의 모든 것에 반발하고 반항적인 태도를 취하는 대신 어른의 권위를 존중하는 아이가 되었을까? 내가 아는 이 질문의 답은 '아니오'이다. 사실 나는 진단과 달리 애셔가 ODD는 아니라고 생각한다.

우리 아이는 예민하고 많은 시간을 '투쟁 또는 회피' 모드로 살고 있지만 그건 어떻게 반응해야 할지 몰라서 그럴 뿐이다. 하지만 그 진단을 받던 시점으로 돌아가면 그때 나는 모두가 남편과 나를 향해 손가락질하는 것처럼 느꼈다. 당시 내가 했던 유일한 생각은 '우리가 아이를 이렇게 만들었나 보다'라는 것이었다.

양육에 관한 서로 다른 의견

불안정, 재정적 긴장, 예기치 못한 문제 그리고 수시로 보이는 아이의 예측 불가능한 행동은 대부분 부부 사이에 엄청난 부담을 준다. 부부가 서로를 이해해도 그렇다. 때로는 아이가 성장하면서 다른 아이들과 뭔가 다르다는 것을 확인하는 순간 부부의 의견이 갈라진다. 한 사람은 어떻게 하든 답을 찾으려 하는 반면 다른 한 사람은 그것을 순전히 행동 문제로 치부하며 자신도 어릴 적에 그런 터무니없는 행동을 했다고 들먹인다(그러면서 "봐, 그래도 이렇게 잘 컸잖아?" 말하기도 한다).

이는 부모 중 한 사람은 문제해결을 위해 등산화를 신고 대담하게 덤불을 헤치며 앞으로 나아가자는 식이고, 다른 한 사람은 해일에 휩쓸려 힘없이 떠내려가는 것처럼 문제를 부정하는 식이다. 그러면서 점차 둘 사이의 긴장이 팽팽해진다. 이때 부부는 각자 서로 다른 아이를 양육하는 게 나을 것처럼 곤경에 빠진다. 한 사람은 아이의 감각처리 문제를 조정하려고 허리가 휘어지도록 노력하는 반면, 다른 한 사람은 그저 '민감한' 아이라서 그럴 뿐이니 자극을 더 주어 강해질 필요가 있다고 확신한다. 모든 양육 방식이 이렇게 두부 자르듯 정확히 정반대로 나뉘지는 않더라도 어쨌든 배우자가 나와 생각이 다르다는 것을 알면 많이 외로워진다.

어떤 날은 부모 중 한 명이 잘 대처해보겠다고 노력하는데 다른 쪽은 전혀 그렇지 못해 큰 싸움이 일어난다. 예를 들어 한 명은 아이의 성장에 필요한 것이면 어떤 것이든 헌신적으로 전념하겠다면서 허둥대고 서두른다. 반대로 다른 한 명은 아예 마음이 떠나 (어떤 때는 몸까지) 준비도 의지도 없이 완전히 넋이 나간다.

이유가 무엇이고 어떻게 보이든 부모가 한마음으로 뭉치지 않으면 결국 다 같이 무너지고 만다. 원망과 단절이 쌓이면서 관계가 악화될 뿐 아니라 아이는 아이대로 견딜 수 없는 상황에 자주 휘말린다. 아이가 부모의 격한 감정이 섞인 대화를 듣고 부모 사이의 긴장 분위기를 감지하면 문제의 원인이 자기에게 있다고 짐작해 자신은 비난받아 마땅하다고 제멋대로 단정하는 일도 생긴다.

○간격 좁히기

다행히 비전형적인 아이를 최고로 키우기 위해 부모가 꼭 완벽한 관계를 추구할 필요는 없다. 그래도 부부가 서로에게 정직하고 한마음이면 더 좋다. 즉, 부모 자신과 아이를 위해 같은 목표 아래 최선을 다하여 아이의 성장을 돕고 아무리 힘든 일이 있어도 드러내놓고 함께 해내야 한다.

이처럼 부부가 함께 이상적인 목표를 이뤄내기 위해 열심히 노력하는 것만으로도 아이를 그 어떤 방법보다 잘 지원하는 셈이다. 무엇보다 아이가 세상 안에서 안정감을 느끼는 데 도움을 준다. 또한 아이가 자신이 사랑받고 있고 안전하며 다들 자기를 사랑으로 바라봐준다는 것을 알기 때문에 가족과 깊은 유대감이 형성된다. 우리 아이들에게는 세상이 '불안'이나 '조절장애' 등 부정적으로 부르는 상태일 수 있다. 그래도 가족이 단단하게 결속하면 어떤 엄청난 일이 벌어져도 함께 견뎌낼 큰 힘을 발휘할 수 있다.

더 중요한 것은 비전형적인 아이를 키우는 부모가 진정한 조화를 이루면 더 강해지고 단단한 관계를 유지할 수 있다는 점이다. 시건 하틀리Sigan Hartley는 2010년 '발달장애아동이 있는 가정의 부부 관계와 가족'을 발표하고 심리학 저널 〈사이콜로지 투데이〉와 인터뷰를 했다. 그는 이렇게 말했다.

"일부 부모는 스트레스 때문에 관계가 부정적인 방향으로 변화하지만 우리의 연구에 따르면 그 반대의 결과가 사실일 수도 있습니다. 아이에게 장애가 있어도 어떤 부부는 관계가 아주 좋은데 이는 그들 자녀의 자폐 스펙트럼 장애와 관련해서 겪는 특별한 경험 때문에 더욱 가까워진 결과입니다."

마라테아도 비슷한 이야기를 들려준다. 그녀와 남편은 아이들이 태어나기 전부터 부부 관계를 튼튼히 다지기 위해 많이 노력했고 자신들을 언제나 한 팀으로 보았다.

"그 인식 체계는 우리 아들에게 무슨 일이 벌어지고 있는지 알고 난 후 한층 더 중요해졌어요. 우리가 당면한 일은 부모로서 어떤 사람이어야 한다고 막연히 생각하던 정도를 훨씬 넘어섰지요. 정말 중요했던 것은 우리가 서로 어떤 상호작용 방법으로 공감대를 유지할 것인가 하는 문제였어요. 관계에 집중하면 남편도, 아이도, 나도 완벽하지 않다는 것과 우리는 그저 최선을 다할 뿐이라는 것을 깨닫습니다. 지금은 우리가 어느 정도 위기를 벗어났다고 생각해요. 어느 때보다 남편과의 사이가 돈독해진 기분이에요. 이 놀라운 일을 우리가 함께 해내고 있지요. 우리는 우리 아들이 자신이 될 수 있는 최고 자아에 도달하도록 함께 도와주고 있어요."

부부가 더 이상 함께 살지 않거나 부부 관계가 끝났을지라도 아이를 위해 함께해야 한다는 것은 변함없는 사실이다. 자녀에게 긍정적이고 건강한 원동력을 길러주기 위해서는 사이가 멀어진 부부도 함께해야 하고 그것은 언제나 가능하며 중요한 일이다. 제나 플라워스Jenna Flowers는《의식 있는 부모의 공동육아 지침The Conscious Parent's Guide to Coparenting》 저자로 나와 진행한 팟캐스트 인터뷰에서 이혼 혹은 별거한 부부에게 이것이 어떻게 가능한지 알려주었다.

"의식적인 공동육아는 부모가 의도적으로 온 정성을 다해 귀 기울여 들어주는 것입니다. 상대편뿐 아니라 자신과 자녀도 섣부르게 판단하지 않고 연민의 마음으로 받아들이세요."

처음 이 이야기를 들었을 때 이상적이긴 하지만 실천하기가 쉽지 않을 것 같았다. 그녀는 내 생각을 인정하면서도 이 역동성은 별거 상태에 있는 부부가 점점 더 노력해야 할 부분임을 강조했다. 헤어진 부부에게도 아이들은 가장 우선시되어야 하는 존재이기 때문이다.

두뇌회로가 다른 아이들을 키우는 일은 부부 사이에 엄청난 스트레스와 부담을 줄 수 있다. 그래서 부부가 어떻게 관계를 형성

해야 할지 배우는 것은 중요한 문제다. 진정한 협력은 서로 간의 개인적인 어려움을 인정하고 보다 더 단결하고 지지하는 가족 공동체가 되기 위해 일관성 있게 밀고 나가는 것을 말한다. 우리 아이들은 그런 부모를 가질 자격이 있다.

• 돌이켜보자

우리 부부는 아이를 키우는 방식이 서로 일치하는가? 내가 상대편보다 어려운 일을 더 무겁게 느끼며 짊어지는 편인가? 부부가 한마음, 한뜻이 되면 생기는 이득이 무엇일까? 아이에게는 어떤 이득이 생길까?

Embracing the Tilt
• 틸트 적용하기 •

평가하고 책임을 감수하자

배우자와 협력하는 첫 단계는 현상 유지를 위한 스스로의 역할뿐 아니라 현재 배우자와의 관계에도 솔직해지는 것이다. 나는 의사소통 창구가 열려 있는 관계에서조차 이 일이 쉽지 않다는 사실을 잘 알고 있음을 우선 밝혀두겠다.

아무리 좋은 관계일지라도 불균형은 틀림없이 존재한다. 비전형적인 자녀를 양육하는 사람들은 일상적인 현실이 어렵다는 이유로 관계가 더 악화될 수 있다. 보통은 부모 중 한쪽이 실권을 쥐고 있다. 실권을 쥔 쪽은 대개 아이와 관련된 일을 계속 밀어붙이고, 각종 과외 활동에 아이를 데리고 다니며 일정을 관리하고, 가족의 '공적 얼굴'이 되고, 수십 쪽에 걸쳐 모서리를 접어놓은 육아용 책을 여기저기에 두고 있다. 어떤 경우에는 이러한 일들을 분담한다.

부모 양쪽이 누가 무엇을 하는지 알고 생각이 같으면 효과가 있다. 물론 덜 관여하는 부모는 뒷전으로 물러나 있기도 한다. 자신이 주도하지 못한다는 것을 알면서도 배우자가 모든 것을 맡아서 하니 마음 푹 놓고 하루하루 행복을 누리는 경우도 있다.

이것은 남편 데린과 나 사이에도 일어난 일이다. 내가 모성애의 부담에서 헤어 나오지 못하는 사이 남편은 육아에 덜 관여하기 시작했다. 남편은 가족부양 책임을 해내고 나는 아들의 세상을 돌보는 데 헌신했다. 시간이 흐르면서 우리에게는 둘 다 좌절감이 쌓이고 있었다. 나는 데린이 나를 충분히 돕지 않는다고 여겼고 데린은 내가 그에게 끼어들 틈을 주지 않는다고 느꼈다.

하지만 나는 혼자 너무 많은 일을 한다고 느끼는 한편 그렇게 하는 것을 더 편하게 여기기도 했다. 그러는 편이 '더 쉽게' 여겨졌기 때문이다. 남편이 잘 도와주지 않는다고 좌절하면서도 애셔와 나로 이뤄진 작은 도피처를 만들며 의식적으로 남편으로부터 멀어졌다. 때로는 너무 피곤하다는 이유로 남편과의 복잡한 대화를 피했고, 대화해봤자 남편은 어차피 방어 반응을 보일 것이라고 여기며 그 행동을 정당화했다. 어찌되었든 내가 감당해야 할 일은 늘 산더미였다.

몇 해가 지난 뒤 남편과 나는 우리 관계를 돌아보고 신경 써야 한다는 것을 깨달았다. 가장 먼저 할 일은 그동안 제대로 기능하지 못하고 있던 각자의 역할을 제대로 알고 해내는 것이었다. 솔직히 말하면 과정이 즐겁지는 않았다. 계속 자신을 돌아보는 성찰이 필요했고 고통스러운 이야기를 꾸준히 나눠야 했다. 그건 진이 다 빠져나가고 상처가 생기듯 고통스러운 일이었다. 그러나 그때 우리가 정직하게 들여다보지 않으면 앞으로 나아가는 것은 불가능해 보였다. 우리가 쓸데없이 힘을 쏟는 일은 무엇이고 왜 더 나아지려고 마음먹는지 서로 속마음을 털어놓고 알아야 했다.

당신은 계속 변화하는 양육 상태를 평가하고 균형을 잃는 부분이 어디인지 파악해볼 생각이 있는가? 책임을 지는 첫 단계로 정직하게 들여다보는 몇 가지 질문을 제안한다.

- 자녀의 특이한 욕구 충족에 따르는 책임은 대부분 당신이 지는가? 아니면 배우자가 지는가?
- 가끔 가족이 두 편으로 나뉘어져 있다고 느끼는가? 아이와 당신은 한편이고 배우자가 홀로 떨어져 있는 경우를 말한다.
- 부부가 몸과 마음이 늘 함께 있지 않고 가끔 마음이 떠나 있지 않은가?
- 혹시 당신이 의식적 또는 무의식적으로 배우자와 좋지 않은 관계를 만든 적은 없는가?

- 배우자가 난처한 일이 생기면 모든 것을 당신이 좌지우지해야 하는가?
- 자녀에게 힘든 일이 생기면 배우자와 함께 잘 협력하는가?
- 어떤 선택을 할 때 배우자를 자주 따돌리는가?

• 이렇게 해보자

부부가 생산적인 방법으로 마음을 터놓고 대화하는 능력에 관심이 있고 걱정이 된다면 부부상담 전문가를 만나는 걸 고려해보자. 그들은 객관적으로 상황을 중재하며 목표는 오직 가족을 더욱 단단하게 연결하는 데 있다.

연민으로 바라보자

"친절히 대하라. 당신이 만나는 모든 사람은 각자 힘든 전투를 치르고 있다."

나는 이 말을 좋아한다. 이 말은 흔히 고대 그리스의 플라톤이 했다고 알려져 있지만 최근 스코틀랜드 신학자 이언 맥클라렌Ian MacLaren의 말이라는 의견도 있다. 이 말은 우리 모두가 고통과 슬픔을 견디며 자신만의 삶을 충실히 살아가는 존재라는 사실을 다시 한번 깨닫게 한다. 또 남을 판단하지 말고 그 사람의 관점에서 들여다봐야 한다는 것을 부드럽게 상기시킨다. 정말 언제나 내게 연민과 공감을 불러일으키는 말이다.

비록 우리 가운데 많은 사람이 친구나 다른 친척, 동료, 심지어 낯선 사람까지 연민의 감정으로 대하는 것을 잘할지라도 정작 가장 가까운 배우자는 그렇게 대우하지 않는 경우가 많다. 물론 자신은 배우자와 별개의 존재가 아니라고 느낄지도 모른다. 그래서 배우자를 별개의 인격체로 보기 어려워할 수도 있다. 그게 아니면 앞서 말한 일들 때문에 배우자에게 화가 나 우리가 갖고 있는 연민의 감정이 온통 가려질 수도 있다.

내가 라이프 코치 훈련을 받느라 온라인 수업을 듣던 당시, 강사 브리짓이 내게 코칭 전략 향상을 위해 자신에게 개인 코칭을 받을 생각이 있는지 물었다. 코칭을 받고 싶은 주제를 멀리서 찾을 필요도 없었다. 바로 그날 아침 나는 데린에게 화가 났고 그 이야기를 꺼냈다. 데린이 아이에게 말하는 방식이 마음에 들지 않아 내 모성 보호 본능이 남편에게 벌컥 화를 냈던 것이다.

나는 아빠로부터 아이를 보호할 필요가 있다고 생각했다. 브리짓은 그 상황을 다르게 생각해보라고 제안했다.

"남편도 아이로부터 보호할 필요가 있지 않을까요?"

순간 나는 진실을 깨닫고 소름이 돋는 느낌이었다. 실제로 남편에게 보호가 필요하다기보다 내가 항상 진심으로 남편을 위한다는 것을 남편이 알 필요가 있다는 생각이 들었기 때문이다. 나는 남편이 애쓴다는 것도 알고 아이의 행동에 침착하게 대응하려면 남편에게 내 도움이 필요하다는 것도 알고 있었다. 그런데도 남편을 연민과 애정으로 지지하기보다 비판하고 수치스럽게 만든 것이다(나는 이 이야기를 '잘하지 못한 부모 노릇 또는 아내 노릇' 목록에 추가해야겠다고 마음먹었다).

제나 플라워스는 이렇게 말한다.

“부부가 의식적으로 공동 협력해 아이를 키우면 서로 상대에게 너그러워져 부부간 협력 관계와 아이 양육에 둘 다 최선을 다할 수 있다고 생각한다.”

당신의 배우자도 자신만의 개인 렌즈로 양육에 따른 어려움을 겪고 있는 중이다. 양육에 보이는 정서가 나와 다르다고 생각한다면 뭔가 다르게 해볼 필요가 있다. 부부 사이에 불거지는 어려움은 대부분 한편이 이해받지 못한다고 느끼거나 자신의 필요를 충족하지 못한다고 느끼는 것에서 비롯된다. 약간 변화를 주면, 그러니까 더 잘해주고 더 연민을 보이고 더 공감하면 많은 것이 바뀐다.

● 이렇게 해보자

당신이 배우자를 진심으로 위한다는 것을 알려주는 한 가지 사려 깊은 일을 해보자.

협력 방안을 설계하자

안드레아 오언은 아들이 우선순위가 되었을 때 결혼생활이 뒷전으로 밀려나는 변화를 겪었다. 아들 콜턴이 고기능 자폐 진단을 받고 이후에 불안장애까지 보였을 때는 더욱더 그랬다. 20대 후반 심한 불안장애 진단을 받았던 안드레아가 아이에게 일어난 일이 자신과 관련이 있다고 생각했기 때문이다. 그녀는 그 일이 결혼생활에 미친 영향을 설명했다.

"남편과 합리적이고 조심스러운 대화를 하기 위해 정말 많이 신경 썼어요. 내 성향이 원래 속으로 참다가 터트리는 유형이라 결국 아들과 상관도 없는 일에 폭발해 남편에게 아무 말을 퍼붓고 비난했어요. 그러면 안 됐죠. 어떤 식으로든 내게 필요한 것을 남편에게 부탁하는 방식으로 했어야 했죠."

결국 안드레아와 남편은 아들과 서로에게 최선의 지원을 해주기 위해 동맹을 맺었다. 그들은 의식적으로 대화할 시간을 따로 마련했다. 또 안드레아는 느슨하게 물러서고 남편은 좀 더 적극적으로 나서서 처리하기로 했다. 일의 상당 부분을 남편에게 넘겨주고 절충하기로 한 안드레아가 말했다.

"내 고집은 접어두고 우리를 진짜 한 팀으로 봐야 했어요. 이기적으로 나 자신을 챙기는 것이나 모성 보호 본능을 발휘하며 올인하는 것이나 다 쉽지 않았지요. 가끔은 일을 엉망으로 망치기도 했고요. 그리고 나는 사과하는 기술을 배웠답니다. 지나온 세월은 힘들었지만 결국 우리의 결혼생활은 좋아졌습니다."

나는 애셔가 어릴 때 내게 도움을 받을 필요가 있다고 말해준 내 첫 라이프 코치 코트니에게 '협력 설계'라는 말을 처음 들었다. 나는 이 말에 홀딱 반했다. 양육 파트너, 즉 배우자와 함께하고 싶은 것이 정확히 무엇인지 보여주기 때문이다. 배우자는 유별난 아이를 기르기 위해 협력하는 사람이다. '설계', 즉 '디자인'이라는 용어는 원동력을 만들어낼 무한한 가능성과 잠재력이 있는 듯하고 '협력'은 긍정적이고 낙관적인 것과 연결된 느낌을 준다.

나는 관계 상담가 제니퍼 핀레이슨-파이프Jennifer Finlayson-Fife에게 두뇌회로가 다른 아이를 양육하는 부부가 진정한 협력을 이루는 데 필요한 것이 무엇인지 질문했다. 그녀의 말을 들어보자.

"조정하고 협동하는 부부가 되려면 각자의 한계와 약점이 배우자나 자녀에게 어떤 영향을 미치는지 살펴봐야 합니다. 가끔은 배우자가 미숙하거나 이런저런 유혹에 빠져드는 것을 보며 자신의 미숙함과 방종을 변명하는 구실로 삼는 경우도 있습니다. 예를 들어 배우자가 열성을 다해 자녀를 '고치려'고 하면 당신은 배우자의 어려움을 도외시하거나 축소해서 생각하고 싶을지도 모릅니다. 반대로 배우자가 아이를 느슨하게 대하면 당신이 대신 나서서 독하게 하려고 마음먹을 수도 있습니다. 이는 아이에게 늘 불리하게 작용합니다. 아이는 자신의 결점을 못 보는 엄마와 아빠가 매일 서로 싸우는 것을 보기 때문입니다. 이럴 때 아이가 건강하고 행복한 어른으로 자라기는 힘들겠지요."

배우자와 어떻게 협력을 설계해 최고로 단결하는 모습을 보여줄 것인가? 이상적인 협력 관계는 어떤 것인가? 개인의 관심사와 가족을 위한 공동 목표는 무엇인가?

우리는 시간을 들여 진짜 깊이 있고 어려운 일을 해야 한다. 일단 시작하면 좋지 않은 상태로 되돌아가기는 힘들기 때문에 대단히 좋은 일이다. 분명 온 가족이 이익을 볼 것이다.

날마다 해보자

우리는 집에서 습관적으로 움직인다. 한번 일상이 만들어지면 바꾸기가 엄청 힘들다. 몇 년 전 우리 가족의 일상도 꽤나 습관적이었다. 남편 데린은 저녁 6시쯤 퇴근하고 나는 운동을 한 뒤 돌아와 저녁식사를 준비한다. 내가 식사 준비를 하는 동안 남편은 애셔와 함께 놀아주거나 서재에서 쉰다. 7시 30분에 함께 저녁식사를 하고 식사가 끝나면 남편은 설거지와 부엌 청소를 마치고 다시 서재로 돌아간다. 그동안 애셔와 나는 우리가 좋아하는 리얼리티 쇼 〈어메이징 레이스〉를 본다. 이어 남편에게 바통을 넘겨 애셔와 시간을 보내게 한다. 남편은 애셔에게 책을 읽어주고 침대에 들어갈 때까지 돌봐준다. 밤 10시 30분경 남편과 나는 함께 넷플릭스 영화를 보다가 잠자리에 든다. 무한반복이다.

남편과 내가 더 나은 팀이 되는 방법을 배우기 위해 부부상담 전문가를 찾아갔을 때, 우리는 육아와 관련된 의사소통을 대부분 스카이프 채팅으로 하고 있음을 깨달았다. 나는 집에서 애셔를 데리고 홈스쿨링을 하는 동안, 남편은 직장에서 일하는 동안 온라인으로 채팅한 것이다. 어떤 때는 거의 일주일 이상 별다른 소통을 하지 않았다. 많은 경우 중요한 정보를 남편에게 아주 간단히 전달했는데 모든 것을 일일이 설명하는 게 너무 힘들었기 때문이다. 그러자 시간이 지나면서 남편은 갈수록 뒤처졌고 우리 사이는 오래된 벽에 금이 간 것처럼 벌어졌다.

우리는 애셔가 잠자리에 들면 TV를 보기 전에 매일 밤 10분씩 대화하기로 했다. 육아든 개인적인 이야기든 마음을 다해 함께 나누기로 한 것이다. 서로에게 일어나는 감정의 높낮이도 그때그때 알아가며 잘 맞출 수 있었다. 더 좋은 것은 말없이 담아둔 작은 불평이 쌓이는 것을 미리 막는다는 점이다.

아직 부부가 정기적으로 대화하지 않는다면 편한 시간을 골라 가능하면 매일, 규칙적으로 대화할 것을 권한다. 큰 사건이 있어야 하는 것도 아니고 긴 시간을 내지 않아도 된다. 육아의 핵심은 왜 그렇게 해야 하는지, 이상적인 결과가 어떤 모습인지 의식적으로 생각하며 임해야 한다는 것이다. 그리고 어떻게든 어떤 방법으로든 일단 시작하고 필요에 따라 바꿔가면 된다.

• 당장 시작하자

부부가 둘만의 시간을 보내면서 서로 존중하고 협력하는 한 팀임을 잊지 말자. 부모로서 하고 싶은 미래에 관해 이야기를 나눠보자.

Tilt
14
우리 편을 찾자

◦ ◦ ◦

"물을 주지 않는 사람의 꽃밭에 꽃을 심지 마라."

_작자 미상

언젠가 한 페이스북 그룹에서 어떤 아이의 엄마와 이야기를 나눈 적이 있다. 그녀는 자신의 아이를 간혹 친구와 친척이 돌봐주는데 그때마다 아이가 저지른 수많은 일 때문에 그들에게 미안하다는 말을 한다고 했다. 그 일로 숱하게 괴로움을 겪은 그녀는 혹시 다른 부모들도 비슷하게 반응하는지 알고 싶어 했다. 수십 명이 다들 그렇다는 듯 반응하며 맞장구를 쳤다.

"그럼요. 물론 우리도 그렇지요."

두뇌회로가 다른 아이는 더욱 격렬하고 정서적 혹은 사회적으로 이상하거나 아니면 이 모든 문제가 한꺼번에 나타나기 때문이다. 이 경우 부모는 다른 이에게 자녀를 돌봐달라거나 함께 있어 달라고 부탁하는 것을 부담스러운 일로 여긴다.

다른 사람과의 관계를 둘러싼 이 복잡한 문제를 파고들기에 앞서 먼저 이것은 힘든 문제라고 말해야겠다. 우리의 연약한 자아와 정서적 부담 그리고 '괜찮지 않은' 우리 아이와 관련된 불안함이 뒤얽힌 문제다. 또한 이것은 우리 모두 남들에게 받아들여지기를 간절히 원하는 한 인간이라는 사실과 관련되어 있다. 여러 면에서 자녀는 우리의 한 부분이라 남들이 우리 애를 '받아들일 수 없다'고 생각하는 것을 알아채면 우리는 상처받고 무기력해진다. 그래도 우리와 잘 지낼 사람들이 과연 누구인지 다시 찾아보자.

남들도 처음부터 받아들일 수 없다고 생각하는 건 아닐 것이다. 처음 부모가 되었을 때 우리는 대부분 다른 부모에게 뜬금없이 친근감을 느낀다. 아이가 세상에 태어나면서 인생이 바뀌는 일을 똑같이 겪어내기 때문이다. 즉, 모든 부모는 우리 편이다. 부족한 잠에 시달리는 어려움과 기저귀를 떼는 기쁨을 똑같이 겪고 이해하며, 놀이터나 유치원 같은 곳에서 오다가다 만나도 언제든 바로 대화가 가능하다. 우리는 말하자면 일종의 동아리 일원이고 그런 동지애에 감사해한다.

그러나 상황은 바뀔 수 있다. 행동거지가 남다른 아이를 둔 부모는 세월이 흐르면서 집에 놀러오라는 말을 듣는 횟수가 호지부지 줄어든다. 그들의 아이가 우리 집에 오는 것은 그대로인데 우리 아이가 그들의 집에 초대받는 일은 줄어든다. 간혹 초대해도 마치 '호의'를 베푸는 듯 생색내고 간혹 우리가 아이를 데리러 올 시간을 정확히 말해줄 것을 요구한다.

우리 스스로 아이를 잘 알고 있으니 남을 힘들게 하는 아이를 다른 이에게 부탁하면 죄책감이 느껴질지도 모른다. 불안감에 누군가가 한 말이나 행동의 숨은 의도를 찾아내려 애쓰기도 한다. 심지어 의도가 전혀 없는 순간에도 말이다. 그렇지 않은가? 이건 정말 힘든 일이 맞다.

가질 수 있는 자와 없는 자

비전형적인 아이를 키우면서 힘든 일 중 하나는 그게 얼마나 어려운 일인지 모르는 사람을 상대하는 것이다. 대부분의 부모들은 내 아이가 불편하게 만든 사람, 즉 우리가 사과해야 하는 사람들을 마음에 담아둔다. 간혹 우리는 내 아이가 어떤지, 우리의 양육 경험이 어떤지에 일절 관심을 두지 않는 사람들을 상대하는 문제를 놓고 고심한다.

어떤 경우에는 우리가 속한 문화나 민족이 특정 진단에 낙인을 찍거나 치료하는 방식을 못마땅하게 여길 수도 있다. 타인과 단절되는 이유가 무엇이든 우리가 단절된 기분을 느끼는 경우는 꽤 많다. 그들과 함께 있을 때 우리는 더러 어딘가 나사가 빠진 것같이 행동하고 진정한 우리 자신으로 행동하기 어려워하기도 한다.

우리 편이 아닌 사람과 시간을 보내는 것은 기진맥진해지는 일이다. '정상'이라는 창문 밖에 놓여 있는 자녀를 키우는 우리에게는 그 아이를 도무지 이해하지 못하는 사람들을 이해시킬 시간이나 에너지가 없다. 용서를 구하라고? 그것도 우리 아이들이 아니라 그들을 위해서? 그건 우리가 선택해야 하는 방식이 아니다. 우리가 하는 그 일은 아이들이 알 뿐 아니라 (장담하건대 아이들의 기분이 좋을 리 없다) '다르다는 것'은 나쁜 것이나 용서받아야 하는 것이라고 강조하는 셈이다. 이는 우리가 원하는 것과 완전히 정반대의 생각을 뒷받침해줄 뿐이다.

아이를 이해하지 못하는 사람이 가족 중에 있으면 문제가 한층 더 복잡해진다. 내게 이메일을 보낸 한 엄마는 자신의 여동생을 상대할 방법을 찾고 있었다. 그 엄마는 성탄절에 여동생 가족과 함께 여행할 예정이었다. 하지만 아이들의 행동에 여동생이 짜증내지 않을까, 여동생네 아이들까지 우리 아이를 싫어하지 않을까 싶어 불안해졌다. 가족 관계에서의 의무와 내 아이를 보호하는 일 사이에 어떻게 균형을 잡아야 할까? 친척이 내 아이를 달가워하지 않아도 그들과 가족으로서 존중하는 관계가 가능할까?

이 질문은 내가 팟캐스트 인터뷰에서 양육 코치 마거릿 웨브에게 제기한 내용이다. 마거릿은 가족 간 갈등은 많은 경우 그들이 우리를 도와주려 하지만 맞지 않을 때와 그들이 이해하지 못해 불편한 기색을 보일 때 비롯된다고 설명한다. 그럼 그 순간 어떻게 대처해야 할까? 마거릿의 조언은 이렇다.

"시각적으로 표적을 떠올려보세요. 중앙에 원이 그려진 표적이 있고 중앙을 중심으로 원을 확장해봅니다. 이제 어떤 상황에서도 우리, 엄마와 아빠는 중앙으로 들어갈 필요가 있습니다. 그곳에서 자기돌봄을 위해 해야 할 필요가 있는 모든 것을 시작합니다. 북받치는 분노나 슬픔, 비통 같은 감정을 돌보며 자기돌봄을 합니다. 그다음 원은 당신의 아이입니다. '이것이 내 아이구나. 나는 누구보다 이 아이를 잘 알고 있어.' 이제 거기서 일종의 '방패'를 만듭니다. 더 편안하고 자신감을 가질수록 남들이 어떻게 생각하는지 신경을 덜 씁니다."

◇우리 편의 힘

나는 마거릿이 일러준 대로 표적을 시각화하는 것을 좋아한다. 그것은 우리와 아이들이 어떠한 상호작용에서도 항상 중심이어야 한다는 것을 상기하게 해주기 때문이다. 가까운 가족이든 매달 열리는 학부형 회의에서 만나는 다른 학부모든 그들과 무슨 말을 하더라도 결국 가장 중요한 것은 우리 자신과 아이들의 정서, 정신, 신체의 행복이다. 더 이상 말할 것도 없다. 우리는 사랑, 친절, 확신을 기반으로 행동하고 최고의 결과를 얻기 위해 스스로를 바로 세워야 한다.

우리의 기초를 다지는 방법 중 하나는 우리 가족 주위를 전적으로 지지하는 사람들로 둘러싸는 것이다. 그러면 우리와 아이 모두 긴장이 풀리고 자신감이 생겨 일을 제대로 할 수 있다. 공동체는 모든 것을 바꿔놓는다. 공동체는 우리를 일으켜 세운다. 또 우리의 자원을 풍부하게 해주고, 용기를 북돋우고, 진정한 자아로 거듭나게 해준다. 공동체는 우리와 우리 아이들이 혼자가 아님을 알게 해준다. 이제 의심하고 회의적이며 우리를 절대 이해하지 못하는 사람들과의 관계를 끝내고 대신 우리를 우리 편으로 둘러싸야 할 때다.

• 돌이켜보자

'내 사람들'과 함께 있지 않을 때 신체적으로 나타나는 증상이 있는가? 나와 내 아이가 우리를 이해하지 못하는 사람들과 함께 시간을 보낼 때 그 대가를 어떻게 치러야 할까? 우리 아이를 알아봐주고 이해해주는 사람들과 더 많은 시간을 보내면 우리 아이는 얼마나 더 안전함을 느낄까?

Embracing the Tilt
• 틸트 적용하기 •

작고 단단하게 우리 편을 조직하자

어떤 목적을 위해 체육관이나 책 동아리, 협동조합, 커뮤니티에 무심코 가입했다가 엄청나게 실수했음을 곧바로 깨달은 적이 있는가? 그럴 때면 우아한 퇴장 전략을 짜는 데 온통 시간을 쓰고 결국 시커먼 타이어 자국 같은 상흔을 남기고 빠져나온다.

내게도 그런 일이 일어났다. 애셔의 홈스쿨링을 위해 커뮤니티의 핵심이 되기를 원한 한 그룹에서 일어난 일이다. 첫 회의부터 나는 내가 '어떻게든 어울리는 척하는' 모드에 빠져들고 있음을 알아차렸다. 그래서 나와 애셔의 진실을 말하지 않고 내 모습을 제대로 보여주지 않으려고 애썼다. 그 단체가 안전한 곳이 아니라고 느꼈기 때문이다. 그들은 '내 사람들'이 아니었다. 그나마 빨리 알아차려 뭔가를 억지로 하려고 시간을 낭비하지 않은 게 다행이라고 생각한다.

네덜란드에서 삶을 새로 시작할 때 뜻밖의 선물이 많이 있었지만 정말 대단했던 것은 새로운 관계를 맺을 기회였다. 의무적으로 참여해야 하는 사회적 상황도 없었고 일을 복잡하게 만드는 맥락이나 얽힌 사연도 없었다. 처음부터 우리 편이란 것이 존재하지 않았기에 우리 편을 작고 단단하게 조직하는 일이 쉬웠다. 그렇지만 불필요한 관계를 정리하고 누가 우리 편인지 분명히 하기 위해 지구 반 바퀴를 돌아 네덜란드까지 올 필요는 없지 않을까 싶다.
자, 우리 인생과 연결된 사람들을 생각할 때 던져볼 몇 가지 질문이 있다.

- 그 관계가 당신 삶에 의미가 있고 기쁨을 주는가?
- 그 사람에게 진정한 자신을 마음껏 드러내고 그 사람을 편안하

게 대할 수 있는가?

- 그 관계가 이익을 주고 필요를 충족한다는 측면에서 상호적이라 할 수 있는가?
- 그 사람은 당신의 아이를 있는 그대로 받아들이는가?
- 그 사람은 당신이 아이를 키우면서 겪는 개인적인 어려움을 알아주는가?

자주 만나지만 우호적이지 않거나 눈에 보이지 않는 사람처럼 취급하는 사람의 명단을 적어보고 그 관계를 어떻게 유지하면 좋을지 결정하자. 그들이 가족이거나 당신 삶에서 중요한 자리를 차지하고 있다면 그들과 깊은 얘기를 나눌 필요가 있는지, 아니면 그들의 말과 행동에 일일이 예민하게 반응하는 감정을 날려버릴지 결정해야 한다. 기억할 것은 각 관계마다 규칙을 세우고 경계선을 긋는 결정은 우리 스스로 해야 한다는 점이다.

느낌 그대로 받아들이자

또 다른 페이스북 육아 그룹에서는 한 엄마가 논란이 될 만한 얘기를 시작하자마자 사방에서 엄청난 반응이 쏟아졌다. 그녀가 올린 글의 요지는 자신은 신경학적 차이가 있는 아이들이 성가시고, 함께 있으면 스트레스가 쌓이며, 심지어 정이 떨어지고 마음이 언짢다는 것이었다. 물론 죄책감도 있지만 사람이기에 생기는 그 반사적 반응을 어찌해야 좋을지 모르겠다고 했다.

그 게시물을 향해 아우성치는 댓글에 나는 끼어들지 않기로 했다. 그녀의 약한 마음을 토닥이는 사람이 있는가 하면 애초에 그런 글을 올리지 말았어야 한다며 화를 내는 사람도 있었다. 나도 짜증이 났다. 또 불쾌하고 서글펐다. 나는 그녀가 누구인지 모른다. 그렇지만 이와 비슷한 생각을 하는 사람이 그녀 하나가 아니라는 것은 알고 있다. 솔직히 말해 실망스럽고 속상했다.

중·고등학교 시절 친구들과 사이가 나빴던 적이 있는 사람은 따돌림이 지독히 나쁜 감정에 휘말리게 한다는 것을 알 것이다. 창피하고 좌절하고 쓰라리고 서러운 감정도 그중 일부다. 이제 우리가 어른이 되고 '진화'했다고 해서 생각과 달리 어떤 관계가 고통스러울 때 아픈 마음에 자동으로 면역이 생기는 것은 아니다.

아이의 삶이 우리가 기대하던 것이 아니라서 스스로에게 슬퍼할 여지를 허용했듯, 우리나 아이들에게 일어난 것과 관련해 남들의 불쾌함이나 불편한 감정을 받아들이는 것도 중요하다. 아이에게 아직 친한 친구가 없고 가족 행사에서 우리만 제외되는 이유가 우리 아이의 남다른 행동 때문이라면, 아웃사이더가 된 그 기분은 불쾌하고 그건 아무리 나이가 많아도 달라지지 않는다. 상처받고 소외된 자신의 마음을 다독여야 한다. 괜찮다. 그렇게 느낄 수 있다. 아이를 키우면서 겪는 모든 힘든 감정처럼 핵심은 그 감정을 인정하고, 표출하고, 넘어가는 데 있다.

우리 편을 찾자

자두를 열렬히 좋아하던 애셔의 모습에 마음을 빼앗긴 내 소중한 친구 시몬느 이야기를 들려주고 싶다. 2014년 여름 네덜란드에서 살던 친구가 미국으로 돌아가게 되어 6월 말쯤 몇몇 가족이 송별 소풍을 갔다. 부모들이 야외용 돗자리를 깔고 음식과 음료수를 준비하는 동안 일곱 명의 아이들은 공원을 누비고 다녔다. 그런데 갑자기 애셔가 사람들을 뚫고 달려와 보랏빛 자두가 담긴 그릇을 발견하고는 늘 하던 대로 즐거움을 가득 담아 소리를 질렀다.

"자두다!! 사랑하는 자두!!!"

시몬느는 북클럽에서 잠깐 마주친 사람인데 그때 애셔를 사랑과 놀라움이 섞인 눈빛으로 바라보며 이렇게 말했다.

"와, 저 열정이 정말 마음에 드네. 어울려 지내고 싶은 아이야!"

나는 그때 시몬느가 내 편이라는 것을 알았다. 이후 우리는 가장 가까운 친구가 되었고 그녀는 내게 선물이었다. 요즘에는 사춘기에 이른 두 딸과 일에 파묻혀 바쁘게 지내면서도 애셔와 함께 시간을 보내는 것이 좋다는 이유만으로 우리 아이와 점심식사나 낮 산책을 같이 해준다. 나는 무슨 일이 일어나든 시몬느는 감당할 수 있음을 알기에 애셔가 그녀와 함께 있을 때는 한 번도 걱정한 적이 없다.

그 관계는 애셔에게 참 중요하다. 나는 애셔가 시몬느를 대하는 것을 보며 아이가 시몬느에게 존중과 인정을 받고 있음을 안다고 느꼈다. 나도 그렇다. 시몬느가 우리에게 자주 들를 정도로 시간이 많지 않아 서운하지만 존경과 이해, 규정짓지 않음, 사랑, 연민 등 그녀가 구체적으로 보여준 자질은 우리가 우리 편인 사람들에게서 찾고 있는 것이었다.

내가 틸트 페어런팅을 만든 가장 큰 목적은 우리가 절대 혼자가 아니라는 것을 부모들에게 알려주는 데 있다. 부모들이 자신의 독특한 자녀가 외톨이가 아니며 가치 있다는 확신을 갖길 바란다. 우리 아이들이 천재, 창조적인 사색가, 세상을 바꾸는 사람, 민감한 철학자로 이뤄진 멋진 공동체의 일부라는 것을 알기 원한다. 전 세계 모든 나라에는 우리 아이 같은 아이들이 살고 있으며 이들을 공동체로 연결하면 놀라울 정도로 강력할 수 있다. 우리에게 소속감을 주고 아무리 강조해도 지나치지 않을 경험 공유와 인정을 제공할 것이기 때문이다.

내가 '우리 편을 찾자'라고 제안하는 대상에는 두뇌회로가 다른 아이들의 부모를 넘어서서 더 큰 그림이 담겨 있다. 우리 편은 어디에나 있다. 그들은 교사나 캠프 지도자, 튜터, 멘토, 코치, 학교 상담사일 수 있다. 또한 친척, 이웃, 홈스쿨링 공동 운영 가족, 스타벅스의 바리스타일 수도 있다. 심지어 우리 아이의 뻔뻔하고 부끄럼 없는 자두 사랑에도 신경을 써주는 북클럽에서 만난 친구일 수도 있다.

'우리 편'이 되는 유일한 조건은 우리 아이들을 사랑하고 진정으로 알아봐주는 것뿐이다. 우리는 보면 안다. 왜냐하면 그들은 우리 아이가 곁에 있을 때 밝아지기 때문이다. 우리는 시간을 들여 하나하나 그런 사람을 찾아낸다. 그들은 우리가 두고두고 감사하는 마음으로 되돌아보는 사람이다. 애정 어린 유치원 교사, 우리 아이를 챙기기 위해 자신이 가려던 길을 벗어나는 이웃, 정규 체육 시간에 제대로 따라 하지 못한 기술을 배우도록 방과 후에 따로 시간을 내 가르쳐주는 교사가 바로 우리 편이다.

당신의 편은 누구인가?

아이에게도 안전한 관계를 만들자

멜리사 워디는 딸 아멜리아가 어른뿐 아니라 함께 시간을 보내는 다른 아이들과도 안전하고 지지받는 관계로 발전하도록 도와주려고 무던히 애썼다. 그중 하나는 남들이 어떻게 생각하는지는 중요하지 않다는 걸 알려주는 것이고, 다른 하나는 아멜리아가 힘들 때 어떤 일이 일어나는지 스스로 설명하도록 힘을 실어준 일이다. 그래야 또래 친구들이 아멜리아를 이해해주고 도와줄 수 있다고 설명했다. 멜리사가 설명했다.

"우리는 아이 친구들에게 터놓고 솔직하게 말했어요. '애들아, 지금 아멜리아가 불안해서 그러는데 조금만 시간을 주면 안정될 거야. 그러면 그때 다시 놀자.' 그렇게 설명하면 아이들은 대부분 훌륭하게 협조했어요. 말 한마디에 아이들은 정말로 잘 받아들였지요."

이제 걸스카우트 친구 중 몇몇은 아멜리아가 새로운 상황에서 불안해할 때 이를 잘 모르는 누군가가 뭐라고 하면 아멜리아를 두

둔하고 편들어 지켜준다. 최근 단체 여행을 갔을 때 관광 안내자가 아멜리아에게 큰 소리로 말하라고 윽박지르며 "무슨 일이야? 왜 입을 다물고 있는 거야?"라고 하자 한 친구가 나서서 "이 친구는 아멜리아고요, 불안장애가 있어요. 긴장이 풀리려면 45분이 필요해요"라고 말해준 일도 있다.

우리 아이들에게도 자신의 다른 점을 이해해주고 있는 그대로 받아들이는 친구를 가질 자격이 있다. 애셔에게도 이런 친구들이 있다. 애셔의 모든 면을 보면서도 여전히 존중해주고 소중히 여기는 그런 친구다. 애셔에게 친구들 앞에서 냉정을 잃거나 심지어 친구를 향해 분노를 퍼붓는 일이 생기면 어떻게 하느냐고 물었더니 이렇게 말했다.

"보통은 좀 창피한데 미안하다고 해요. 왜냐하면 가끔 친구들과 아무 관계가 없는 일에 화를 내기도 하거든요."

나는 애셔의 격렬하고 과한 행동 때문에 친구를 잃을까 봐 늘 걱정했다. 다행히 아이는 나름대로 훌륭한 친구를 찾는 법을 알고 있고 무슨 일이 있어도 애셔가 애셔답도록 해주는 멋진 친구들과 관계를 맺고 있다.

우리 아이들에게는 이러한 친구가 최고다. 사회적 신호를 읽어내는 것조차 힘겨워하는 아이들에게도 서로에게 좋은 친구가 되는 법을 배울 기회를 줘야 한다. 이들이야말로 우리 아이들에게 정서적으로 안전하고 중요한 존재이다. 친구는 아이들이 10대 초반이나 후반에 접어들면서 사회적 자본이 큰 비중을 차지할 때 정말 필요하다.

아직 아이가 이런 친구를 찾지 못했을지도 모른다. 시간을 갖고 기다려보자. 그들은 어딘가에 있고 일단 만나면 평생 친구가 될 것이다. 보장할 수 있다. 알렉스에게는 재능이 특출한 열두 살 된 딸아이가 있다. 자신이 평균에서 벗어난 아웃라이어인 줄 알았던 아이는 국가기관에서 운영하는 영재아동을 위한 여름캠프, 즉 과학, 기술, 공학, 수학 분야 스템 프로그램STEM Program에 참여하면서 전혀 그렇지 않다는 것을 알았다. 2주간 진행된 캠프에서 아이는 컴퓨터 프로그래밍에 푹 빠진 다른 친구들과 완벽하게 어울렸고 진정한 친구와 함께하는 경험도 얻었다. 두뇌회로가 다른 아이들을 키우는 많은 부모가 아이가 좀 더 크고 개인적인 관심이 깊어지면 자연스레 진실한 교우 관계를 맺는 것을 경험한다.

오아시스를 찾자

우리는 최근 일주일에 한 번씩 갖는 영화의 밤에 BBC에서 방영한 다큐멘터리 시리즈 〈아프리카〉를 봤다. 특별히 칼라하리와 나미브 사막 에피소드가 감동적이었다. 먼 곳에 있는 동물들도 유인하는 '오아시스' 칼라하리의 물웅덩이를 야간 촬영한 장면과 처음 촬영한 희귀종인 검은 코뿔소가 무리를 지은 모습이 꽤 인상적이었다. 나는 그 독특하고 아름다운 동물들이 공동체로 연결되어 함께하기 위해 모이는 영상이 정말 좋았다.

우리에게도 우리의 오아시스가 있다. 때로는 찾기 어렵고 또 때로는 그것을 찾아 헤매느라 우리 편이 되어줄 사람이 그곳에 있다는 것조차 모를 수 있다. 하지만 그들은 공동체와 가상세계, 현실세계 어디에나 있다. 오아시스가 어디에 있는지 찾아내 어떤 것이 우리에게 '잘 맞을' 것 같은지 알아내는 게 우리가 할 일이다(우리 아이들을 위한 모든 공동체가 다 우리에게 들어맞지는 않을 것이다).

- 학교: 비전형적인 자녀를 키우는 부모는 일반적인 아동 교육을 목적으로 하는 공립학교에서 특별히 어려운 문제를 정기적으로 조언하고 이야기를 나누는, 혹은 전문가를 모셔와 이야기를 듣는 소그룹 모임을 만날 수 있다. 이 모임은 때로 암암리에 이뤄지지만 학교 당국은 대개 그 모임의 존재를 알고 올바른 조언을 해준다(그런 소그룹이 학교 안에 존재하지 않는다면 당신이 직접 시작해볼 수도 있다!).

- 페이스북: 페이스북에서 다양한 신경학적 차이와 관련된 검색어를 입력하면 수백 개의 결과가 올라올 것이다. 예를 들어 'ADHD'를 검색하면 백 개가 넘는 페이스북 그룹과 더 많은 페이스북 페이지, 커뮤니티가 쏟아져 나온다. 모든 그룹이 당신의 필요와 가치에 정확히 들어맞지는 않겠지만 적어도 당신이 찾는 후원이나 연관된 것을 제공하는 철학, 주제를 몇 개라도 만날 수 있다. 일단 관심 있는 커뮤니티를 만나면 그냥 구경만 하기보다 시간을 내서 참여해 많은 것을 얻어보자(당신의 참여로 다른

이들도 많은 것을 얻을 수 있다).

- 기관과 커뮤니티 단체: 신경학적 차이를 갖고 자라는 아이의 부모를 헌신적으로 지원하려는 기관이나 단체는 넘쳐난다. 많은 기관이 온라인 포럼을 주최하고 있고 그렇지 않은 곳은 자료를 나눠주기 위해 정기적으로 뉴스레터를 보낸다. 어떤 곳은 무료 웹 세미나, 트위터 채팅, 중요한 정보와 수단을 담은 페이스북 라이브 동영상을 정기적으로 게시한다. 다른 몇몇은 틸트 페어런팅처럼 주간 팟캐스트를 진행한다. 다시 말하지만 특정한 신경학적 차이를 위해 존재하는 기관이나 단체가 당신과 당신의 감성에 완벽하게 맞아떨어질 가능성은 없다. 그러므로 당신이 필요로 하는 것을 주기 위한 곳인지 충분히 살펴봐야 한다.

• 당장 시작하자

가장 자주 만나는 사람들을 다시 생각해보자. 그들 중 당신의 육아 현실을 존중하지도, 인정하지도 않는 사람이 있는지 파악해보자. 그 관계에서 자신을 지킬 방법을 고려해보자.

Tilt
15

부모의 에너지가 자녀에게 미치는 영향을 알자

○ ○ ○

"의사들은 내게 결코 다시 걸을 수 없을 것이라고 말했다. 어머니는 내가 해낼 것이라고 말했다. 나는 어머니의 말을 믿었다."

_윌마 루돌프

애셔가 여섯 살이었을 때 처음 내 에너지와 애셔의 에너지가 연결되는 경험을 했다. 때는 봄이었고 유치원에 다니던 애셔는 매년 그때쯤이면 늘 그러듯 '봄철 퇴행'을 겪고 있었다(아이는 해마다 가을의 긴 퇴행과 늦봄 퇴행 그리고 한여름의 회복기를 겪는다. 도대체 이 궤도는 왜 똑같이 반복되는 걸까?). 애셔가 자라면서 퇴행이 더 심해지는 것으로 보였다. 이때는 아주 사소한 일도 아이를 자극할 수 있어서 골치가 아팠다. 이를테면 아침식사 때 원하는 시리얼이 아니거나, 때를 잘못 골라 말을 걸거나, 주말에 입고 나갈 청바지를 빨아놓지 않은 그런 자질구레한 일이 아이를 자극한다.

그때 나는 라이프 코치 훈련을 받기 위해 피닉스에 갔다가 막 돌아온 참이었다. 그곳에서 나는 지도자인 마사 베크와 함께 우리 안의 에너지와 바깥 현실 사이의 연관성을 탐구했다. 그 작업으로 내 안의 무언가가 분명해지는 느낌이었다. 충만한 마음으로 일요일에 비행기를 타고 집에 돌아왔을 때 나는 내 새로운 통찰력에 흥분하고 있었다. 그 통찰로 우리 집을 뒤덮고 있는 검은 구름을 날려버릴 수도 있겠다고 자신했다.

그날 저녁 현관문을 열고 집으로 들어갈 때까지만 해도 나는 더없이 행복한 엄마였고, 주말 내내 훈련으로 얻은 평온함으로 가득 차 있었다. 토끼 같은 내 아들은 보고 싶었다며 쏜살같이 달려와 기쁨이 가득한 포옹으로 나를 열성적으로 맞이했다. 안됐지만 그 좋은 기분은 오래가지 못했다. 한 시간도 채 지나지 않아 애셔는 무슨 일 때문인지 기분이 나빠졌고 분노에 차 마구 화를 내기 시작했다. 이번에 나는 항상 그랬던 것처럼 감정을 앞세워 화를 내고 아이의 맹렬함에 맞서려 애쓰는 대신 다른 방법을 시도했다.

나는 차분히 애셔에게 다가가 아이의 눈높이에 맞춰 몸을 낮추고 아무 말 없이 팔로 아이를 감싸 안았다. 그렇게 아이를 꼭 안고 숨을 천천히 내쉬면서 숨 하나하나에 깨끗하고 확실한 사랑을 불어넣는 상상을 했다. 10초도 지나지 않아 아이의 경직된 몸이 풀렸고 분노는 사라졌다. 그리고 뜻하지 않게 자동차단기가 내려진 것처럼 한 달 정도 이어진 퇴행도 사라졌다.

에너지는 줄곧 아이들에게 영향을 미친다

그 순간 내가 심오한 경험을 한 것처럼 우리의 '에너지'와 아이들의 '정서적 조절' 사이에는 깊은 관련이 있다. 왜냐고? 두뇌회로가 다른 아이들이 공유하는 것 중 하나는 정서적 강렬함이나 그들을 둘러싼 주변 세상에 반응하는 육체, 정신, 정서, 영적 과민함이다. 다시 말해 그들은 오감으로 인식할 수 있는 게 아니라 보이지 않는 힘이나 에너지에 놀라울 정도로 반응을 보인다.

우리의 경험과 외부 에너지 간의 관계를 보여주는 증거는 아주 많다. 최근 몇 년간 눈에 보이지 않는 에너지를 다루는 일이 호황 산업으로 성장한 이유는 인간인 우리가 환경과 주변 사람, 공간 안에서 무슨 일이 일어나고 있는지에 민감하기 때문이다. 신경학적으로 비전형적인 아이들은 더욱더 그렇다.

어떤 이에게는 이 말이 상당히 비과학적으로 들릴지도 모른다. 그러나 우리 같은 부모에게는 그리 놀라운 뉴스가 아니다. 감각처리 문제를 가진 아이를 키우는 사람은 누구나 이 아이들이 어느 노련한 정치인보다 방 안의 분위기와 그곳에 있는 사람들의 감정, 생각을 훨씬 더 잘 읽는다는 것을 안다. 그들은 신발에 낀 작은 돌멩이나 옷에 붙은 라벨, 영화 사운드트랙에 있는 노래에도 생난리를 친다.

마찬가지로 ADHD를 가진 아이는 에너지가 변화하는 것을 알아차리면 종종 스위치가 딸깍거리는 것처럼 순간적으로 강렬하게 반응한다. 이 아이들은 부모가 느끼는 것을 거울처럼 비춰주는 것은 물론 다른 사람의 에너지를 빨아들이는 감정의 바로미터 같다. 자폐 스펙트럼 장애가 있는 아이도 과민 증세가 남의 일이 아니다. 자폐인은 공감 능력이 부족하다는 근거 없는 믿음이 널리 퍼져 있지만 스위스 로잔에 있는 연방공과대학교의 헨리Henry와 카밀라 마르크람Kamila Markram 부부가 한 연구는 사실은 그 반대일 수 있다는 것을 보여주었다. 마르크람 부부는 최근 아스퍼거 증후군 같은 자폐 스펙트럼 장애가 있는 사람은 공감 능력이 전혀 떨어지지 않는다는 이론을 내세웠다. 오히려 그들은 "대처하기 어려울 정도로 다른 사람의 감정을 지나치게 느낀다"고 했다. 그 자신도 자폐가 있는 카밀라 마르크람은 이렇게 설명한다.

"나는 방 안의 모든 사람이 느끼는 감정을 다 느낄 수 있다. 문제는 내가 처리하는 것보다 훨씬 더 빠르게 느낀다는 데 있다. 자폐인은 충분히 느끼지 못한다고 말하는 사람들이 있다. 우리는 그 반대라고 말한다. 그들은 너무 많이 느껴서 문제다."

우리 아이들에게 미치는 에너지의 영향을 이해하는 것은 왜 중요한 문제인가? 아이들이 어려움을 겪는 순간 가장 먼저 반응해야 하는 사람이 우리이고 그때 우리의 에너지는 초강력으로 나타나기 때문이다. 문제는 그 힘을 좋게 쓰느냐 나쁘게 쓰느냐에 달려 있다.

우리가 에너지를 의식적으로 조절하지 않으면 생각지도 못하는 사이 우리의 감정이 끓어올라 상황을 악화시킬 수 있다. 남의 행동과 감정을 보고 흉내 내는 '거울신경'이라 불리는 뇌세포가 그 이유 중 하나다. 예를 들어 어떤 친구가 머리를 부딪치는 것을 보면 우리의 거울신경이 작동해 동정심이 움찔한다. 마찬가지로 늘 같이 식사하던 친구가 부모를 잃은 슬픔을 이야기하면 우리는 가슴이 아리고 때로 그를 따라 (혹은 미러링으로) 눈물을 흘린다.

필독 도서《아직도 내 아이를 모른다》의 저자 대니얼 시겔이 웹사이트 PsychAlive와 한 인터뷰 내용에 따르면 거울신경은 눈에 보이는 것을 스펀지처럼 흡수하고 받아들여 뇌의 정서 부분이 반응하게 한다.

그렇다면 힘든 순간 우리가 버럭 화를 내며 소리를 지르고 자제력을 잃어버리면 과연 무슨 일이 일어날까? 아이들의 거울신경이 우리를 흉내 내기 위해 벌떡 일어난다. 이 경우 더 많은 분노가 끓어오르고 상황이 격렬해져 문제를 해결하기까지 시간이 더 오래 걸린다. 이제 우리는 '완벽한' 방법으로 대처하지 못하고 상황을 악화한 자신을 탓한다. 아이들은 갈등 후 수치스러워하고 매번 이런 주기를 반복한다. 그러나 꼭 이럴 필요는 없다.

에너지를 좋은 쪽으로 사용하자

반가운 이야기는 거울신경이 우리에게 유리하게 작용할 수 있다는 점이다. 아주 힘든 순간에도 상황을 평온하게 받아들이고 평화로운 분위기를 만드는 데 도움을 줄 수 있다. 에너지를 어떻게 관리하는가는 학습에 달려 있다. 다시 말해 혼신의 힘을 다한 연습으로 나아지는 능력(흠, 엄청난 연습이겠지만)을 익히면 상황 악화를 막는 정도가 아니라 말 한마디 하지 않고 갈등을 없앨 수도 있다. 바로 이것이 우리가 원하는 게 아닌가.

더 좋은 것은 아이들이 어떤 거친 감정을 드러내도 우리가 흔들리지 않는 바위가 될 것이므로 우리 에너지를 아이와의 더 좋은 유대감을 만드는 데 쓸 수 있다는 점이다. 마찬가지로 우리는 아이가 어떤 것이 건강한 에너지 관리인지 보고 배우게 할 수 있다. 이것이 아이들의 감정조절 전략을 강화하는 훌륭한 방법이다. 아이들은 더 안전하게 스스로 통제한다는 느낌을 받고 우리를 자신이 온전히 자신으로 존재하게 해주는 사람으로 생각할 것이다. 우리는 바로 이것을 원한다. 또 아이가 사춘기에 접어들면서 우리와 아이 사이에 의사소통의 길이 활짝 열려 있고 존중과 신뢰에 뿌리를 두고 있기를 바란다.

• 돌이켜보자

감정이 특별히 고조되었을 때 내 에너지를 어떤 방식으로 다루고 있는가? 내 에너지 반응과 아이의 행동 사이에는 어떤 관련이 있을까? 어려운 상황에 있을 때 내적 에너지를 더 잘 관리한다면 아이에게 어떤 혜택이 돌아갈 것 같은가?

감정 도화선을 알아내자

최근 내가 받은 이메일 중에 실행기능 부족, 필기장애, ADHD 가능성까지 있는 딸아이를 둔 어느 엄마의 사연이 있었다. 그녀는 지난 몇 년 동안 딸이 겪는 어려움, 특히 아이의 사회생활에 미칠 여러 문제를 걱정하느라 불안이 심해졌다. 그러던 어느 순간 자신의 불안이 심해질수록 아이의 불안도 점차 심해진다는 것을 알아챘다. 결국 그녀는 현재에 더 집중하기 위해 노력했고 길게 보면 아이가 어려움을 잘 견뎌낼 거라고 생각했다. 한번 이렇게 생각하자 불안감이 사라졌고 아이가 자기 삶을 살아가는 방식에 직접적인 영향을 주었다.

자극을 유발하는 것은 부정적 정서 반응을 초래하는 상황에 길들여지는 기회가 되기도 한다. 우리 중 많은 사람이 이 엄마처럼 아이와 관련해 현재는 물론 알 수 없는 미래까지 불안해한다. 불안이 특별히 최고조에 달하는 때가 있는데 고등학교 졸업식 시기도 그중 하나다. 이때는 페이스북 뉴스 피드가 앞날이 밝고 창창해 행복해하는 학생 사진으로 가득해진다. 그런 사진들을 보다 보면 두뇌회로가 다른 우리 아이를 생각하며 우울해진다. 우리 아이는 참을성이 더 없고 더 난리를 피우는가 하면 신뢰하기도 더 어렵다. 그럴 때 비록 우리 행동이 뚜렷하게 달라 보이진 않아도 우리의 감정은 평소와 달라지는데 아이가 그걸 느낀다.

만약 당신이 고함치고 성내는 모습을 정말 싫어하는 사람이라고 해보자. 어쩌면 갈등을 못 견디는 사람이거나 화를 억제하는 분위기 속에서 자랐을 수도 있다. 이 경우 아이가 성질을 내면 속이 뒤집힐 수 있고 눈앞이 캄캄해질 수도 있다. 그런 행동은 용납이 안 되고 반드시 끝내야 한다고 생각할 것이다. 그러나 아이가 난리를 칠 때 강경하게 대처한다고 아이가 곧 평온함을 찾지는 않는다.

우리가 아이들의 언어에 유창해지는 방법 중 하나가 무엇이 아이를 자극하는지 알아내는 일인 것처럼, 우리를 자극하는 것도 알아내 자극 스위치가 언제 켜지는지 알아두는 것이 좋다. 나는 나를 손바닥 보듯 훤히 알고 있다. 내가 무시당할 때, 화낼 자격도 없는 사람들이 내게 화를 낼 때, 사람들이 약속을 지키지 않을 때 나는 속이 끓는다. 내가 이러한 자극에 민감하게 반응한다는 것을 생각하면 애셔가 한 짓으로 속이 부글부글 끓어오르는 내 반응에 좀 더 정직해진다. 내 안의 감정은 애셔보다 내 일 때문임을 인정하게 되는 것이다.

무엇이 당신을 폭발하게 하는가? 어쩌면 그것은 20년 전과 똑같을지도 모른다. 우리 감정의 짐은 깊이 묻혀 있을 수도 있다. 어떤 상황이 그렇게 깊은 감정 반응을 일으키는지 궁금해하자. 그리고 그 원인이 아이가 아니라 자신에게 있음을 알아채자.

중요한 질문: 내 생각이 의미하는 것은 무엇인가

앞서 말했듯 두려움에 익숙해진 나머지 생각과 감정이 주어진 현실을 제대로 보는 걸 방해하는 상황을 잘 파악해야 한다. 사물의 핵심을 파악하는 한 가지 방법은 이 간단한 질문에 있다. 내 생각이 의미하는 것은 무엇인가? 고통스러운 생각과 신념은 부정적인 감정을 만드는데, 이 질문은 부정적 에너지를 만들려 할 때 생각을 바꾸는 핵심이다. 탐구를 촉진하기 위해 이 질문을 사용하는 방법을 소개하겠다.

내 친구 아들은 고기능 자폐와 이중으로 예외적인 아이다. 이 아이는 일반 공립 고등학교에 다니고 펜싱과 밴드 같은 활동도 하는데 친구가 한 명도 없다. 친구는 아이의 사회생활, 즉 아이가 또래와 사귀지 못하는 것 때문에 가슴이 무너져 아이의 사회성을 만들어줄 방법을 찾느라 머리를 쥐어짰다.

어느 날 그 친구는 아이가 친구를 만들도록 돕기 위해 최근 해본 일을 이야기했다. 나는 아이에게 전형적인 친구 관계가 없다는 것이 무엇을 의미하는지 친구에게 물었다. 친구의 아들이 애셔와 비슷하고 지나치게 내성적이라 혼자 할 일을 하고 혼자 지내는 것을 제법 행복해하는 아이임을 알았기 때문이다. 친구는 그것을 생각해보더니 아이가 행복하려면 최소한 몇몇 교우 관계라도 필요하다는 사고 자체가 자신의 맹목적인 믿음이라는 것을 깨달았다. 그 친구는 고등학교 시절 두 명의 절친한 친구가 없었다면 자신이 잘 버티지 못했을 거라고 생각했고 그것이 부분적인 이유로 작용했다.

이러한 교우 관계가 만들어진다고 친구의 걱정이 끝나는 것도 아니었다. 내 질문은 친구가 아이와 엄마의 욕구는 다르고 어쩌면 아이는 혼자 시간을 보내는 사람일 수 있으며 그것도 괜찮다는 생각을 해보도록 유도했다. 이 생각은 친구가 좀 더 느긋하게 반응하도록 도와주었고 또 다른 사회적 상황을 걱정할 때 쉽게 무너지지 않게 해주었다.

또 하나 효과적인 질문은 양육 코치 마거릿 웨브가 사용하는 것으로 감정의 격동에 휘말릴 때 나도 자주 사용한다. 이 순간 괜찮은 점은 무엇인가? 이 질문의 뜻은 이렇다. 지금 이 순간 일어나는 일에 실제로 아이와 나, 아니면 둘 다에게 좋은 점이 있을까? 내 첫 반응은 "단 한 가지도 없어요"였다. 그러나 마거릿은 브레인스토밍으로 내가 생각해내도록 도와주고 나는 늘 무언가를 찾아낸다. 상황을 뒤집어 숨은 보물을 찾아내는 방법은 언제나 있다. 우리 마음에 어떤 일이 일어나는지 관심을 기울이는 방법으로 촉발하는 재구조화는 우리가 감정의 깊은 나락으로 떨어지는 것을 막고 쓸데없이 에너지를 낭비하지 않게 도와준다.

• 이렇게 해보자

당신에게 부정적 감정을 일으키는 자극이 무엇인지 목록으로 만들어보자.

진정하는 방법을 만들어 일상화하자

부끄럽게도 나는 애셔가 스스로 진정하는 습관을 들이게 하는 데 오랫동안 온 힘을 기울이면서 정작 내게도 그런 대처 방법이 필요하다는 생각은 하지 않았다. 애셔와 함께하면서 긴장감이 도는 상황에서도 나는 대수롭지 않은 듯 대범하게 굴었다. 조심스럽고 느긋하게 말하면서 모든 역경이 알아서 지나가겠거니 하는 것은 내 최고의 전략이었다. 그런 식의 접근은 내가 힘든 순간을 헤쳐 나오는 데 도움을 주었다.

그러나 마음 깊은 곳에서는 내가 스스로를 속이고 있음을 알고 있었다. 현실에서 나는 전혀 느긋하지 않았고 머리끝까지 화가 나 있었다. 우리 아이들은 이 차이를 다 알고 있다. 솔직하지 못한 낌새는 천리 밖에서도 다 볼 수 있는 것 같다.

애셔와 심하게 한바탕한 어느 날 아침 나는 또 하나의 깨달음을 얻었다. 무엇이 어디서부터 잘못되었는지 정확히 기억나지 않지만 아이패드를 끄니 마니 실랑이하며 일이 벌어진 듯하다. 그때는 방음이 허술한 작은 아파트로 이사 간 지 얼마 되지 않은 무렵이었다. 애셔는 내게 악을 썼고 그 끔찍한 소리를 옆집에서 들을까 두려웠다. 그래서 그만 정신 나간 엄마로 변해 애셔에게 그 음침하고 무시무시한 소리를 질러대는 짓을 그만두라고 소리쳤다. 그냥 내버려두고 지나쳤어야 하는데 나는 발끈해 애셔에게 빨리 진정하라고 윽박질렀고 아이는 완강히 버텼다(이런, 왜 그랬을까?). 아이와 내가 서로 성질을 부리면서 사태는 더 나빠졌고 결국 아이는 문을 쾅 닫고 자기 방으로 들어갔다.

10분쯤 후 마음이 조금 가라앉자 나는 아이를 확인하러 방문을 살짝 열어봤다. 애셔는 뭐가 즐거운지 고개를 들어 컴퓨터 게임 마인크래프트에서 하고 있던 것을 설명했다. 방금 전 무슨 일이 있었는지는 까맣게 잊어버린 표정이었다. 나는 아이의 침대에 걸터앉았다.

내가 물었다.

"웃기는 게 뭔지 아니?"

"뭐예요?"

"우리는 좀 전에 서로 화를 냈고 내가 너한테 진정하라고 소리를 질렀잖아. 그런데 그게 정말 필요한 사람은 나인 것 같아."

"네, 맞아요. 좀 웃기긴 해요."

"애셔가 엄마에게도 가르쳐줄 수 있을까?"

"네, 그럼요! 정말 쉬워요!"

애셔는 자신의 '대처 방법'을 해보자며 자신이 진정하기를 원할 때 즐겨 듣는 CD를 같이 듣겠냐고 물었다(거절할 리 없지 않나?).

애셔는 차가운 대리석 바닥에 담요를 깔았고 나는 자리에 앉자마자 훌쩍이기 시작했다. 동시에 내가 엄마로서 많이 부족하고 미안한 마음이 들었다.

"엄마가 지금 제정신이 아닌가 봐. 난 정말이지 그렇게 행동하고 싶지 않았고 그런 식으로 말하는 것을 꿈에도 생각한 적 없었어. 정말 미안해."

“괜찮아요, 엄마.”

애셔가 나를 꼭 안으며 자기 옆에 와서 누우라고 했다. 애셔는 그대로 누워 몸의 긴장을 풀고 복식호흡을 하며 마음을 비우는 법을 가르쳐주었다. 나는 천장을 보고 누워 심호흡을 했다. 5분쯤 뒤 옆에 있는 애셔를 쳐다보니 눈을 감고 천천히 숨을 쉬는 아이는 차분하게 안정되었다.

몇 분 후 나는 애셔에게 대처 방법을 알려주어 고맙다고, 기분이 많이 좋아졌다고 덧붙였다. 아이가 대답했다.

“잘되었네요! 그럼 이제 다이어트 콜라 한 잔 마셔보세요. 그러면 다시 짜증이 생기지 않을 거예요.”

애셔가 나를 이토록 잘 알고 있는 줄 이제야 알았다. 나는 더 이상 다이어트 콜라는 마시지 않지만 혼자 조용히 앉거나 누워서 심호흡하는 것은 여전히 한다. 가끔 정말 화가 나면 두 손으로 깍지를 끼고 힘껏 움켜쥔다. 일상에서 대처하는 방법은 어디서든 언제든 혼자 쉽게 할 수 있어야 한다. 그 방법을 사용하면 화가 나서 부글부글하던 마음이 차분해진다. 여러 가지 다른 전략과 내용을 조합해서 사용해보고 힘든 순간이 닥쳤을 때 가장 도움을 주는 것을 찾아보길 권한다. 여기 몇 가지 방법이 있다.

- 스트레스 볼을 손에 꽉 쥐기
- 숨을 깊이 들이마시고 다섯을 센 다음 다시 천천히 숨을 내쉬기
- 명상하기

- 고조된 상황에서 한 발 물러서기 위해 조용히 방을 나오거나 그 자리를 떠나기(그래도 괜찮다면)
- 책 읽기
- 도움을 줄 만한 사람에게 전화하기
- 좋아하는 음악 듣기(분위기를 전환해주는 음악의 힘을 과소평가하지 말자)
- 에너지 발산을 위해 운동하기(팔을 벌리고 제자리에서 뛰거나 윗몸 일으키기 등)

● 이렇게 해보자

감정적 자극을 받았을 때 자신을 위해 시간을 충분히 내 계획을 세우자. 일단 심호흡을 몇 번 하자. 어디로 가면 좋고, 누구에게 연락하고, 어떻게 반응해야 할까?

'리셋' 타임을 가져보자

애셔가 서너 살이었을 때 나는 아이 방의 불을 꺼주고 나온 다음 한참 후에 다시 들어가곤 했다. 아이의 잠든 모습이 보고 싶어서였다. 잠든 아이가 무척 예쁘기도 했지만 그 시간이 내게는 '리셋 버튼'을 누를 몇 분의 기회였기 때문이다. 에너지가 넘치는 ADHD인 애셔는 눈만 뜨면 움직이거나 말하는 것을 멈추는 적이 없다. 하루가 얼마나 엉망이었든, 내 마음이 얼마나 갈기갈기 찢어졌든, 내일은 또 어떤 일이 터질까 얼마나 걱정스럽든 그 순간

만큼은 아이를 있는 그대로 완벽하게 보면서 내면의 평온함을 찾을 수 있었다. 나는 종교도 없고 영적인 힘을 믿는 사람도 아니지만 아이가 잠든 모습을 보는 그 순간에는 영혼이 감정에 뛰어들어 내 마음을 바꿔놓는 것을 상상한다.

'너를 보고 있어. 너여서 고마워. 너를 지지할게. 너는 지금 있는 그대로 정말 완벽해. 네 인생길을 내가 함께 갈 수 있게 해주어서 고마워. 정말 고마워.'

그리고는 조용히 빠져나와 아이의 방문을 닫고 돌아선다.

이것은 간단하고 작은 일이었지만 매일 밤 그 몇 분은 내게 더할 수 없이 크고 소중한 영향을 끼쳤다. 무엇보다 내가 최선을 다하지 못해 느끼는 죄책감을 내려놓게 해주고 인생과 우주 그리고 모든 맥락 안에서 애셔의 특별한 인생 여정을 생각해볼 여유를 주었다. 낙관적으로 시작하고 싶은 다음 날에 절실히 필요한 평화와 신뢰를 얻는 데도 도움을 주었다.

좋은 날 혹은 나쁜 날을 마감할 때, 직장에서 집에 돌아왔을 때, 자녀의 홈스쿨링 교사 역할에서 엄마 역할로 돌아올 때, 마치 의식처럼 자신의 에너지를 '리셋'해보길 강력히 추천한다. 에너지 재설정은 실수나 다툼을 잊고 새 출발하려는 것을 도와준다. 또한 더 믿을 만한 곳에 기대게 하며 감정조절에 실패하지 않는 데도 도움을 준다. 여기 에너지 재설정을 인도해줄 몇 가지 효과적인 제안이 있다.

- 특별 야간 의식(책 읽기, 특별한 포옹, 특별한 말이나 글 외우기)
- 특정한 노래 듣기
- 향초 켜고 밤에 목욕하기
- 기도하기
- 요가나 명상으로 하루를 시작하기
- 하루 일을 돌아보거나 결심 혹은 목표를 세우기 위해 일기 쓰기
- 아기 때 사진 꺼내보기
- 반려견 산책시키기

• 당장 시작하자

나 자신의 에너지를 잘 사용하기 위한 계획을 세워보고 아이와 힘겨운 씨름을 할 때마다 지혜롭게 실천해보자.

Tilt

16

현재를 드러내고 살아가자

○ ○ ○

"지저분해지고 복잡해지고 두려워지더라도 어쨌든 드러내자."

_글레넌 도일

암스테르담에서 살던 첫해에 애셔와 나는 치료사 케이트 버거가 사는 암스텔베인까지 8킬로미터 거리를 매주 자전거로 다니며 상담을 받았다. 어느 오후 우리는 집으로 돌아오는 길에 300만 평이 넘는 인공림 암스테르담 보스를 가로질렀는데, 그 숲은 상당히 넓고 자연에서 숨 쉬는 것 같아 내가 무척 좋아하는 곳이었다. 그 아름다운 봄날 애셔가 아이스크림을 먹기 위해 멈추자고 했을 때 별로 서두를 일이 없던 나는 "그래, 안 될 이유가 없지"라고 말했다.

내가 자전거를 주차하는 사이 애셔는 로켓 모양의 막대 바 아이스크림을 골랐다. 그걸 들고 우리는 멋진 나무에 걸린 무지개 빛

깔의 해먹 안에 나란히 누웠다. 내 팔을 베개 삼아 아늑한 자세로 누운 애셔는 천천히 침대를 흔들며 거대한 시카모어 나무를 올려다봤다. 새파란 하늘을 뒤로하고 막 새순이 돋기 시작한 나뭇잎이 눈에 들어왔다. 한순간도 쉬지 않고 늘 움직이고, 생각하고, 계획하고, 일하고, 가르치다 모든 것을 멈추고 가만히 있어본 게 최근 들어 처음인 듯싶었다. 애셔도 그 순간에는 마인크래프트나 플랜츠 대 좀비 같은 비디오 게임 이야기를 하지 않았다. 우리는 그저 살랑거리는 해먹에 몸을 맡긴 채 봄과 홈스쿨링 이야기를 했다. 아름답고 평화롭고 만족스러웠다. 삶에서 멋진 자연을 알아차리고 감사하는 일은 얼마나 중요한가.

20분쯤 후 우리는 다시 자전거에 올라타 집으로 향했다. 그 순간은 사라졌지만 그날 내내 애셔의 마음은 열려 있었다. 나 역시 순간이 주는 선물을 새로 배웠다.

♀ 현재에 살지 않을 때 생기는 문제

아주 오래전 라디오 방송에서 나이가 들면 시간의 흐름이 빠르게 느껴진다는 이론을 들은 기억이 난다. 그 이유 중 하나는 나이가 들수록 일을 규칙적으로 하기 때문이라고 했다. 이를테면 출퇴근과 샤워하는 일, 커피를 내리는 일, 설거지와 양치질같이 많은 일을 자동으로 한다는 얘기다. 이런 일은 우리가 크게 신경 쓰지 않는 까닭에 하고 있는지 거의 의식조차 없다. 몸은 해야 하는 것과 할 것을 알고 있고 머릿속은 다른 일로 가득 차 있는 것이다.

우리가 아이를 양육할 때쯤이면 인생의 많은 부분을 자동적으로 살아간다. 안타깝게도 그때는 현실에 나로 존재하는 것과 정반대 상태가 된다. 현재에 산다는 것은 우리 아이들과 함께 있을 때 몸과 마음이 그 자리에 함께 머무는 것을 말한다.

알지 못하는 미래에 대한 걱정으로 두려워하고 방황하는 위험한 인생 이야기가 기억나는가? 아이들과 충분히 함께 있어 주는 것을 소홀히 하면서 매일 아이들을 위한답시고 이런저런 일을 하는 것은 휘몰아치는 세상으로 빨려 들어가는 편도 티켓을 쥔 것이나 마찬가지다.

우리가 옆에 있어주지 못하면 아이는 너무 많은 것을 놓치고 만다. 우리가 다른 일에 정신이 팔려 있거나 아이들의 말에 귀 기울이지 않을 때 아이들은 사실상 우리가 그 자리에 없다는 것을 눈치 챈다. 현재에 살지 않는 우리가 잊는 것은 모든 것이 늘 변화한다는 사실이다. 예를 들어 퇴행이 한 달 정도로 끝나도 그 순간을 감사하며 즐기기보다 다음번 퇴행이 언제 일어날지 몰라 걱정한다. 현재에 살지 않을 때 우리는 멈춰 서서 오늘 아이들과 즐거움을 느끼지 못하고 산다. 그 시간은 다시 돌려받지 못한다. 너무 많은 것을 놓치지 말자.

지금 당장 겪는 것, 즉 힘에 겨운 날, 어려운 문제, 교사와의 면담, 눈물과 포옹으로 마무리하는 대화 이 모든 것이 인생이다. 이것이 오늘 우리가 하고 있는 일이다. 바로 우리가 여기 있는 이유다. 뮤지컬 〈렌트〉에서 내가 가장 좋아하는 대사는 이것이다.

"과거도 없고 미래도 없어. 지금이 마지막인 것처럼 사는 거야."

현재를 살지 않으면 작은 것들을 놓친다. 뭔가 좋은 것을 찾으려고 열심히 알아보는 때조차 아주 작지만 밝게 빛나는 좋은 일을 놓쳐버린다. 작은 성장이지만 빛나는 순간, 기쁨이 터지는 순간이 있다. 이런 것을 경험하려면 지금 여기에 온전히 존재해야 한다. 마음을 열고 현재 이곳에.

◊ 지금 이 순간을 인식하자

애셔의 치료사 케이트는 새로운 곳에서 정착하는 외국인 자녀의 적응을 돕는 것 외에 마음챙김 전문가로도 일한다. 지난해 케이트를 내 팟캐스트에 초청해 마음챙김이 아이들에게 어떤 이익을 주는지 설명을 들었다. 나는 현재를 산다는 것의 목적이 무엇인지, 그것을 배우는 것이 우리 아이들에게 어떤 도움을 주는지 물었다. 케이트가 말했다.

"우리가 정말로 찾고 있는 것은 현재 이 순간을 인식하는 것입니다. 의식을 집중해 지금 일어나고 있는 일에 집중하는 거지요. 생각해보세요. 인생에서 경험하는 수많은 스트레스와 어려움은 과거에 일어난 일이거나 미래에 일어날 일과 많은 관련이 있어요. 그렇게 우리의 생각과 마음이 과거나 미래라는 두 갈래 길로 끌려가니 지금, 여기, 현재에는 없는 거죠. 결국 지금 일어나는 일에 응답할 기회를 놓치고 대신 과거에 일어난 일이나 어쩌면 앞으로 일어날지도 모를 일에 반응하는 일종의 '자동 조정 모드'에 빠져듭니다."

우리가 현재에 살면 어려운 상황에 더 잘 대응할 수 있을 뿐 아니라 아이들도 편안하게 느낀다. 당신이 아이와 함께 현재에 있기 위해 노력했다면 애셔와 내가 그런 것처럼 더 긍정적이고, 서로 잘 통하고, 사방에 평화가 그득한 경험을 했을 것이다. 애셔와 함께하는 현재의 순간에 머문 경험은 내 인생에 커다란 변화를 불러왔다. 우선 내가 아이의 엄마이자 교사로서 매일 느끼는 감정에 변화가 일어났고 우리 관계 안에서 아이가 경험하는 것에도 변화가 생겼다. 지난 몇 년간 나는 매일 애셔와 있을 때 차분하고 참을성 있게 현재에 존재하고자 애썼다. 아이에게는 그런 대접을 받을 자격이 있다. 나도 마찬가지다.

• 돌이켜보자

살아가면서 아이와 (의미 있는 방법으로) 얼마나 가깝다고 느끼는가? 보다 충실하게 현실을 살고자 하는 나를 방해하는 걸림돌은 무엇인가? 하루하루를 현재에 집중하는 것은 아이에게 어떤 이익을 줄까?

날마다 의도적으로 아이를 대하자

'의도'는 내가 좋아하는 단어 중 하나다. 인생의 어떤 면에서 무언가를 시도할 때 우리가 의식적으로 그 일을 반드시 하게 해주기 때문이다. 우리에게는 선택의 여지가 있고 대개는 긍정적이고 옳다고 여기는 결과를 위해 적극 노력한다. 그것은 우리가 하루하루, 매 순간 아이를 대할 때 원하는 바이다.

부모로서 하는 일은 그 의도가 무엇인지 정하는 것으로부터 시작한다. 그것이면 충분하다. 의도 설정은 아이와 함께 하루를 어떻게 느끼고 생각하고 경험하려 했는지 되짚어보는 것 정도로 매우 쉽다. 무한한 인내력을 발휘하고 싶은가? 힘든 순간 심호흡을 하고 싶은가? 매번 아이와 소통할 때마다 엄마가 제대로 보고 듣고 있음을 아이가 느끼고 있는지 확인하고 싶은가?

내가 하는 방법을 한번 살펴보기 바란다. 나는 매일 아침마다 시간을 내 그날그날 의도를 적어본다. 때로는 매일 바뀌기도 하고 지난 두 달처럼 아침마다 똑같은 의도를 적기도 한다. 현재 내 의도는 다음과 같다.

'나는 애셔와 있을 때 차분하고 참을성이 있으며 현재에 집중한다. 내가 일할 때는 집중해서 생산적으로 해낸다.'

이렇게 쓸 때는 이미 정해진 것처럼 현재시제를 사용한다. 그러면 더 사실처럼 느껴지고 하루를 지내면서 의도를 사실로 이룰 가능성이 크다.

최근 애셔도 의도를 설정하기 시작했다. 요즘에는 내가 아이의 잠자리를 봐주러 가면 내게 다음 날을 위한 의도를 함께 정해보자고 청한다. 기분을 좋게 만들어주는 아침 휴식을 선호하는 애셔는 《미라클 모닝》의 저자 할 엘로드가 제안한 것에 영감을 받아 심지어 늦게 일어나 서둘러야 하는 것을 아는 날조차 이것을 지키고 싶어 한다. 그보다 더 좋아하는 것은 수업에 집중하는 일과 기분 좋게 지내는 일 그리고 생산적이고자 하는 자신의 의도를 선언하는 일이다. 이제 애셔는 매일 밤 의도를 설정하고 있고 이는 우리의 아침을 여는 방법에 커다란 차이를 만들었다.

잠시만 시간을 내 지금 이 순간 어떤 의도를 실천할지 살펴보기 바란다. 매일 아침이나 저녁에 부모로서 아이를 어떻게 대하고 싶은지 일상적인 의도를 세우고 실천할 방법을 생각해보기를 권한다. 나는 언제나 다른 부모들이 자신을 위해 세우는 의도를 들을 때마다 영감을 받는다. 당신의 아이디어에 도움을 주기 위해 여기 몇몇 부모와 나눈 몇 가지를 적어본다.

- 어려운 순간 깊은 심호흡하기
- 분노가 아닌 평화와 사랑으로 대응하기
- 사소한 일에 주목하기
- 연민과 호기심 갖기
- 개인적 경계를 확고하게 설정하기

- 더 많이 인내하고 이해하기
- 아이에게 힘들다고 느낄 권리가 있음을 기억하기
- 귀 기울여 듣고 더 많이 접촉하기
- 공감 실천하기

자신만의 의식적인 행사를 만들자

온 가족이 둘러앉아 함께 식사하는 것에는 많은 이점이 있다. 규칙적으로 저녁식사를 함께하는 것은 아이들의 어휘력과 성적 향상은 물론 신체와 정신건강을 증진한다는 연구 결과도 있다. 다 같이 마주앉아 다정하게 솔직한 이야기를 나누고 웃을 수 있기 때문이다. 이때 당연히 스마트폰은 멀리 놓고 TV는 꺼야 한다. 그러면 하루가 좋았든 나빴든 아이들도 부모와 하나가 된 마음으로 이야기를 나누면서 안정감을 느낀다.

함께 식사하는 것도 아이들과 같이 있어 주고 소통하는 기회를 규칙적으로 만드는 의식적인 행사 가운데 하나다. 자폐성장애를 가진 딸 브리아나와 함께하는 시간을 의식적으로 만든 브랜디 스티븐스는 아이가 힘들다는 것을 눈치채는 데 특히 도움을 받았다고 말한다.

"아이가 안절부절못하면 곧바로 아이를 데리고 퍼즐조각 맞추기를 합니다. 색칠하기 책을 꺼내 들고 색칠을 하기도 하죠. 이때 긍정적인 글이 담긴 색칠하기 책이 좋아요. 그러면 브리아나는 색칠하는 동시에 긍정적인 말도 봅니다. 아이가 그것을 읽으면 나중에 내가 그 단어를 물어보기도 합니다."

최근 나는 일이 바빠 애셔와 함께 있는 시간이 줄어든 것이 아이의 기분과 에너지에 영향을 미치고 있음을 알았다. 나는 우리가 좋아하던 팟캐스트를 들으며 엄청나게 복잡한 퍼즐조각 맞추기를 다시 해보았다. 저녁식사 후 우리는 매일 에피소드를 하나씩 틀어놓고 이탈리아 건축물 퍼즐 놀이를 한다. 가끔은 팟캐스트를 멈추고 방금 들은 내용을 서로 이야기한다. 그러다가 이야기가 난데없이 삼천포로 빠지기도 하는데 이것은 애셔의 주특기다. 이야기가 어디로 흘러가든 그 자체로 특별한 시간이다.

TV나 컴퓨터, 영화 등 화면을 같이 보는 것 말고 '스크린 없는' 시간을 즐겨보면 어떨까? 자녀와 같이 하면서 더 친밀해질 수 있는 방법에는 어떤 것이 있을까? 여기 시작해볼 만한 몇 가지 아이디어를 제안한다.

- 자연 속에서 긴 시간 산책하거나 달리기
- 일주일에 한 번 등굣길에 베이글을 사러 카페에 들르기
- 매주 핫초코나 달콤한 음료수 또는 디저트 먹는 날 정하기
- 음악을 들으며 색칠하거나 그림 그리기
- 거실에서 춤추기
- 함께 과자를 굽거나 요리하기
- 봉사활동하기
- 한 이불 덮고 함께 책 읽기

하루 중 좋았던 일을 찾아보자

나는 작가지만 매일 일기를 쓰지는 않는다. 그래도 되돌아보는 것은 좋아한다. 몇 년 전 나는 인텔리전트 체인지가 발행한《하루 5분 아침 일기》를 쓰기 시작했다. 사용자가 매일 아침 긍정의 말과 목표를 적고 또 하루를 마치면서 어떤 일로 더 좋은 하루를 만들었는지 생각할 뿐 아니라, 그날 일어난 일 중 놀라운 것 세 가지를 눈여겨보도록 하는 일지다. 여기서 마지막 부분이 내가 가장 좋아하는 의식이다. 어떤 날은 세 가지가 아니라 단 하나를 찾는 데도 한없이 깊이 들어가야 하지만 내가 좋았던 일을 의식적으로 성찰하게 해준다.

아이와 함께 좋았던 일을 찾아보는 연습을 규칙적으로 하길 제안한다. 여기서 '좋았던 일'이란 아이와 관련된 긍정적인 것을 말한다. 애셔와 관련해 내가 기분 좋게 기억하는 일 중 하나는 시애틀에 살 때 현관 앞에 서 있는 애셔에게 친구 브로디가 다가오자 "안녕! 오늘은 어때?"라고 애셔가 말을 건넨 순간이다. 그것은 여섯 살 된 애셔가 다른 사람에게 처음 관심을 보인 행동이었다. 나는 눈물이 날 정도로 좋았고 몇 주 내내 그 일을 생각하면 마음속에서 무언가가 환하게 빛나는 것 같았다. 최근 좋았던 일은 내가 허리를 삐끗해 몸을 구부리지 못하자 애셔가 신발을 신겨주고 신발 끈을 묶어준 일이다. 허리 통증이 심했지만 자신보다 엄마의 필요를 먼저 생각해준 아이의 따뜻한 행동이 어찌나 좋던지 통증을 잊어버릴 정도였다.

적극적으로 찾으면 좋았던 일은 어디에서나 보인다. 아이가 짜증내지 않고 양치질을 했거나 학교에서 친구들과 긍정적으로 상호작용했음을 아는 것일 수도 있다. 아이가 혼란스러운 상황에서 회복하는 시간이 몇 주에 걸쳐 줄어들고 있음을 깨닫는 것일 수도 있다. 이 모든 것은 우리가 주의를 기울이지 않으면 놓칠지도 모르는 작은 일이다.

우리는 성장과 기쁨, 인간관계가 안겨주는 작은 빛줄기에 주목해야 한다. 그러면 우리의 기분도 좋아질뿐더러 아이에게 그 좋았던 일을 정확히 알려줄 수 있다. 이때 아이들은 인정을 받으면서 자부심을 느낀다.

• 이렇게 해보자

하루를 되돌아보면서 오늘 '좋았던 일'을 의식적으로 생각해보자.

자녀에게 온전히 내어주자

몇 년 전 나는 젊은 여성들을 위한 책 《그들 입장에서 바라보기In Their Shoes》를 쓰기 위해 오십 명의 여성을 인터뷰하면서 그들의 직장 이야기를 들었다. 그중 한 명은 채용 담당자였는데 직업 스트레스를 어떻게 처리하느냐고 물었다가 잊지 못할 대답을 들었다. 그녀는 '냉장고에는 심장이 없어'라고 스스로에게 일깨워주며 상황을 균형 있게 관찰한다고 했다. 이는 자신의 직업은 장기이식을 준비하는 외과 의사처럼 죽고 사는 일을 결단해야 하는 것이 아니라는 의미로 자신을 다독인다는 뜻이다.

그것은 우리도 마찬가지다. 냉장고에 심장이 없는 것처럼 사실 우리에게 다급한 일은 많지 않다. 즉, 우리 삶에서는 매일 시간을 따로 내 아이와 온전하게 함께 있어 주고 놀아주는 것을 방해하는 일은 별로 일어나지 않는다. 만약 방해를 받는다면 휴대전화를 꺼 놓으면 된다.

때로 아이와 장난감 블록 통을 들고 바닥에서 뒹굴거나 못되게 구는 사람들을 이야기하며 끝없이 대화할 수 있다. 거실 바닥에 텐트를 치거나, 잠옷 차림으로 아침식사 메뉴를 저녁에 먹거나, 별똥별을 더 잘 보려고 어두울 때 밖에 나가는 등 난데없이 무모한 짓을 하느라 일상의 규칙을 어기는 일도 가능해진다.

최근 애셔에게 몹시 좋지 않은 날이 있었다. 한동안 그런 날이 별로 없었고 간격도 길었기에 퍼뜩 정신을 차리니 최근 내가 일에 치여 애셔에게 해주어야 할 일에 게으름을 피웠음을 알게 되었다. 나는 모든 것을 원래 자리로 되돌리기 위해 운동화와 외투를 들고 아이 방에 올라가 함께 산책하는 게 어떻겠느냐고 물었다. 아이는 이미 잠자리에 들 시간이 지났고 한 시간 넘게 침대에서 화를 내고 있었음에도 침대에서 내려와 운동화를 신고 나섰다.

우리는 걷고 또 걷고 계속 걸었다. 애셔는 내게 복잡하게 얽힌 비등방성 속성의 복잡성을 설명했고 나는 아이의 이야기를 듣는 데 전념했다. 우리는 하늘의 모습에 감탄하며 그 아름다움을 내 휴대전화 카메라로 촬영했다(생각만큼 잘 나오지는 않았지만). 그렇게 두 시간 후 아이는 평소대로 돌아왔다. 그날 밤 애셔는 나를 온전히 필요로 했고 내가 그것을 알아차리고 아이에게 모든 관심을 기울인 것이 기뻤다. 아이들은 관심을 받을 자격이 있다. 우리가 관심을 기울일 때 마술 같은 일이 일어나기도 한다.

• 당장 시작하자

날마다 아침이면 양육 방향을 정하고 하루를 마무리할 때는 좋았던 순간 세 가지를 되돌아보는 것을 일상적인 일과로 만들어보자.

—— ◇○ ——

Tilt

17

자녀들이 자아발견을 할 수 있도록 도와주자

○○○

"내가 이렇게 된 데에도 이유가 있을 테니,

그런 나를 있는 그대로 받아들이고 노력하며 살아갈 것이다."

_시몬 바일스

내가 이 글을 쓰는 동안 애셔는 앨라배마주 헌츠빌에 있는 미국 우주&로켓 센터의 스페이스 캠프 참석을 몇 주 앞두고 있었다. 이건 대단한 일이었다. 애셔가 다섯 살 때 만난 NASA의 한 은퇴 직원이 제안할 때부터 계속 참가하고 싶어 한 것이기 때문이다. 내가 캠프에 전화해서 알아보고 캠프에서 두뇌회로가 다른 아이들을 지원해준다는 말을 아이에게 전하자마자 애셔는 정신을 못 차릴 만큼 흥분하며 좋아하더니 금세 심각해졌다.

"엄마, 더 많이 공부해서 캠프에 들어갈 수 있게 준비할게요."

애셔는 자못 진지했다.

"오, 그래? 어떤 준비를 어떻게 할 건데?"

"팀워크랑 뭐 그런 거 있잖아요. 정말 잘 해보고 싶어요. 제가 케이트 치료사님을 다시 만나면 어떨까요?"

겉으로 나는 침착해 보이려고 했다.

"그것 참 좋은 생각이네. 케이트 선생님이라면 얼마든지 도와주실 거야. 엄마가 선생님께 이메일을 보내볼게."

사실 속으로는 정신이 하나도 없었다. 세상에, 이럴 수가! 우리 애셔가 스스로 해보길 원한다고? 우리 아들이 앞으로 있을 어려움을 생각하고 스스로 도전해보려 하다니! 바로 애셔가 어려워하는 그룹 작업과 협동 능력을 키우는 데 관심을 보인 것이었다. 그것도 완전히 자발적으로.

◇자기 이해가 주는 선물

나는 두뇌회로가 다른 아이들에게 가장 큰 선물은 그들이 누구인지, 그들의 뇌는 어떻게 기능하는지, 그들이 원하는 삶을 살기 위해 무엇이 필요한지 인식하도록 도와주는 것이라고 확신한다. 우리가 아이들을 자아발견의 길로 인도하면 아이들은 자신을 좋게 느끼고, 스스로를 지키는 능력을 키우고, 궁극적으로 자아를 실현하는 어른으로 자랄 수 있기 때문이다.

많은 부모가 자녀를 보호하고자 아이들의 남다른 두뇌회로를 터놓고 말하려 하지 않는다. 사실 그들은 자신의 자녀가 '다르다' 거나 결함이 있다고 느끼기를 원하지 않는다. 나는 이런 이야기를 들을 때마다 그들을 완전히 이해한다. 많은 아이가 이미 여기저기에서 맞지 않는다거나 뭔가 잘못되었다는 말을 매일 듣고 있다. 그래서 부모들은 아이가 이미 느끼는 것보다 더 많이 다르거나 이상하다고 느끼게 될까 봐 보호막을 쳐주고 싶어 한다. 그 마음은 이해한다.

안됐지만 아이들은 대개 정확히 모를 뿐 문제가 있다는 것은 알고 있다. 왜 자신은 항상 말썽을 피우거나 수학 시험을 망치는지, 왜 다른 아이들과 원만하게 지내지 못하는지 생각하다 자신만의 이론을 만들어낸다. 어쩌다 엿듣게 된 부모의 대화에서 한 가닥의 실마리를 찾기 위해 노력하고 왜 다른 아이들은 상담실에 다니지 않는지 궁금해한다. 아이들은 아무런 맥락이나 정보도 없이 자신은 결함투성이고 망가진 아이라서 늘 부모를 실망시키고 다른 아이들처럼 똑똑해질 수 없다고 결론을 내리기도 한다.

애셔가 여섯 살 무렵이던 어느 날 밤 우리는 방의 불을 끄기 전 침대에 나란히 누워 책을 읽고 있었다. 책 제목은 기억나지 않지만 등장인물 중에 ADHD를 가진 사람이 나왔는데 그 행동을 활기차고 충동적이며 산만하다고 묘사했다. 그때 애셔가 내게 물었다.

"저도 그런 거예요?"

"응, 맞아… 네가 쭉 가져가야 하는 게 있는데 ADHD가 그중 하나야."

나는 솔직하게 대답했다.

"왜? 이 인물을 보니 네 성격이 조금 보이는 것 같니?"

"네."

아이는 알고 있었다. 여섯 살인데도 알고 있었다.

여러 해 뒤 자폐 스펙트럼 장애 진단을 받았을 때 우리는 애셔를 앉혀 놓고 새로 알게 된 것을 말했다. 이야기를 듣자마자 아이는 "그렇지, 그게 맞는 것 같아요"라고 했고 아이가 보인 감정은 안도감이었다. 아이는 망가진 것도, 나쁜 것도, 잘못된 것도 아니었다. 다만 두뇌회로가 다른 것뿐이었다(사실 아이는 자기 두뇌회로가 남들 것보다 더 좋다고 했다).

아이들을 참여시키는 것이 중요한 이유

"아는 것이 힘이다"라는 격언은 우리 아이들에게 잘 들어맞는다. 여기서 우리가 말하는 지식도 그렇다. 이러한 지식은 우리 아이들이 자신의 다름을 좋게 느끼도록 할 뿐 아니라 자신을 있는 그대로 온전히 받아들이게 한다. 아이투아이Eye to Eye(학습과 관심에 차이가 있는 아이들을 위한 멘토링 기관-옮긴이)의 창설자이자 《다르게 생각하라Thinking Differently》의 저자인 데이비드 플링크David Flink는 어린이들이 자신의 차이를 이해하고 받아들일 수 있게 하는 것이 중요하다고 확고하게 믿는다. ADHD와 난독증을 가진 그는 고등학교에서 자신을 지키는 법을 습득한 이후 모든 것이 바뀌는 경험을 했다. 데이비드가 설명했다.

"나는 선생님께 다가가 '마음이 미친 듯이 초조하고 불안해서 가만히 앉아 있을 수가 없습니다. 제가 안절부절못할 수도 있으니 다른 학생들을 방해하지 않고 저 자신도 곤경에 처하지 않도록 교실 뒤쪽에 앉아도 될까요?'라고 말하니 정말 편해졌습니다. 선생님은 '상관없어. 수업을 들을 수만 있다면 복도에 나가 서 있어도 돼'라고 했지요."

데이비드가 운영하는 단체는 많은 중학생을 그들처럼 두뇌회로가 다른 멘토와 연결해주고 있다. 덕분에 그들은 자신에게 가능한 것이 무엇인지 파악할 뿐 아니라 있는 그대로 자기 모습을 받아들이며 살아온 사람들에게 안내받는 기회를 얻는다. 또한 그 단체에서는 '난독증을 가진 사람은 이렇게 생겼다'와 'ADHD는 자랑스러워' 같은 대담한 표현이 적힌 티셔츠도 판매한다. 이처럼 신경다양성을 가진 아이들이 자신의 다름을 자랑스럽게 여기도록 돕는 공동체는 아이들의 자신감, 소속감 그리고 무엇이든 가능하다는 신념을 뒷받침해 풍부한 성장이 가능하게 한다.

이것은 우리 아이들이 스스로를 알아가면서 일어날 수 있는 일이다. 아이들은 스스로 자신만의 최고의 챔피언이 된다. 시간이 지나면서 꾸준한 지원과 긍정적 메시지로 자신의 어려움과 재능을 다루는 지각을 기르고 직면하는 걸림돌이 어떤 것이든 극복하려는 자신감을 얻는다. 아이들이 자아발견을 위해 한 걸음 나아갈 때 그들은 자신이 가고 싶은 곳에 이미 절반은 도달한 셈이다.

• 돌이켜보자

가족끼리 자아발견 사고방식을 적극 조성하고 있는가? 남들이 아이의 신경학적 다름을 더 잘 이해하도록 자주 대화를 나누는가? 벌을 주거나 문제 행동만 다루기보다 아이 자신이 누구인지 알도록 도와주는 데 초점을 맞춰 힘든 상황과 어려움을 다루고 있는가?

Embracing the Tilt
• 틸트 적용하기 •

개방적이고 솔직해지자

언젠가 이야기를 나눈 적 있는 어떤 엄마는 이중으로 예외적인 아들과 어렸을 때부터 신경다양성과 관련된 대화를 정기적으로 나눴다고 한다. 아들을 대화에 참여시킨 것은 개방적이고자 하는 마음에서 내린 결정이었고 오늘날 아이는 독립적인 청년으로 성장했다.

"중요한 것은 내가 아이에게 솔직했다는 점입니다. 아이가 성공하려면 개인적으로 필요한 것을 인식할 필요가 있었기 때문이죠. 그것은 신경학적으로 전형적인 아이들과 우리 아이가 다를 것이 없다고 생각해요. 모든 사람에게는 다 한계가 있지요. 자신을 아는 것이 제일 중요한 것 같아요."

자녀와 의사소통하는 방법을 1에서 10까지의 척도로 평가한다면 명료함과 솔직함에 관한 당신의 점수는 어떠한가? 다음 질문을 참고하자.

- 자녀의 나이가 어리다는 이유로 자녀를 '보호'하기 위해 현재 일어나는 일을 말하는 걸 회피하는가?
- 어려움과 실망을 피하기 위해 진실을 왜곡하는가?
- 어려운 것을 최소화하거나 대수롭지 않게 여기는가?

명료함과 솔직함이 10점이라면 아주 좋은 것이다. 훌륭하다. 하지만 아닌들 어떤가. 10은 우리가 추구하는 것이고 우리는 거기에 도달할 수 있음을 알고 있다. 여기 몇 가지 방법이 있다.

- 자신에게 확인해보자. 아이가 겪는 어려움이 아이의 삶에 항상 부정적 결과를 가져오리라고 믿는다면 실제로 당신이 무슨 말을 어떻게 하든 아이는 불안하게 느낄 것이다. 두뇌회로가 다른 아이들에게는 극도의 통찰력이 있다. 그러므로 우리의 메시지를 흐릿하게 만드는 생각이나 믿음을 인식하고 다루는 것은 대단히 중요하다.

- 솔직하게 터놓고 의사소통하는 것을 가족의 가장 중요한 가치

로 여기고 매일 그렇게 하도록 노력해야 한다. 한 번도 해보지 않았어도 괜찮다. 지금 당장 시작하면 된다. 가족회의를 열어 솔직한 것이 중요하다고 말하고 지금껏 솔직함을 우선순위로 두지 못한 시간을 책임질 것을 모두에게 약속한 다음 앞으로 나아가자고 요청한다.

- 당면한 어려움과 이에 맞설 수 있는 힘에 대해 대화를 자주 나눈다. 좋은 방법은 식사 시간에 가족 모두에게 다음 질문에 답하도록 하는 것이다. “오늘은 어떤 일이 잘 풀렸고 어떤 일이 어려웠니?” 그런 다음 각자가 겪은 좋거나 나빴던 일과 이에 맞서는 힘, 용기, 도전을 연관 지을 방법을 찾는다.

- 어려운 대화라도 피하지 않는다. 아이의 나이에 맞는 사소한 이야기부터 인생에 관한 이야기까지 가능한 한 많은 대화를 솔직하게 나눈다. 그러면 아이들은 안심하고 무엇이든 터놓고 말할 수 있을 것이다.

자녀와 뇌를 탐색해보자

신경학적 다름과 개인적 성장을 주제로 한 대화에 아이를 참여시키는 또 다른 방법은 뇌과학을 많이 알아보는 것이다. 두뇌회로가 다른 것은 뇌 기능의 다양성과 관련이 있다. 다행히 아이들의 흥미와 상상력을 동원하는 방법으로 어려운 뇌과학 개념을 소개하는 어린이 친화적 자원이 많이 나와 있다. 뇌과학을 신경다양성과 개인의 성장을 탐구하는 출발점으로 삼을 경우 개인 차원의 이야기가 아니라 과학으로 다루는 것이라서 효과가 좋다. 과학으로 접근하면 아이들의 호기심을 자극하는 동시에 자신이 왜 그러는지 객관적으로 탐구할 수 있다.

그 효과는 매우 크다. 뇌과학을 탐구하면 우선 다른 존재 방식을 생각하게 하는 중립적 방법을 제공한다. 또한 전형적이든 비전형적이든 관계없이 모든 아이에게 신경가소성(인간의 두뇌가 경험으로 변화하는 능력-옮긴이) 같은 뇌과학 개념을 가르칠 경우 아이들의 학습 방법에 영향을 미친다는 연구도 있다. 2014년 교육 잡지 〈에듀토피아Edutopia〉에 실린 기사 '뇌 활성화: 신경가소성에 관한 교육으로 학습을 강화하는 방법'에 따르면 학습이 뇌 구조와 기능을 변화시킨다는 발견에서 얻는 시사점이 있고 특히 학생들의 학습을 인도하는 인지적·초인지적 전략을 가르치면 결과가 좋을 수 있다고 한다.

애셔와 나는 뇌과학 중에서도 고정관념과 성장 마인드를 둘러싼 캐럴 드웩의 '마인드셋' 연구를 많이 이야기했는데 이는 그녀의 연구가 애셔에게 큰 인상을 남겼기 때문이다. 드웩에 따르면 고정관념이 있는 사람들은 지능 같은 특성은 '고정'적이라 성장할 수 없다고 (즉, 똑똑하거나 아니거나) 믿는다. 반면 성장 마인드를 가진 사람들은 지능이나 그 외의 특성은 개발할 수 있다고 믿는다(열심히 노력하면 어떤 일을 더 잘할 수 있다).

애셔는 테드 강연에서 드웩의 아이디어를 처음 듣고 난 후 새롭거나 거북한 과제를 다루는 자세가 달라졌다. 애셔는 어렵다고 느끼는 순간 자신이 고정관념을 받아들인 것이므로 성장 마인드를 가진 사람이 되려면 마음을 열어야 한다고 생각했다.

당신이 시작하려는 지점이 어디든 뇌과학 개념을 자주 말하고 공부하면 호기심도 늘어나고 지식도 늘어날 것이다.

혼내기보다 힘을 주는 말을 하자

내 친구 앨리슨 바워는 교육자이자 코치로 수백 명의 부모에게 자녀와 함께 '다름'을 이야기하는 방법을 알려주고 있다. 나는 앨리슨이 제안하는 언어 중에서도 어린아이와 대화할 때 쓰는 말을 참 좋아한다.

"네 머리는 다른 사람들과 조금 다르게 연결되어 있단다. 그래서 너는 다른 사람들과 생각하는 것이 똑같지 않고 또 네가 그들이 생각지도 않는 방법으로 세상을 보고 느끼는 거야. 네가 보고 느끼는 방법이 잘못된 게 아니야. 그래도 네 행동 때문에 네가 힘들거나 방해받을 때가 있지? 우리 함께 노력해서 네가 속상하지 않을 방법을 찾아보자."

짠! 정말 솔직하다. 존경스럽고 논리적이다. 아무것도 '잘못된' 게 없음을 강조하고 아이 중심으로 문제해결을 이끌어낸다. 또 다른 예로 ADHD 코치인 야파 크레인 루리아가 제안한 것이 있다.

"네게 잘못된 것은 아무것도 없어. 그러니 네게서 버려야 할 것도 없지. 단지 네가 해보면 좋을 몇 가지 방법이 더 있을 뿐이야."

빅토리아와 남편은 열 살 된 아들이 자신이 ADHD를 가졌다는 것을 알면 몹시 실망하고 열등의식에 사로잡혀 속상해할 것을 걱정했다. 그들은 가장 바람직한 것은 아이가 왜 그런 특정 행동을 하는지 이해하도록 말해주는 것이라고 생각했다. 또한 아이에게만 집중하기보다 가족 전체의 문제로 다루기로 했다.

"가족이 다 모인 자리에서 아빠는 영양학적인 것은 잘 이해하지만 잘 기억하지는 못한다는 말을 꺼냈어요. 또 여동생은 운동은 잘하지만 기분 변화가 왜 그렇게 심한지 모르겠다고 이야기했어요. 물론 제 얘기도 했지요. 엄마는 이벤트 계획은 참 잘하는데 너무 쉽게 화를 낸다는 말을 했어요. 그런 다음 아들에게 너는 어쩌면 그렇게 마음이 넓으냐는 말과 함께 참 섬세하고 친구를 잘 사귀는데 혹시 충동 조절이 힘들지 않느냐고 물었어요. 우리 모두 각자 해결해야 할 것이 있다는 걸 강조한 것이지요. 아이의 ADHD도 그 많은 어려움 중 하나일 뿐이라고 말한 거예요. 아이는 대단히 좋게 반응했어요. 그렇게 이야기하고 나니 아이가 실패자처럼 느낄 일도 없고 우리 모두 무엇이든 함께하고 있다는 사실을 알게 되어 아이가 가족으로서 더 끈끈한 유대감을 갖게 되었지요."

만일 아이들이 다른 사람처럼 되고 싶어 하는데 당신이 그들의 다른 점을 집중 조명해서 말하면 화를 낼 수도 있다. 다른 사람이 아이들에게 보여온 부정적 반응 탓에 어떤 아이는 무안해하거나 창피스러운 감정에서 벗어나지 못할 수 있기 때문이다. 그럴지라도 여전히 아이들은 자신의 어려움이나 노력하고 있는 부분을 솔직히 터놓고 우리와 의사소통할 필요가 있고 그런 대우를 받을 자격도 있다. 우리는 아이들이 하는 일에 특별한 관심과 배려를 보여야 한다. 예를 들면 이런 것을 해보자.

- 감정을 알아주고 공감하기: "지금 이 이야기가 너를 난처하게 했구나. 네가 얼마나 당황스러운지 알 것 같아. 많이 불편하겠다. 힘들지?"
- 밀어붙이지 말고 시간 주기: "지금은 말하고 싶지 않겠구나. 그럴 수 있지. 네가 얘기하고 싶을 때 해도 돼. 하나만 부탁할게. 나중에라도 다시 마음을 터놓고 나와 이 이야기를 했으면 좋겠어. 그렇게 해줄래?"
- 힘든 상황을 문제 삼지 말고 기다리기: 폭풍이 지나가길 기다렸다가 무엇이 잘못 되었는지 (그리고 제대로 된 것은 무엇인지) 좀 더 차분히 살펴볼 수 있을 때 아이의 말을 들어준다.
- 수치스럽게 하는 말은 피하기: 뭔가가 잘못되었을 때 아이들이 보이는 기본 반응이 "잘못했어요"라는 말이라면 주의하자. 이 말은 문제를 내면화하고 본래 자신이 타고난 것을 결점으로 돌리게 만들기 때문이다. "사과할 필요 없단다. 너는 잘못한 게 하나도 없어. 우리 모두가 배우는 거야. 아는 것은 참 중요해. 왜냐하면 앞으로 이런 일이 생겼을 때 더 쉽게 해결할 방법을 찾는데 도움을 주니까."

저질러 놓은 문제를 다루는 모든 대화에서 우리 아이들이 듣고 싶어 하는 한결같은 메시지는 이것이다.

"네게는 아무 잘못이 없단다. 우리 모두 같이 해결해보자. 일단 우리 뇌가 어떻게 돌아가는지 알면 많은 것이 이해될 거야."

• **이렇게 해보자**

많은 도움을 주는 책 가운데 몇 권을 선택해 가정에서 긍정적인 메시지를 보충하도록 하자. 아이들이 자신의 뇌가 독특하게 연결되었음을 스스로 더 잘 이해하고 감사하는 것을 목적으로 하는 책으로 캐시 후프먼이 쓴《고양이는 모두 아스퍼거 증후군이다》와《강아지는 모두 ADHD래요!》이 두 권이 좋은 예다.

모든 순간이 성장 기회임을 기억하자

우리 가족은 가장 중요한 가치를 자아발견과 개인적 성장에 두었다. 이것의 가장 좋은 부분은 말 그대로 모든 상황에 호기심을 갖고 배우면 성장할 기회가 된다는 점이다. 우리는 알아차리고 반성하고 물어보면서 우리 아이들이 의미 있는 관계를 맺도록 도와주고 싶다. 우리가 다양한 상황에서 하는 말이 어떻게 들릴 수 있는지 살펴보자.

- 오늘은 소리를 지르지도 않았는데 네가 컴퓨터를 껐어. 어떻게 된 거야? 어제와 비교해 오늘 무엇이 달라졌다고 생각하니?

- 아침에 학교에 가는 것이 한 주가 끝날 때쯤, 그러니까 목요일이나 금요일이 월요일보다 훨씬 더 힘드니? 네 생각에는 왜 그러는 것 같니?
- 부드러운 클래식을 들으면서 숙제를 하면 훨씬 더 집중하는 것 같네. 음악이 집중과 어떤 연관이 있니?
- 다른 날에 비해 어젯밤은 네가 힘들지 않게 잠들던데 어떻게 된 건지 궁금하네. 네 생각엔 왜 그런 것 같아?
- 그 케이크를 먹으면 뭐가 다르니? 어떤 느낌이니?

질문을 해보는 것은 특히 어려운 순간에 우리에게 도움을 준다. 우리가 힘든 순간에도 호기심 마인드로 그 순간을 아이가 자신을 더 많이 알아낼 기회로 생각하면 아이와 함께하는 우리의 경험은 완전히 달라진다. 모든 것은 정보에 달려 있다. 우리가 그 정보를 기꺼이 활용해 아이가 필요로 하는 것이 무엇인지 잘 알고 같이 이해할 때, 우리는 아무리 힘든 날에도 진정한 성장을 이끌어낼 수 있다.

핵심은 아이가 거리낌 없이 질문하면서 자신의 생각과 감정, 행동을 연결해볼 기회를 갖도록 돕는 데 있다. 그럴 때 아이들은 자신을 가로막는 걸림돌과 성공 전략을 생각해내는 것의 가치를 알게 된다. 이렇게 아이들이 연관 지어 생각할 줄 알면 다음에 다가오는 것이 무엇이든 대처할 준비를 훨씬 잘 갖출 수 있다. 어느 부분에서 아이가 성장했다는 사실을 알 수 있는지 말해주자. 노력과 향상을 진심으로 인정하고 칭찬해주자.

"네가 동생을 더 참아주려고 애쓰는 게 보이네. 심지어 너를 약 올리는데도 말이야. 그건 정말 쉽지 않은 일이야. 아주 훌륭해. 참 잘했어!"

이런 말은 아이들이 자부심을 갖게 할 뿐 아니라 한층 더 성장하도록 북돋워주는 긍정적인 역할을 한다.

• 이렇게 해보자

'아이가 주어진 상황을 받아들이는 데 어떤 도움을 줄 수 있을까?'라는 생각을 해보자. 그리고 힘겹고 좌절스러운 순간에 부딪힐 때마다 같은 질문을 계속해보자.

당신도 자아발견을 우선순위로 하자

자아발견은 아이에게만 관련이 있는 단어가 아니다. 사실은 우리가 자아발견을 받아들일 때 아이에게 중요한 기술을 모델링해줄 수 있을 뿐 아니라 가족을 강하게 만든다. 이 아이디어는 지젤 세구라가 자사 '강점 찾기Strength Finder'에서 한 작업의 거대한 조각이다. 나는 우리가 아이 그대로의 모습을 받아들이고 어려운 일과 함께 따라오는 선물을 인식할 때 개인적으로 깊이 성장할 수 있다고 한 그녀의 말을 참 좋아한다. 지젤은 이렇게 말했다.

"두뇌회로가 다른 아이들은 우리의 장점을 기억하고 우리가 누구인지 재발견하도록 우리를 가르친다. 어른인 우리는 자신의 장점을 기억하지 못하고 목적하던 것과 멀리 떨어진 인생에 정착해 살아가고 있을지도 모른다. 아이들과 함께 장점을 찾다 보면 우리도 우리의 장점과 선물을 연결할 기회를 얻는다. 그것이 우리가 해야 할 일이고 하기로 되어 있는 일이다. 이것은 단지 아이에게만 집중하는 게 아니라 관계가 있는 모든 이의 의미 있는 성장을 지향하는 여정이다."

이러한 개인 발달은 그냥 이뤄지는 게 아니다. 우리는 실제로 그 일이 일어나도록 노력해야 한다. 도움을 주는 전문가는 누구인가? 어떤 작가, 블로거, 팟캐스트 혹은 유튜브 운영자가 성찰에 자극을 주는가? 노력하기 위해 어떻게 시간을 낼 것인지 생각해보자.

• 당장 시작하자

캐럴 드웩의 '마인드셋' 이론을 알려주고 아이와 함께 성장 마인드를 마음속에 정리해보자.

Tilt
18

없으면 만들자

○○○

"좋은 생각이라면 밀고 나가면 된다."

_그레이스 호퍼

미국 댈러스에 사는 데브라 쿠디Debra Caudy와 그녀의 남편 클레이 하이튼Clay Heighten은 그들의 아들처럼 자폐성장애를 가진 청년들을 위한 서비스가 부족하다는 것을 인식했다. 그들은 의미 있게 살아가도록 도와주는 지원이 더 이상 없는 미래와 맞닥뜨렸다. 그래서 데브라와 클레이는 비슷한 상황에 놓인 다른 가족들과 함께 자폐를 가진 성인이 타인과의 관계 속에서 인생의 가치와 성공, 행복을 느끼도록 다양한 프로그램을 제공해 삶을 풍요롭게 해주는 안전하고 역동적인 주택개발 프로젝트를 시작했다. 내가 이 글을 쓰는 현재 비영리사업으로 진행 중인 이 멋진 프로젝트는 약 3만 5

천 평의 부지를 확보하기 위해 자금을 모으고 있는 중이다. 육십 명 정도가 거주할 그 주택은 일 년 내내 보안을 유지하는 공동체로 이곳에서는 입주민을 위한 직업 준비와 독립적인 생활, 정서적 복지 등에 초점을 맞춘 거주자 지원 맞춤 프로그램도 마련한다. 나는 그들의 비전이 현실화되는 것을 하루빨리 보고 싶다.

선택의 힘

오래전 〈뉴요커〉에 실린 한 컷 만화가 있다. 그 흑백의 만화에서는 어떤 사람이 두 개의 교도소 창살 사이에 매달려 밖을 내다보고 있었다. 뒤이어 그곳이 교도소가 아니라는 것이 밝혀졌다. 그는 단지 60센티미터 정도의 막대 사이에 얼굴을 대고 있을 뿐이었다. 이 만화는 많은 것을 시사한다. 삶에서 우리가 궁지에 몰려 있다고 느낄 때 실은 우리가 선택할 수 있다는 사실을 잊고 있는 것뿐이다. 그렇다, 선택이다.

한번은 내 팟캐스트에서 LEARN Inc. 설립자 재커리 모리스와 선택을 주제로 긴 대화를 나눈 적이 있다. 나는 마셜 로젠버그의 비폭력 의사소통 모델에 뿌리를 둔 재커리의 관점이 마음에 든다.

"우리가 꼭 해야만 하는 일은 결코 없습니다. 우리는 언제든 선택할 수 있죠. 물론 그 선택은 우리의 필요나 의도와 관련해 늘 알고 생각하는 것을 근거로 합니다. 아무튼 우리는 궁극적으로 늘 선택하고 있습니다. 저는 우리가 쉽게 빠지는 '해야만' 한다는 생각이 들 때는 다시 한번 물어보라고 부모님들을 격려하고 싶습니다. 부모는 아이에게 최고의 지지자입니다. 지금 상황이 우리에게 마땅치 않다면 그에 맞서 다른 선택을 찾아봐야 합니다."

지금까지 나는 우리를 가두는 좁은 생각에서 벗어나 우리의 성공을 확신하고 이상적인 날을 어떻게 설계할지 꿈꾸는 것을 이야기해왔다. 우리의 감정적 짐을 내려놓고 우리를 자극하는 것이 언제 찾아오는지 주의 깊게 지켜보는 것도 얘기했다. 두려움이 아닌 가능성이 있는 곳에서 아이 양육에 전념하는 것도 그려보았다.

마지막 틸트에서는 우리의 선택에 담긴 힘에 완전히 기대, 아이가 필요로 하는 것을 만들어내는 튼튼한 기반으로 삼자고 힘주어 말하고 싶다. 아직 우리 아이가 필요로 하는 것이 뚜렷하지 않을 수도 있다. 그러나 선택은 지금 이 순간에도 계속된다.

아이를 돕기 위해 무엇이든 하려면 어느 정도 배짱이 필요하다. 다른 사람들이 우리의 선택에 의문을 보이고, 성공 가능성을 의심하며, 남들과 다른 길을 가려 하는 우리의 의지에 이러쿵저러쿵할 가능성이 있다. 우리는 기꺼이 두려움을 내던지고 자신의 용기에 의존해야 한다.

힘든 날 나는 여전히 내가 무엇을 하고 있는지 스스로에게 질문한다. 아이를 위해 비전통적인 교육과 삶을 선택한 내가 이 길로 가다 보면 무엇이 보일까? 그럴 때 나는 작가이자 사상가인 사이먼 사이넥이 쓴 글을 인용한다. 사이먼은 자신의 저서《나는 왜 이 일을 하는가?》에서 '어떻게'와 '무엇'에 휘둘리기 전에 이유, 그러니까 '왜'에 초점을 맞추는 것이 필요하다는 이야기를 한다.

사이먼의 메시지는 각 방면 지도자에게 초점이 맞춰져 있지만 이런 아이디어는 우리 인생의 모든 면에 적용이 가능하다고 생각한다. 우리가 모든 일에서 각자의 '왜'에 이끌린다면, 다시 말해 '왜 우리는 대담한 선택을 하고 남과 다른 우리 아이가 원하는 것을 만들어내는 걸까'라는 질문을 포함해 '왜'를 묻는다면 무엇을 어떻게 해야 하는지에 좀 더 쉽게 다가갈 수 있을 것이다. 덫에 걸린 듯 무력함을 느끼는 대신 무엇이든 가능하다는 신념과 자유로운 사고방식을 받아들일 수 있다.

◇ 막다른 골목은 없다

우리가 이미 주어진 세상에서 자녀를 양육하다 보면 가끔은 선택의 여지없이 남과 다른 길로 가야 할 때도 있다. 심지어 잘 해낼 자신이 없을 때도 우리는 강경한 자세로 굴하지 않고 끈질기게 해내야 한다. 시간과 자원이 무한하지 않아 우리 스스로 쥐어짜야 할 경우도 많지만 우리는 모두 아이들이 잘 자라는 데 필요한 것을 창조할 능력이 있다고 믿는다.

어떻게 보이고, 어떻게 느끼길 원하는지 구체적인 그림을 그려보자. 그것은 인생의 다른 모든 것과 마찬가지로 우리의 생각과 믿음에서 시작된다. 우리 자신이 아이들을 위한 가능성과 창의적인 문제해결의 모델이 된다. 우리는 아이들이 갈 수 없거나 그들을 가로막는 길은 없고 오히려 새로운 아이디어를 실현할 기회가 있음을 알고 자라나길 바란다. 날마다 우리 표정에 나타나는 용감함을 보고 그것이 어떤 것인지 아이들이 알기를 바란다. 이는 가르쳐서 아는 게 아니라 느끼고 경험하는 것이다. 아이들이 성장해 가는 데 모자라거나 부족한 것이 있을 때 우리가 그것을 기꺼이 지원해줄 것임을 아이들이 알면 자신의 가능성에 아무런 제한이 없다는 것을 알게 된다. 우리가 줄 수 있는 이보다 더 좋은 선물이 어디에 있을까?

• 돌이켜보자

내 아이의 경험에 명확하고 긍정적인 결과를 내면서도 지금 당장 바꿀 수 있는 한 가지가 있다면 무엇인가? 아이가 받아들여지는 것을 돕기 위해서라면 위험이나 불편함을 감수할 의향이 있는가? 용감해지기 위해 극복해야 할 가장 커다란 걸림돌은 무엇인가?

Embracing the Tilt
• 틸트 적용하기 •

영감을 얻자

이제 우리는 우리가 배운 모든 것을 받아들이는 한편 아이들을 위해 만들고 싶은 것이 무엇인지 크게 생각하고 헤아려 가능한 것에 한 발 들여놓을 준비를 갖췄다. 아이를 위해 필요하다고 생각하는 것을 만들어내고자 온 힘을 다한 사람들의 예는 아주 많고 우리는 그들에게서 영감을 받고 배울 수 있다.

카리사 토치와 게나 만은 사이트 '늑대와 친구들Wolf+Friends'을 만들었는데 이는 특별한 필요가 있는 아이들을 위한 장난감, 가구, 사려 깊은 아이디어, 전형적 혹은 비전형적인 아이들을 모두 아우르는 반짝이는 조언을 보여준다. 카리사와 게나가 이 사이트를 만든 이유는 그들 자신이 절망과 우울함 속에서 장애아동을 위한 제품을 찾아 쇼핑하는 데 지쳤기 때문이다. 두뇌회로가 다른 아이들의 엄마인 게나가 '늑대와 친구들'을 만들려는 열정은 〈뉴욕타임스〉와의 인터뷰를 통해 확인할 수 있다.

"내가 정말 원한 것이 뭐였는지 아세요? 자폐아동이라서 힘들어할 필요가 없는 온라인 공간입니다."

두뇌회로가 다른 아동의 부모가 기존 교육에서 선택할 수 있는 것이 거의 없어서 그들만의 무언가를 만들어낸 사례는 아주 많다. 단순 홈스쿨링을 말하는 게 아니다. 학교를 세운 경우도 많다. 대표적으로 뉴욕시에 있는 쿼드 프렙 스쿨The Quad Preparatory School은 이중으로 예외적인 학습자를 후원하기 위해 설계한 곳이다. 설립자 킴벌리 부시Kimberly Busi는 이중으로 예외적인 아들이 전통학교 환경에서 갈수록 더 슬퍼하고 불안해하는 것을 보고 이 학교를 세웠다. 이중으로 예외적인 아동을 위한 또 다른 학교는 로스앤젤레스의 브리지스 아카데미다. 이곳은 1994년 교육자 캐롤린 맥윌리엄스Carolyn McWilliams가 세 명의 학생에게 개인 지도를 하면서 시작했다. 교육학자 커스틴 스타인Kirsten Stein은 영재아동인 자녀들의 홈스쿨링을 하다가 전 세계 영재 학습자를 위한 가상 온라인 학습체험 학교 '아테나 어드밴스드 아카데미Athena's Advanced Academy'를 설립했다. 심지어 내가 인터뷰한 데본 맥에크론은 두뇌회로가 다른 자녀들을 더 잘 이해하고 싶어 다시 학교로 돌아가 박사학위를 받았다고 한다. 맥에크론은 지금 이중으로 예외적인 학습자들을 전문적으로 평가하고 지원하는 일을 하고 있다.

물론 우리 주변에는 당신이나 나 같은 사람들 중에서 찾을 수 있는 멋진 일도 있다. 셰리의 열두 살 된 자녀에게는 ADHD가 있는데 다른 엄마와 함께 두뇌회로가 다른 아이를 키우는 엄마들을 위한 소규모 지역 사회 후원 단체를 만들었다. 브룩 역시 딸이 다니는 공립학교에서 이중으로 예외적인 아동들을 위한 단체를 만들었다. 또 다른 수백 명의 부모는 동병상련을 느끼고 위로와 조언을 구하는 부모들을 위해 페이스북 그룹을 만들고 운영한다.

주변에서 일어나는 이 멋진 일에 고무되는 것을 일상적인 습관으로 만들자. 밥을 먹는 것처럼 자주 생각해보는 것이다. 우리에게 커다란 일을 할 힘이 있다는 신념이 필요하다면 그것을 안겨주는 이야기와 말로 스스로에게 힘을 실어주자. 여기 일상의 생각을 바꿔줄 몇 가지 아이디어를 제시한다.

- 핀터레스트나 인스타그램 등 SNS에서 아이디어를 주는 사람들을 팔로우한다.
- 조너선 필즈Jonathan Fields의 팟캐스트 〈더 굿 라이프 프로젝트The Good Life Project〉 같은 곳에서 변화를 만드는 사람들의 인터뷰를 듣는다.
- 크리스 길아보의 웹사이트인 '불굴의 정신이 주는 아름다움The Art of Non-Conformity'을 찾아본다.
- 자신만의 유니크한 아이디어로 세상을 바꾼 누군가의 회고록이나 자서전을 탐독한다.
- 테드나 테드엑스 토크TED x Talk를 보면서 하루를 시작한다.
- 자녀의 인생을 더 좋게 만들기 위해 하고 싶은 것의 아이디어를 찾아 매일 아침 일기에 꿈과 계획을 적는다.

자신만의 응원단을 만들자

줄리 리버먼 닐Julie Lieberman Neale이 온라인 캠페인과 팟캐스트 〈마더 퀘스트Mother's Quest〉를 시작한 이유는 뭘까? 그녀의 표현에 따르면 엄마들의 삶은 참여하고, 열정적이고, 투자하고, 연결되어Engaged, Passionate, Invested, Connected, E.P.I.C. 있는데 그들이 그런 삶을 살도록 일깨워 주는 공동체를 만들어 우리 모두가 영웅임을 알리고 싶었기 때문이다. 또한 여기에는 그녀 자신의 필요를 충족하기 위한 목적도 있었다. 줄리는 청취자들과 아낌없이 나누는 것 외에 스스로 E.P.I.C.한 삶을 살기 위해 격려와 배움을 줄 수 있는 엄마들을 팟캐스트의 손님으로 초청했다.

그렇다고 지지를 얻고 고무되기 위해 모두가 팟캐스트나 온라인 커뮤니티를 시작할 필요는 없다. 다만 줄리 같은 사람을 따라가고 우리 주위를 좋은 사람들로 둘러쌀 필요가 있을 뿐이다. 우리에게 좋은 생각을 주고 진심으로 우리를 믿는 사람 그리고 아이들이 잘 자랄 수 있는 환경, 기회, 인생을 만들어가는 우리를 응원하는 사람들로 말이다. 우리의 응원단을 가족과 친구, 멘토로 구성할 수도 있다. 어쩌면 한 번도 만난 적 없는 사람들일지도 모른다. 예를 들면 우리가 읽는 글을 쓴 작가나 팟캐스트 운영자, 세간의 이목을 끄는 사상가가 있다.

이 응원단의 목적은 우리가 아이들과 가족을 위해 만들고 싶은 것을 만들도록 자신감을 갖게 하는 데 있다. 멋진 응원단장이 자기 팀을 무한 신뢰하듯 우리가 꾸린 응원단은 언제나 동기부여와 영감, 자신감, 힘의 원천이 되어줄 것이다.

당신은 당신이 생각하는 것보다 더 강하다는 것을 기억하자

멜리사 워디는 2년 전 두뇌회로가 다른 자녀들의 홈스쿨링을 위해 성공적으로 운영하던 1인 기업을 잠시 접었다. 그녀는 자녀들, 특히 딸 아멜리아를 위해 아이들이 필요로 하는 학교와 사회 환경을 만들어야 한다는 생각을 했다. 자녀들과 함께 텍사스 집 근처에서 하이킹을 자주하는 멜리사는 아이들과 함께하는 여정을 말할 때 곧잘 등산에 비유한다.

"당신도 알다시피 우리는 12미터 높이의 바위를 보고 그저 생각만 합니다. '도대체 올라갈 방법이 없어. 나는 떨어져 죽을 것이고 우리 아이들은 목이 부러진 채 죽어가는 나를 볼 거야. 아, 정말 끔찍하네.' 그때 나는 '잠깐만, 발을 디딜 곳이 있네. 그래, 내 손을 이쪽에 대고 무릎을 저쪽에 대면 가능할 것 같아'라고 생각했죠. 그런 뒤에 보니 내가 3미터가 넘는 곳에 와 있더라고요. 나는 이미 땅에서 3미터 넘게 떨어져 있고 전진 외에 더는 어찌해볼 방법이 없어 계속 앞으로 나아갈 길을 찾아봅니다. 아이들에게 '암벽타기를 할 때 답은 바위에 있어. 답을 원하면 그저 바위를 쳐다보면 되는 거야. 그러면 답이 보일 거야. 우린 언제나 해낼 수 있고 이뤄낼 거야. 길은 늘 있거든' 하고 말했던 것처럼 말이죠."

나는 이 이야기를 정말 좋아한다. 우리가 두려울 때, 심지어 지금 그것이 어떻게 보이는지 모르고, 우리에게 필요한 곳에 어떻게 다가가야 할지 모를 때조차 우리가 한 걸음만 내딛으면 얼마든지 그 방법을 찾을 수 있음을 깨닫게 해주기 때문이다. 우리가 사랑으로 동기부여를 하고 아이들이 잘 자라도록 돕는 일에 전념할 때 우리를 과소평가할 수 있는 사람은 없을 것이다.

가능할 거라고 여기지 않은 어떤 것을 해냈을 때 스스로를 돌아보면 가끔 우리가 얼마나 대단한지 새삼스러워진다.

내게 그 순간을 꼽으라면 나는 1996년 처음 출전한 마라톤에서 결승선에 골인한 때를 꼽고 싶다. 연습 훈련을 제대로 못 했지만 마지막에 출전이 결정되자 나는 그 기회를 놓치고 싶지 않았다. 다섯 시간 안에 결승선을 통과한 그 순간을 나는 결코 잊을 수 가 없다. '이제 됐다'는 안도와 함께 '내가 정말 이것을 해냈나' 하는 믿어지지 않는 느낌 그리고 자부심이 차올라 웃으면서도 눈물 범벅이 되었다. 20년이 훌쩍 지난 지금까지도 그 순간을 떠올리면 감정이 북받치고 내가 얼마나 강한지, 나 자신을 믿고 내 힘을 이용하면 무엇이 가능해질지 다시 생각하게 됐다.

그런 순간은 우리 모두에게 있다. 당신에게 얼마나 능력이 있는지 스스로 확인하는 차원에서 그 일을 찾아 나서길 권한다. 가능하다고 여기지 않던 일을 해냈을 때, 가장 강력한 힘을 느꼈을 때, 모든 역경을 이겨냈던 때를 생각해보자. 그 모든 일을 해낸 사람은 지금 여기에 있는 당신과 같은 사람이다. 그 일을 해낸 바로 '그 사람'이 당신에게 이제는 시작할 때이고 과감하게 행동하라는 신호를 보내고 있다.

어디서든 시작하고, 지금 당장 시작하자

젊은 여성들을 위해 쓴 내 책 가운데 추천하는 것은《실행 가능Doable》이다. 이 책은 젊은 여성들이 아이디어를 내는 데 필요한 도구와 정보를 주고 아이디어가 작든 크든 삶에서 해볼 만한 계획을 시작해보라는 의미로 쓴 것이다. 여기서 '실행 가능' 과정은 처음에 너무 크다고 느껴 압도된 채 뒤죽박죽 섞여버린 아이디어를 관리할 만하고 실행 가능한 단계로 넘어가도록 세분화해 작은 업무로 나누는 것을 말한다.

이것은 아이 양육에서도 할 수 있는 일이다. 아이를 지원하기 위해 할 수 있는 것을 고려할 때 큰 비전을 보고 앞으로 나아갈 작은 발걸음을 생각할 수 있다. 더구나 이것은 두뇌회로가 다른 아이를 양육할 때 매일 (때로는 매 순간) 해야 하는 종류의 일이다. 한꺼번에 다 해결하려고 노력할 필요는 없다. 중요한 것은 천천히 끊임없이 하되 바로 시작해야 한다는 점이다. 내일 그리고 언젠가 당신 인생에서 이상적인 세계를 만들기 위해 어떤 작은 변화를 일으킬 수 있는지 지금 생각하자.

• 당장 시작하자

일기를 펴놓고 포스트잇을 붙여가며 다음 질문에 솔직한 답을 써보자. 우리가 목표한 것을 성공적으로 이뤄낼 수 있다면 아이를 지지하기 위해 지금 무엇을 하겠는가? 이제 그 비전을 현실화하기 위해 한 걸음 앞으로 나아갈 것을 다짐해보자.

우리 아이는 조금 다를 뿐입니다

1판 1쇄 발행 2021년 6월 24일
1판 2쇄 발행 2021년 12월 23일

지은이 데보라 레버
옮긴이 이로미
발행처 (주)수오서재
발행인 황은희 장건태
책임편집 박세연
편집 최민화 마선영
마케팅 이종문 황혜란 안혜인
디자인 양진규
제작 제이오
주소 경기도 파주시 돌곶이길 170-2 (10883)
등록 2018년 10월 4일(제406-2018-000114호)
전화 031)955-9790
팩스 031)946-9796
전자우편 info@suobooks.com
홈페이지 www.suobooks.com
ISBN 979-11-90382-41-0 (03590) 책값은 뒤표지에 있습니다.